세계의 잠수함

투시 도해 & 사이즈 비교표

Submarines of the World
cutaway & dimensional comparison

홀랜드급(미국)

미 해군에서 최초로 채용한 SS-1 잠수정.
러일 전쟁 당시 일본 해군에서도 동형의 함정을
구입한 바가 있다. (→P.194)

도해 세계의 잠수함

The SUBMARINES of the World

일러스트 · 해설 / 사카모토 아키라

시작하며

바다를 지배하는 침묵의 자객, 잠수함

흔히들 잠수함을 생각할 때, 바다 속에 잠항한 후에 잠망경을 올려서 바다 위의 상황을 살펴 보는 이미지를 떠올릴 것이다.

그러나 실제로 잠수함을 타 본 사람을 찾아보기란 쉽지 않다. 비행기나 배에 타더라도 일반인이 잠수함을 탈 기회는 거의 없다. 지금 잠수함의 대부분은 군함이기 때문이다.

본래 잠수함은 병기로 탄생하여 오로지 전쟁을 위해 발전을 거듭해 온 선박이다. 지금도 해양조사 등의 예외는 있지만, 대부분의 잠수함은 군대가 보유하고 있는 전투함인 것이다.

반대로 말하자면 군대만이 잠수함처럼 경제적으로 효율성이 떨어지는 수단을 운용하고 있다. 군대는 잠수함을 경제성 이상의 가치를 가진 병기로 평가하고 있다.

그 가치란 수중에 자신을 숨기는 은밀성이다. 궁극의 스텔스 병기로 불릴 정도인 잠수함은 탄생한 그 때부터 스텔스 병기였다.

해군의 전력으로 포함되고 이제 겨우 100년을 갓 지난 잠수함은 많은 시행착오와 희생 끝에 놀라울만한 진화를 보여주었다. 두 번의 세계대전과 냉전기를 거쳐, 잠수함은 당시의 최첨단 기술을 접목시키고 최신 무장시스템을 갖추어왔다. 이제 잠수함은 단순한 군함의 한 종류가 아니라 최고의 핵심 전략병기라고 할 만한 위치에 올랐다고 할 수 있을 정도이다. 이는 실로 굉장한 일이다.

하지만 잠수함은 일반인의 일상생활과 동떨어져있는 데다 군사기밀이라는 벽에 가려져 있는 존재이다. 따라서 잠수함이 얼마나 큰 가치를 지니고 있는지, 일반인들이 실감하기란 불가능에 가깝다. 잠수함은 누구나 그 존재를 알고 있으나 그 실체가 무엇인지는 알지 못하는 기묘한 존재이기도 하다.

이 책은 잠수함의 기본원리부터 내부구조, 승조원의 훈련, 임무, 생활과 전투방법을 일러스트와 도해로 표현하여 시각적으로 쉽게 설명했다. 물론 전문용어도 등장하지만 가능하다면 이해하기 쉬운 표현으로 기술하여 초심자의 극히 소박한 의문에도 답할 수 있도록 내용 기술에 많은 노력을 기울였다.

이 책을 읽는다면 잠수함이 어떻게 진화하고, 왜 최강의 병기가 될 수 있었는지, 그리고 잠수함에 대하여 떠올렸던 이미지를 크게 바꿔줄 것이다.

또한 단순한 병기 지식 이외에도 얻을 것이 많다. 독자 여러분들이 잠수함과 함께 한 이들의 생각과 숨결 등도 느낄 수 있다면 저자로서 큰 보람이 될 것이다

사카모토 아키라

도해 세계의 잠수함 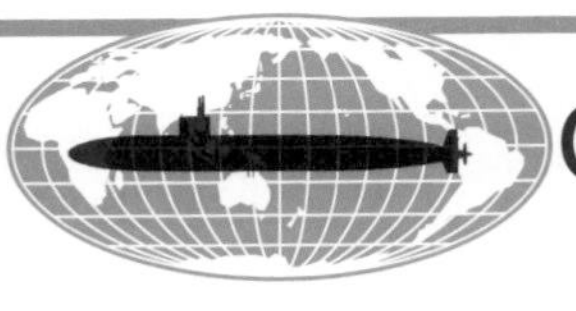 CONTENTS

시작하며 바다를 지배하는 침묵의 자객, 잠수함 ······ 9

제1장 잠수함의 기본

01 **가잠함과 잠수함** '수중에 잠수할 수 있다고 해서 다 잠수함'이 아니다?! ······ 18

02 **부력의 원리** 잠항과 부상에 관련되는 부력이란? ······ 20

03 **잠항과 부상의 방법** 어떻게 해서 잠항하거나 부상할까? ······ 22

04 **잠수함의 선체구조(1)** 수상함과 다른 선체구조 특징 ······ 24

05 **잠수함의 선체구조(2)** 현대 잠수함의 선체구조 특징 ······ 26

06 **잠수함 각 부분의 구조** 수압을 이겨내기 위한 다양한 노력 ······ 28

07 **잠수함의 잠항가능 심도** 잠수함이 잠항할 수 있는 한계 심도는? ······ 30

08 **잠수함의 조타** 잠수함은 수중에서 어떻게 움직일까? ······ 32

09 **잠수함 잠항타의 변화** 형태가 크게 변화한 잠수함의 잠항타 ······ 34

10 **잠수함의 조종장치(1)** 2차 대전 이후 크게 변화한 조종장치 ······ 36

11 **잠수함의 조종장치(2)** 최적화된 조종장치 ······ 38

12 **잠수함의 조종장치(3)** 유럽 해군에서는 한사람이 조종한다 ······ 40

13 **잠수함의 조종장치(4)** 탱크로 해수의 배수 및 주수를 제어하는 장치 ······ 42

14 **잠수함 항해술** 자함(自艦)의 위치를 어떻게 알 수 있을까? ······ 44

15 **잠항 중인 잠수함의 항법** 보이지 않는 수중을 어떻게 항해할까? ······ 46

16 **추측항법장치** 잠수함의 항적을 기록하는 장치 ······ 48

17 **관성항법장치** 탄도미사일 원잠에는 없어서는 안 될 항법장치 ······ 50

18 **세일의 구조** 선체에서 돌출된 부분에는 무엇이 있는가? ······ 52

19 **잠망경의 구조** 물 밖을 바라보는 잠수함의 특수 장비 ······ 54

20 **잠수함의 마스트** 마스트에는 어떤 것들이 있는가? ······ 56
21 **스노클 장치** 부상하지 않고도 기관을 작동시키는 원리는? ······ 58
22 **잠수함의 추진기** 스크루의 문제점은? ······ 60
23 **소나의 원리** 잠수함의 '눈'과 '귀' ······ 62
24 **소나의 종류** 현대 잠수함은 많은 '귀'를 지닌다 있다 ······ 66
25 **잠수함의 동력(1)** 디젤과 축전지의 조합 ······ 68
26 **잠수함의 동력(2)** U보트의 발터 터빈기관 ······ 70
27 **잠수함의 동력(3)** 공기를 필요로 하지 않는 원자력기관 ······ 72
28 **잠수함의 동력(4)** 외부 공기를 필요로 하지 않는 스털링 기관 ······ 74
29 **잠수함의 동력(5)** 차세대 동력 시스템 연료전지 ······ 76
30 **잠수함의 통신** 수중에서 통신은 어떻게 할까? ······ 78

제2장 잠수함의 구조

01 **원자력 잠수함의 구조** 현대 원자력 잠수함의 종류와 내부 구조 ······ 80
02 **전투정보실** (로스엔젤레스급) ······ 82
03 **전투정보실** (오하이오급) ······ 84
04 **전투정보실** (버지니아급) ······ 86
05 **음탐실** ······ 88
06 **동력기계실** ······ 90
07 **어뢰발사관실** ······ 92
08 **탄도미사일 발사관실** ······ 94
09 **미사일 발사 관제센터** ······ 96
10 **주방과 사병식당** ······ 98

제3장 잠수함 승조원

01 **U보트의 함내근무체제** U보트 근무당직의 실태 ··· 102
02 **잠수함 함내 편제** 해자대 잠수함을 통해 보는 함내 편성 ··· 104
03 **현대의 잠수함 함장** 국가에 따라 요구되는 것이 다르다 ··· 106
04 **잠수함 장교** 미래의 함장 후보에 필요한 것 ··· 108
05 **잠수함 부사관** 부사관의 임무와 역할은? ··· 110
06 **장교와 병사를 대우하는 차이** 잠수함에서도 다른 장교와 부사관 및 사병의 대우 ··· 112
07 **잠수함 승조원의 하루** 근무 편성은 어떻게 되어 있을까? ··· 114
08 **U보트 승조원 생활(1)** 열악하고 가혹한 함내생활 ··· 116
09 **U보트 승조원 생활(2)** U보트 식사는 '잠수함의 맛' ··· 118
10 **U보트 승조원 생활(3)** U보트에 적재된 화물은? ··· 120
11 **잠수함의 거주성** 쾌적해진 오늘의 잠수함 라이프 ··· 122
12 **현대 잠수함의 식사 수준** 잠수함의 식사는 해군에서도 최고 ··· 124
13 **승조원의 사기** 승조원의 사기를 어떻게 유지할까? ··· 126
14 **여성 잠수함 승조원** 잠수함은 남자만의 세계인가? ··· 128
15 **잠수함 탈출 훈련** 모든 잠수함 승조원의 필수 훈련 ··· 130
16 **잠수함 승조원의 양성(1)** 2차 대전기의 서브마리너 양성 ··· 132
17 **잠수함 승조원의 양성(2)** 미 해군의 시뮬레이터 훈련 ··· 134
18 **잠수함 승조원의 양성(3)** 현대 미 해군의 서브마리너 양성 ··· 136
19 **잠수함 승조원의 양성(4)** 일본 해자대의 잠수함 승조원 양성 과정 ··· 138

제4장 잠수함의 전투

01 **잠수함 무장의 진화** 잠수함 무장은 어떻게 발전되어 왔는가? ················ 142

02 **잠수함의 주요병기** 2차 대전기의 어뢰 구조 ················ 144

03 **어뢰발사관(1)** 공기압축식과 수압식 ················ 146

04 **어뢰발사관(2)** 어뢰 발사관의 배치 ················ 148

05 **어뢰발사관(3)** 진화된 수압식 어뢰발사관 ················ 150

06 **어뢰 반입방법** 잠수함에는 어떻게 어뢰가 탑재되는가? ················ 152

07 **어뢰의 발사방법** 명중을 위해 필요한 데이터는? ················ 154

08 **2차 대전기 U보트의 전투(1)** 늑대 떼 전술과 호송선단의 대형 ················ 156

09 **2차 대전기 U보트의 전투(2)** 잠수함 vs 대잠수함부대의 사투 ················ 158

10 **어뢰의 유도방식** 다양한 어뢰의 유도방식 ················ 160

11 **목표기동분석** 어뢰를 명중시키기 위한 작업 ················ 162

12 **잠수함 발사식 순항미사일** 내륙의 적을 공격할 수 있는 토마호크 ················ 164

13 **잠수함의 미사일** 다양한 잠수함 발사 미사일 ················ 166

14 **현대 잠수함의 전투** 잠수함 vs 잠수함의 보이지 않는 싸움 ················ 168

15 **통합전투시스템** 컴퓨터가 변화시킨 잠수함의 전투 ················ 170

16 **잠수함 발사 탄도미사일(1)** 원형은 U보트에서 발사했던 로켓 ················ 172

17 **잠수함 발사 탄도미사일(2)** 잠수함 X 탄도미사일 = 최강무기 ················ 174

18 **드라이덱 셸터** 오늘날에는 미 해군 원잠의 표준장비 ················ 176

19 **개조된 탄도미사일 잠수함** 오하이오급 개량형의 새로운 임무는? ················ 178

20 **대잠수함전투** 하늘에서 사냥하는 잠수함의 강적 ················ 180

21 **잠수함의 방어수단** 적의 탐지를 어떻게 회피하는가? ······ 182
22 **잠수함 구난 시스템** 잠수함 침몰시 승조원을 구조하는 방법 ······ 184

세계 잠수함 파일

01 **터틀호** (미국) ······ 188
02 **노틸러스** (프랑스) ······ 190
03 **아르고노트호와 프로텍터호** ······ 192
04 **홀랜드급** (미국) ······ 194
05 **U보트 Type-Ⅶ C형** (독일) ······ 196
06 **U보트 Type-XXI** (독일) ······ 198
07 **타이푼급** (구 소련 / 러시아) ······ 200
08 **델타급** (구 소련 / 러시아) ······ 202
09 **노틸러스** (미국) ······ 204
10 **조지 워싱턴급** (미국) ······ 206
11 **오하이오급** (미국) ······ 208
12 **시울프급** (미국) ······ 210
13 **버지니아급** (미국) ······ 212
14 **092급/094급** (중국) ······ 214
15 **알파급** (구 소련) ······ 216
16 **킬로급** (구 소련/러시아) ······ 218
17 **빅터급** (구 소련) ······ 220
18 **이선 앨런급** (미국) ······ 222
19 **로스엔젤레스급** (미국) ······ 224

20 **바벨급** (미국) ···························· 226
21 **오야시오급** (일본) ···························· 228
22 **소류급** (일본) ···························· 230
23 **아스튜트급** (영국) ···························· 232
24 **뱅가드급** (영국) ···························· 234
25 **르 트리옹팡급** (프랑스) ···························· 236

COLUMN 가장 많은 적을 침몰시킨 '격침왕'은?
잠수함 전과를 어떻게 평가할까? ···························· 238

● 사진 : U.S.NAVY, U.S NAVAL HISTORICAL CENTER,
U.S National Archives, 해상자위대 홈페이지, U.S.DOD, RN.NAVY, Forsvarsdepartementet

Chapter 1

Bases

제 1 장

잠수함의 기본

잠수함이 잠항할 수 있는 최대 심도는?

소나란 무엇인가?

잠망경 구조는?

본 장에서는 잠수함의 원리부터 각 부분의 기능 등 기본을 알아보도록 하자.

01 가잠함과 잠수함

'수중에 잠수할 수 있다고 해서 다 잠수함'이 아니다?!

잠수함의 최대 장점은 은밀성이다. 바다 밑으로 잠항한 잠수함을 발견하는 것은 최신의 기술과 고성능의 탐지장치로 무장한 세계 정상급의 첨단 해군에게도 매우 어려운 일이다.

때문에 잠수함은 '최강의 스텔스 무기'로 불리지만, 등장 초기에는 '비겁자의 무기', '약소해군의 무기'라 불리며 폄하되기도 했다.

잠수함의 역사는 18세기까지 거슬러 올라가는데, 제2차 세계대전 이전까지 활약했던, 잠항이 가능한 수준의 「가잠함(可潛艦, submergible)」과 이후의 본격적인 「잠수함(submarine)」 시대로 크게 구분할 수 있다.

가잠함이란 작전기간 중, 장거리 항해는

일러스트는 2차 대전 당시, 독일 해군이 운용한 U보트. 대서양과 유럽 주변 해역에서 통상파괴(通商破壞, 공해상의 적국 상선 등을 공격하거나 진로를 방해하는 해전 전략-역자 주) 작전으로 다수의 함정을 격침시켜 연합국을 곤경에 빠뜨렸다. 그러나 선체형태를 통해 알 수 있듯,'가잠함'이기에 수중행동에는 많은 제약이 있었다.

수상에서 기동하고, 적에게 발각되었거나 어뢰로 공격할 때 등 특정한 상황에서만 잠항하는 함정을 말한다. 이러한 이유로 가잠함의 선체 하부는 수상함과 같이 수상항해에 적합한 형태이다.

이에 비해 본격적인 지금의 잠수함은 2차 대전 이후에 작전의 기본이 된 수중항해를 전제로 하여 설계 · 개발된 함정으로 수중항해시의 저항을 최대한 줄일 수 있는 선형이 되었다. 잠수함(가잠함)은 20세기의 두 차례의 세계 대전에서 큰 활약을 하였지만, 추진동력과 산소공급, 무장탑재 등의 제약으로 실제 운용 시에는 한계를 드러내기도 했다. 다만, 2차 대전 이후 추진기관 동력으로 원자력이 도입되면서 잠수함의 능력은 비약적으로 향상되었다. 또한, 원자력 잠수함과 탄도미사일을 조합한 탄도미사일 탑재 원자력 추진 잠수함의 탄생으로 잠수함은 세계에서 가장 강력한 전략적 무기로서 그 지위를 확고히 하게 되었다.

2차 대전 후 잠수함은 수중항해에 적합한 선체형태와 원자력 추진으로 이제는 거의 무기한 수중에서 작전을 할 수 있게 되었다. 이런 능력을 십분 활용하여 전략무기로 발전된 것이 탄도미사일 잠수함이다.

02 부력의 원리

잠항과 부상에 관련되는 부력이란?

배가 물 위로 뜰 수 있는 것은 부력 때문으로, 이는 "아르키메데스의 원리"라는 물리 법칙으로 설명할 수 있다. 「유체 속의 물체는 유체에서 부력을 받으며, 부력의 크기는 그 물체가 밀어내는 만큼의 주위의 유체(물체와 동체적의 유체)에 걸리는 동력과 동일하고 방향은 중력과 반대이다」라는 것이다.

수중의 잠수함은 그 부피와 동일한 양의 물을 밀어내고(배제하고) 있다. 아르키메데스의 원리에 따르면 밀어낸 만큼의 물에 걸리는 중력(물의 중량)이 부력이 되어 중력과 반대의 방향으로 운동하며, 이때문에 잠수함에는 부력과 잠수함 자체의 중량이 동시에 작용하고 있다. 만약 이 때 부력이 중력보다 크다면 잠수함은 부상하게 되고, 부력과 중량이 같다면 부상하지도 않고 가라앉

●잠수함이 잠항하고 부상하는 원리

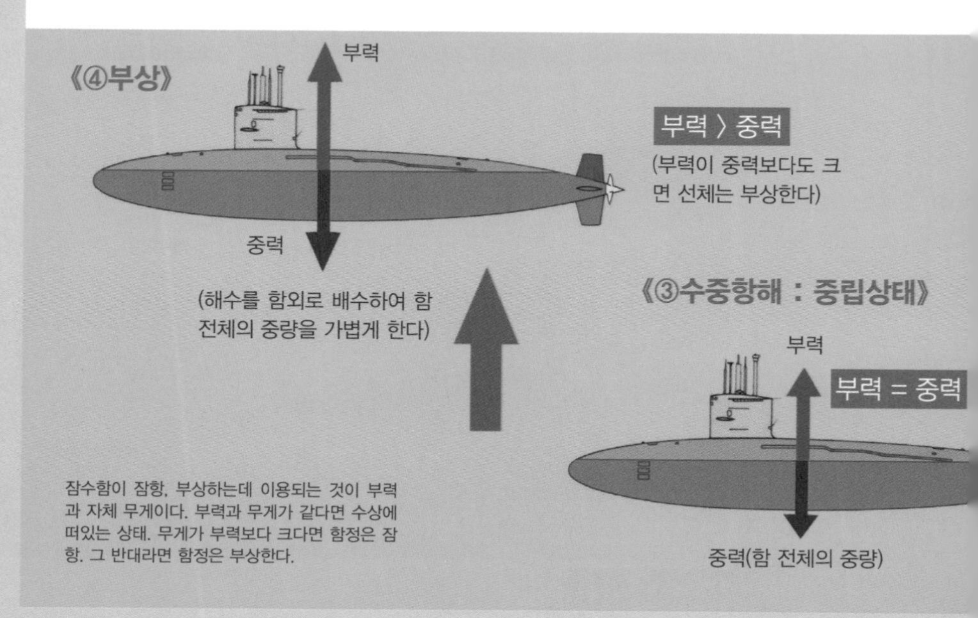

잠수함이 잠항, 부상하는데 이용되는 것이 부력과 자체 무게이다. 부력과 무게가 같다면 수상에 떠있는 상태. 무게가 부력보다 크다면 함정은 잠항. 그 반대라면 함정은 부상한다.

지도 않은 상태로 수중에 위치하며, 부력보다도 중력이 크다면 잠수함은 가라앉게 된다. 즉 잠수함의 부상과 잠항은 잠수함의 체적과 무게의 관계에 따라 일어난다.

그렇다면 잠수함이 수상에 떠있는 경우는 어떻게 설명할 수 있을까?

이 경우, 잠수함에 가해지는 부력은 선체의 물에 잠긴 부분이 밀어내는 물의 무게와 동일하며 그것보다도 함정이 가벼우면 떠있을 수 있고 무겁다면 가라앉게 된다(이는 잠수함에만 해당되는 것이 아니며 일반 수상 함정에도 같은 원리가 적용된다).

●아르키메데스의 원리

위 일러스트에서 잠수함에 걸리는 부력은 잠수함을 물속에 빠뜨렸을 때 선체가 밀어낸 물의 체적(=잠수함의 용적)에 걸리는 중력과 같다. 즉, 잠수함의 용적과 동일한 체적의 물의 무게가 바로 부력이다. 실제의 부력은 부력=물에 빠진 부분의 체적×중력가속도×물의 밀도에서 구할 수 있다.

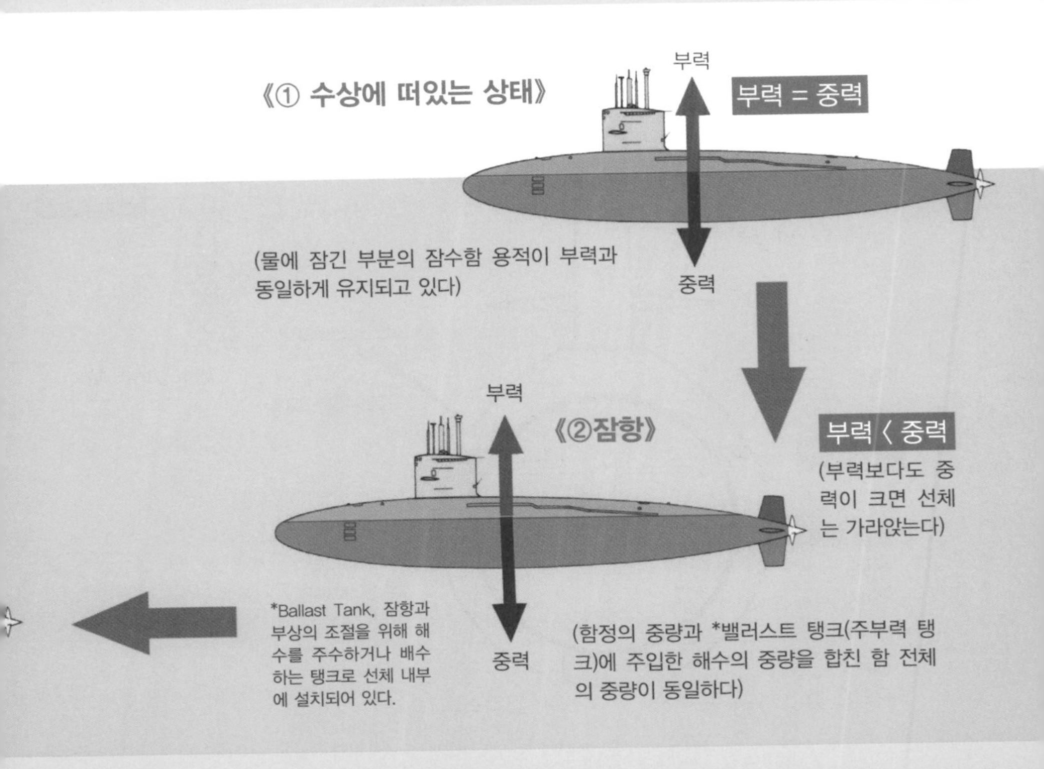

03 잠항과 부상의 방법

어떻게 해서 잠항하거나 부상할까?

잠수함은 해수의 주수와 배수를 통해 잠항과 부상을 실시한다. 함내 탱크로 해수의 주입량을 조정하여 함 중량을 변화시키고 함 체적에 걸리는 부력에 비하여 무겁거나 가볍게 함으로써 잠항과 부상을 조절하는 것이다.잠항할 때에는 주부력 탱크 내부에 해수를 주입하여 함의 중량을 증가시켜 부력을 더욱 크게 한다. 부상의 경우는 주부력 탱크의 해수를 압축공기를 이용하여 함외로 밀어내어 함 중량을 가볍게 한다(우측 아래 그림 참조). 부상할 때에는 공기를 소비하기 때문에 스노클 항해 중에 공기를 보충한다.

2차 대전 당시 미 해군에서 사용한 잠수함 가운데 하나인 탬버(Tambor)급 잠수함(대전 중의 주력이었던 가토급의 이전 모델). 사진의 함은 이제 막 부상한 듯, 함체 측면의 슬릿에서 주부력 탱크의 해수가 흘러나오고 있다.

●잠항, 부상에 꼭 필요한 벤트 밸브

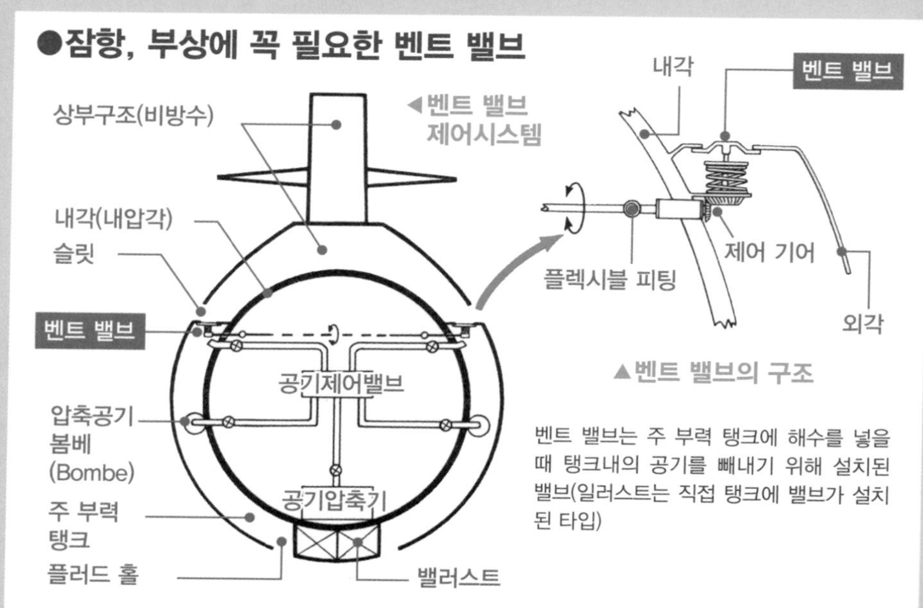

◀벤트 밸브 제어시스템

▲벤트 밸브의 구조

벤트 밸브는 주 부력 탱크에 해수를 넣을 때 탱크내의 공기를 빼내기 위해 설치된 밸브(일러스트는 직접 탱크에 밸브가 설치된 타입)

속칭 「크리스마스 트리(청색 · 적색 램프가 마치 크리스마스 트리를 연상케 한다고 해서임–역자 주)」라고 불리는 각 밸브나 조절기의 제어장치를 조작하는 제2차 대전 당시의 미 잠수함 승조원

일반적으로 잠수함은 '내각(內殼)'과 '외각(外殼)'이라는 2중 구조(이런 형식을 복각식이라고 한다)로 되어 있는데, 이 가운데 어느 한쪽이 두꺼운 강판 등으로 만들어진 '내압각'이 되어 수압을 견뎌냄과 동시에 밀폐공간을 확보하게 된다. 아래 그림의 잠수함은 내각이 내압각(耐壓殼)이 되고 있는 형태로, 잠항 시에는 플러드 홀(Flood hole)로 해수를 유입시키면서 벤트 밸브에서 공기를 내보내며 부상 시에는 부력 탱크 내에 공기를 불어 넣는다. 내압각인 내각과 외각의 사이에는 22페이지 좌측 하단 일러스트처럼 각종 탱크가 설치되어 있다.

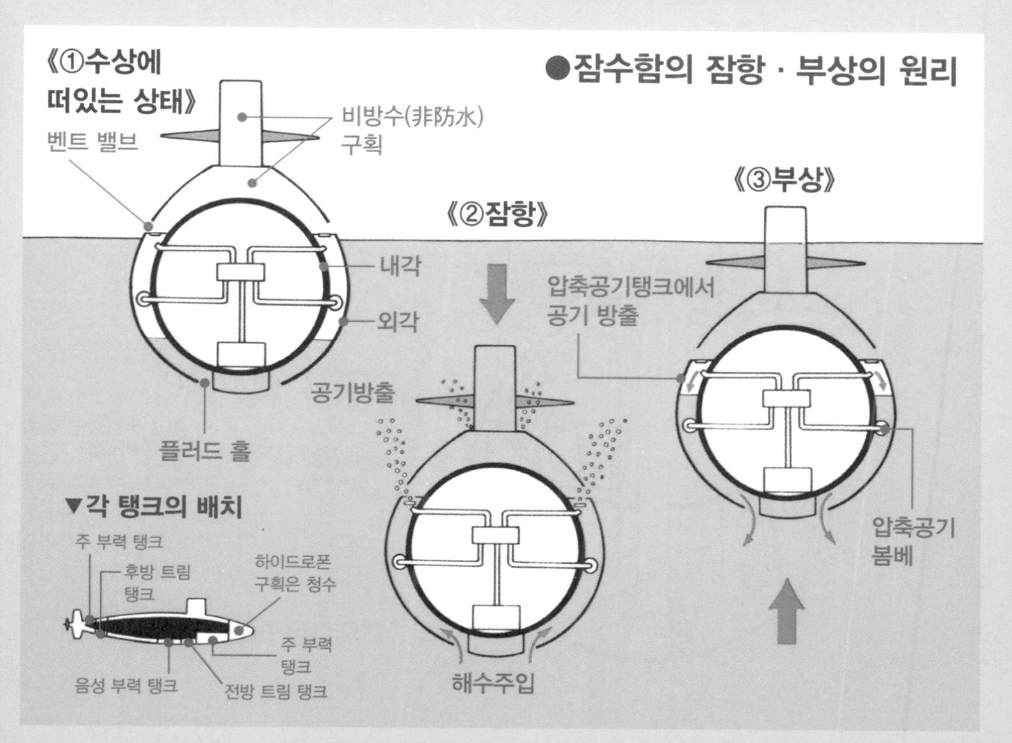

04 잠수함의 선체구조(I)

수상함과 다른 선체구조 특징

잠수함은 수중을 항해하는 특수한 목적으로 만들어진 함정이다. 그래서 수상함과는 선체구조가 크게 다르다. 수중에 잠항하기 위해서는 선체의 수밀성이 무엇보다 중요하다는 점은 당연하다. 또한 잠항만이 아니라 부상할 수 있는 능력은 꼭 필요하다.

더욱이 수중에서는 10미터 깊게 들어갈 때마다 1기압씩 수압이 증가하는데, 수심 200미터에서는 무려 21기압의 압력이 선체에 가해지게 된다. 따라서 잠수함은 선체를 눌러 찌그리려는 수압을 이겨내기 위한 내수압 구조가 필수적이다. 이를 위한 내압각은 잠수함 선체구조의 가장 큰 특징이다.

내압각은 1개의 거대한 튜브(원통)이며 잠수함 선체는 이런 내압각을 중심으로 구성된다(이것은 단각식이나 복각식, 부분각식도 동일).

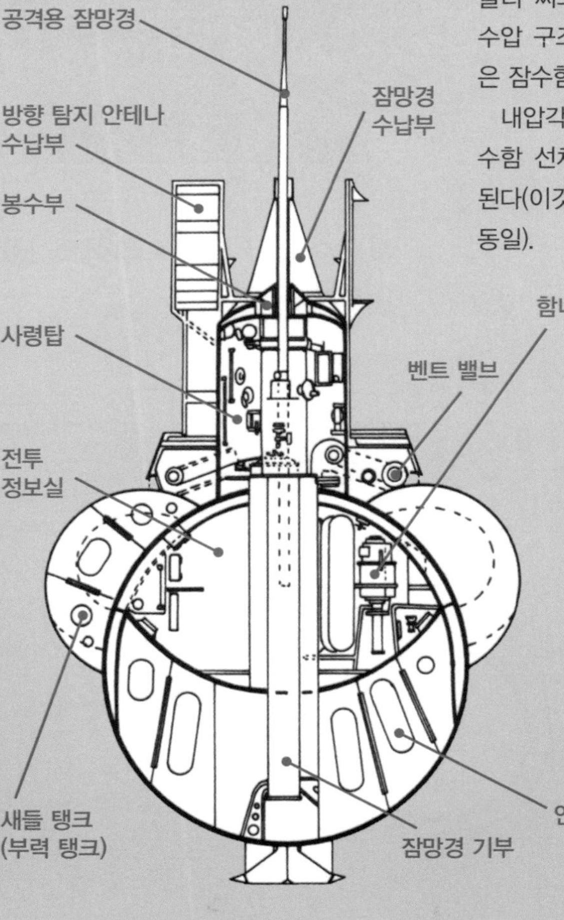

●U보트 Type-Ⅶ C형 절단도

2차 대전 기간 중 독일군의 주력함이었던 U보트 Type-Ⅶ C형은 반 복각식의 선체구조였다. 이것은 단각식과 복각식의 중간의 구조로 원래는 단각식의 결점을 보완하기 위한 아이디어에서 건조되었다. 단각식은 함내 용적이 작으며 이에 따라 항속거리도 짧고 수상항해 시에 복원력이 약해지는 결점을 줄이기 위해 내압각의 외측을 부분적으로 덮고 주부력 탱크로 만들었다. 새들 탱크(Saddle tank)식이라고도 불리며 제2차 대전까지 중형잠수함에 많이 사용된 구조이다.

●잠수함의 대표적인 구조 형식

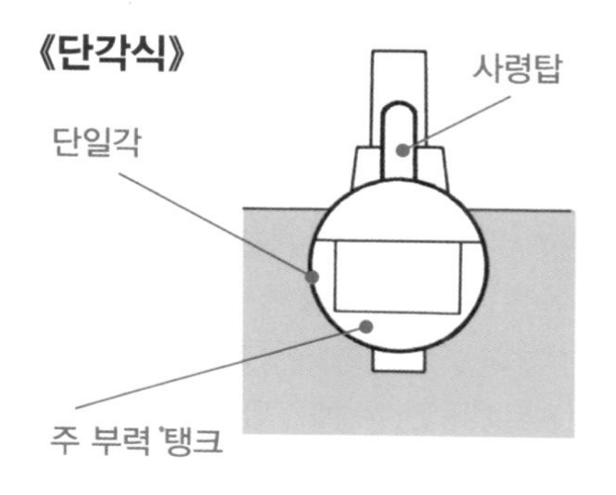

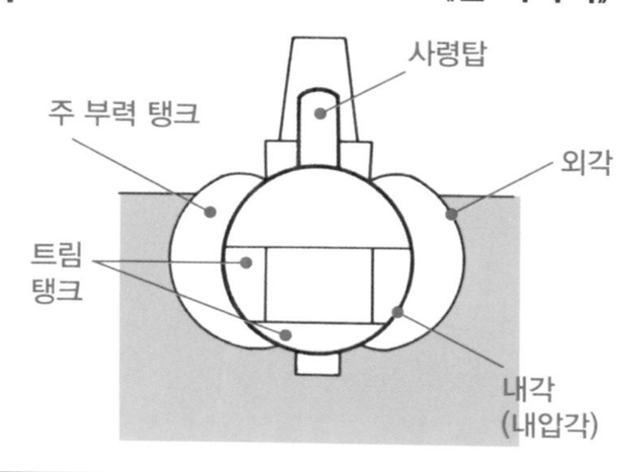

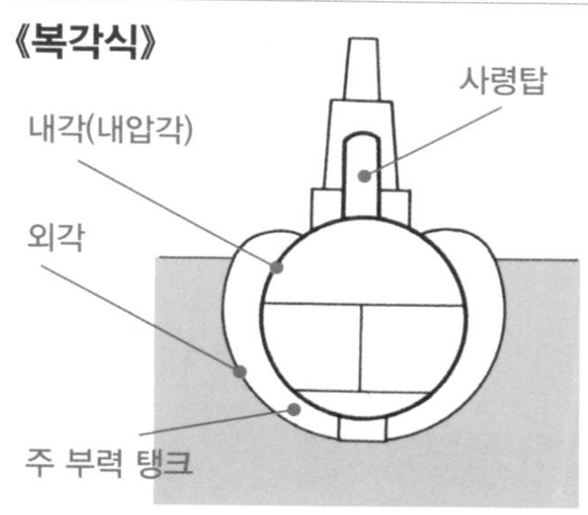

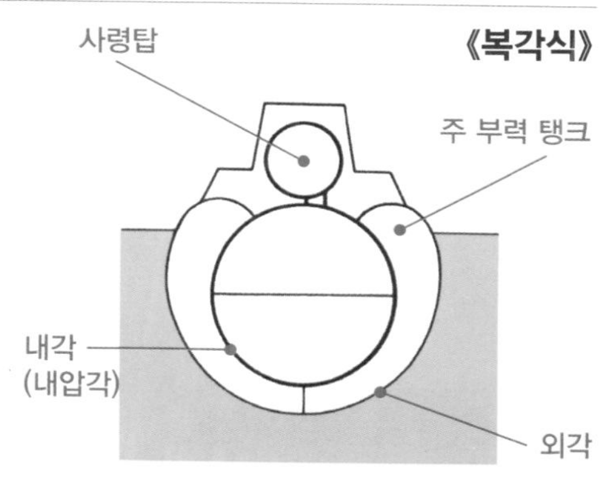

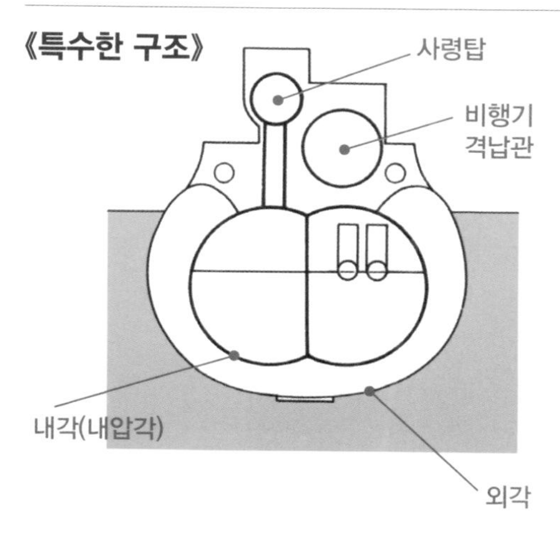

일러스트는 2차 대전 당시까지의 일반적인 잠수함의 구조를 단순화하여 설명한 것이다. 크게 나누면 단각식과 복각식, 반 복각식 및 부분 복각식으로 구분된다. 「단각식」은 수압을 견뎌내기 위해 만들어진 내압각의 대부분이 외부에 노출되며 선체 자체를 이루고 있는데, 일반적으로 잠수, 부상을 위해 해수를 주입하는 주 부력 탱크 등의 탱크류만을 내압각의 외부, 선체의 앞뒤에에 두고 있다. 「복각식」은 내각의 외측에도 1개 더 외벽(외각)을 설치한 이중구조로, 내각과 외각의 사이에 부력 탱크 등의 장비를 설치한다. 선체의 외측에도 또 하나의 선체를 붙인 것과 같은 구조이다.

05 잠수함의 선체구조(2)

현대 잠수함의 선체구조 특징

2차 대전 이후, 원자력 기관의 탑재에 따라 잠수함은 수상 및 수중 항해용으로 별개의 동력기관을 설치할 필요가 없게 되었다. 함내 대부분의 공간을 차지했던 연료탱크의 면적도 줄어들고 장기간에 걸쳐(승조원의 한계까지) 수중에 잠수 할 수 있게 되었다.

다만, 장기간의 잠항에 승조원이 견뎌내기 위한 공간과 시설의 마련, 다양한 전자장치의 탑재, *정숙화(靜肅化)를 위한 장비 등 이전에는 없었던 설비로 인해 내압각의 용적이 크게 증가, 원잠의 직경이 대형화 되고야 만다.

이 때문에 내압각은 튜브의 앞뒤를 가늘게 쥐어 짜낸 듯한 형태가 주류가 되었다. 또한 함내 배치 관계를 보면 도중에 쥐어 짜낸 듯 잘록해진 부분이 있는 등 내압각은 직경이 동일한 원통 모양이 아니다. 여기서 좁게 되어 있는 전후 부분이나 잘록해진 부분을 외각이 덮고(전체적으로 수중항해에 이상적인 눈물방울형이나 궐련형의 선형이 된다), 또한 안쪽을 부력 탱크류로 하는 부분 복각식이 원잠의 기본적인 구조이다.

사진은 건조 중인 독일 잠수함. 유럽형의 단각식 잠수함 구조임을 잘 알 수 있다. 중앙의 갑판 위에 설치된 전자장비류와 아래쪽에 매달린 장치가 갑판을 통해 내부 프레임 부분에서 지탱되고 있다. 지탱하는 부분에는 정숙화를 위해 스프링이나 고무 등의 쇼크 마운트가 설치되었다.

*정숙화를 위한 장비=완충재를 붙인 다음에 동력장치를 올린다던지 기관실 전체를 방진(防振)장치로 선체에서 약간 이격시키는 등의 설계이다.

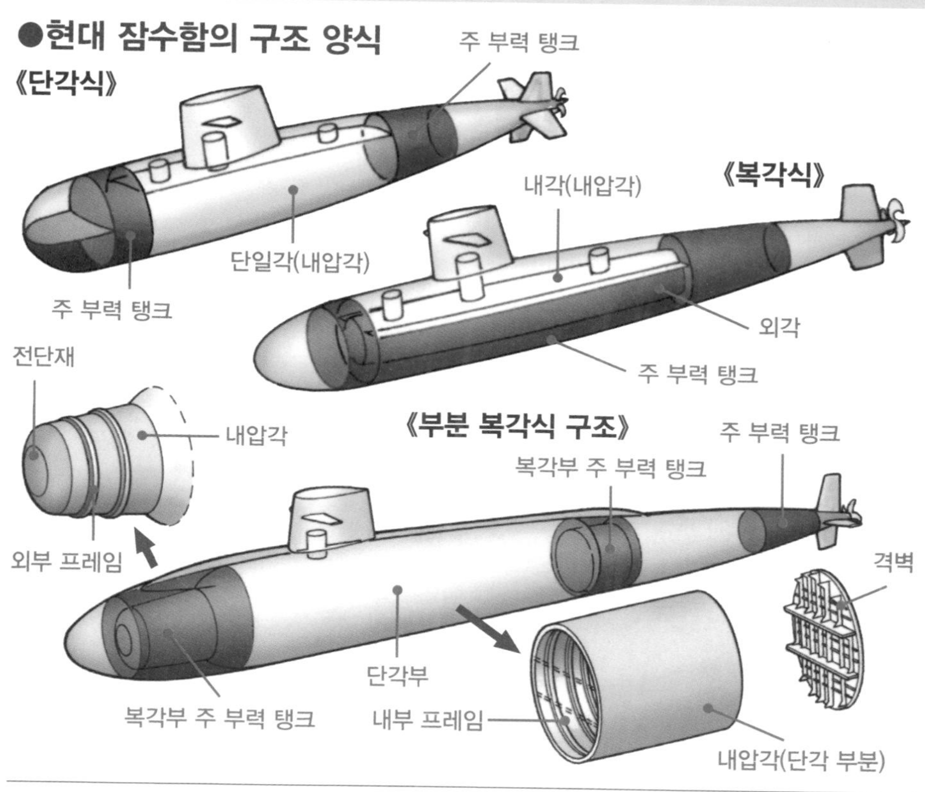

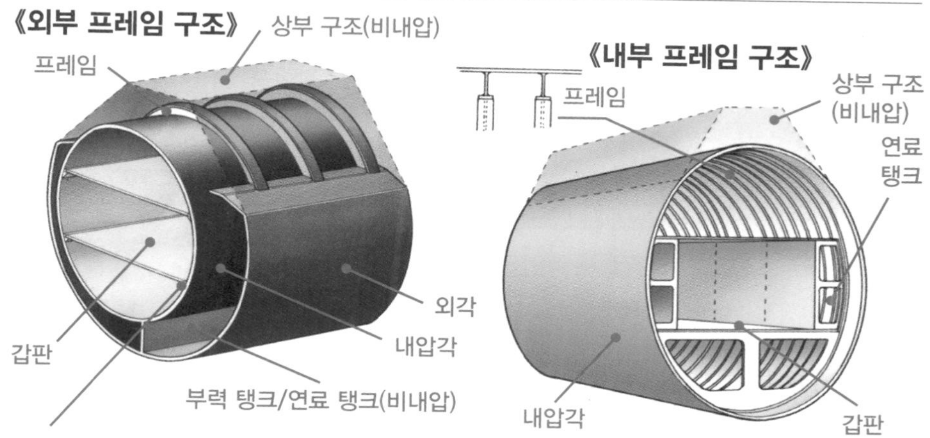

내압각을 보강하는 것이 프레임이다. 내부 프레임 구조는 조립이 쉽고 강도가 높지만, 함내의 공간을 효율적으로 활용하기에는 외부 프레임 구조 쪽이 유리하다.

06 잠수함 각 부분의 구조

수압을 이겨내기 위한 다양한 노력

수중으로 잠항 시에 높은 수압을 이겨내기 위해 잠수함은 내압각으로 선체를 보호하고 내부의 다양한 장치와 승조원을 지키고 있다. 잠수함은 원통형의 내압각을 연결하고 그 통의 앞뒤를 폐쇄한 것처럼 기본적인 함정의 구조물이 되는 내압각 부분을 만든다. 그리고 통의 각 부분에 몇 개의 빈 부분을 열어서 함선 외부로 배관이나 탈출탑 등의 장치를 설치하고 해수나 연료를 채울 수 있는 탱크를 구성하는 외각과 함교 등의 상부구조물을 설치하여 선체를 완성시킨다. 그러나 내압각의 접합부나 배관부분은 압력에 매우 취약하므로 나름의 대책이 필요하다.

●선체의 신축에 대응하는 파이프

수상과 수중을 항해하는 잠수함에는 다양한 힘이 가해진다. 수상에서는 파도에 의해 선체를 세로로 굽히게 하는 힘, 수중에서는 수압에 의한 압축력이다(잠수함에서는 압축력을 우선적으로 고려한다). 이런 힘에 대항하여 선체를 보호하는는 것이 내압각이다. 한편, 잠수함 내부에는 연장하면 수 킬로미터나 되는 파이프(관)가 통과하고 있는데, 선체가 힘을 받아 찌그러지려 하면 당연히 파이프도 그 영향을 받게 된다.
높은 수압을 직접 받는 파이프는 내압구조로 되어 있으며 그 외의 힘에 대해서도 어떤 조치가 강구되지 않으면 안 된다. 따라서 각각의 파이프는 루프관이나 신축성을 가진 접합부를 사용하여 파이프를 신축적으로 사용하고 있다.

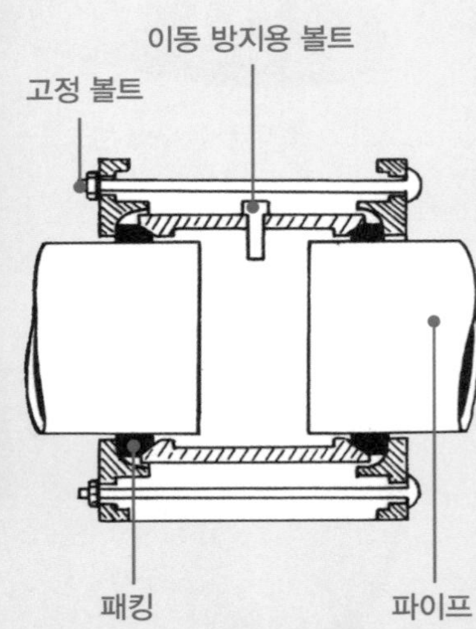

▲플렉시블 피팅의 단면도

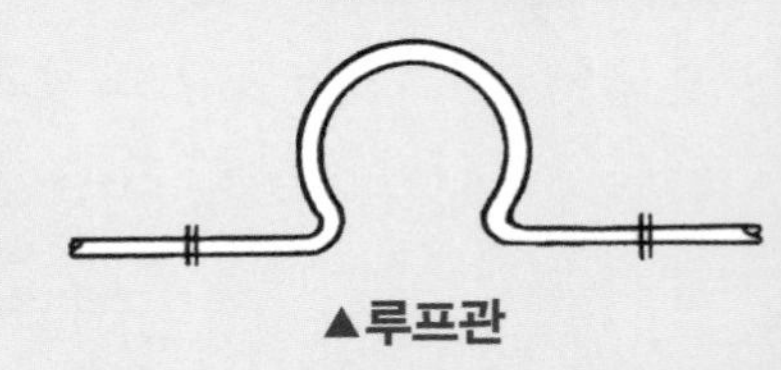

▲루프관

●해치의 구조

승조원이 출입하는 해치는 내압각의 개방된 부분에 설치되어 있다. 잠항하면 당연히 해치 부분에는 높은 압력이 가해진다. 그 힘에 대항하여 함내가 침수되지 않도록 해치 접합부분은 수밀고무로 단단히 밀착된다. 또한 핸들을 돌려 고정시켜 해치와 탈출관의 접합부를 고정한다. 해치의 외측에는 또 하나의 상부덮개가 설치되어 잠항 중의 저항을 줄여준다.

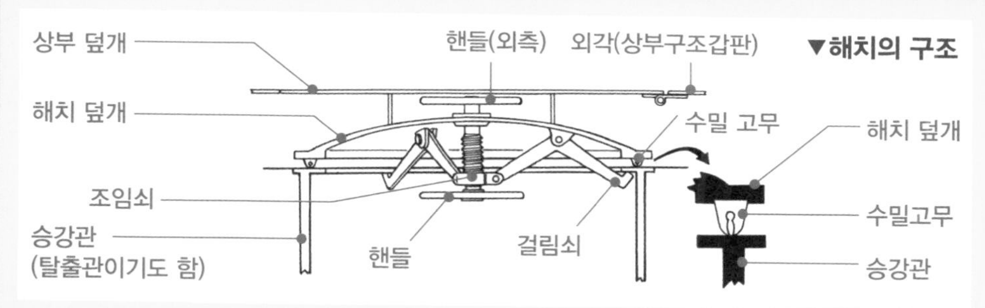

▼해치의 구조

●잠수함에도 닻(앵커, Anchor)이 있다

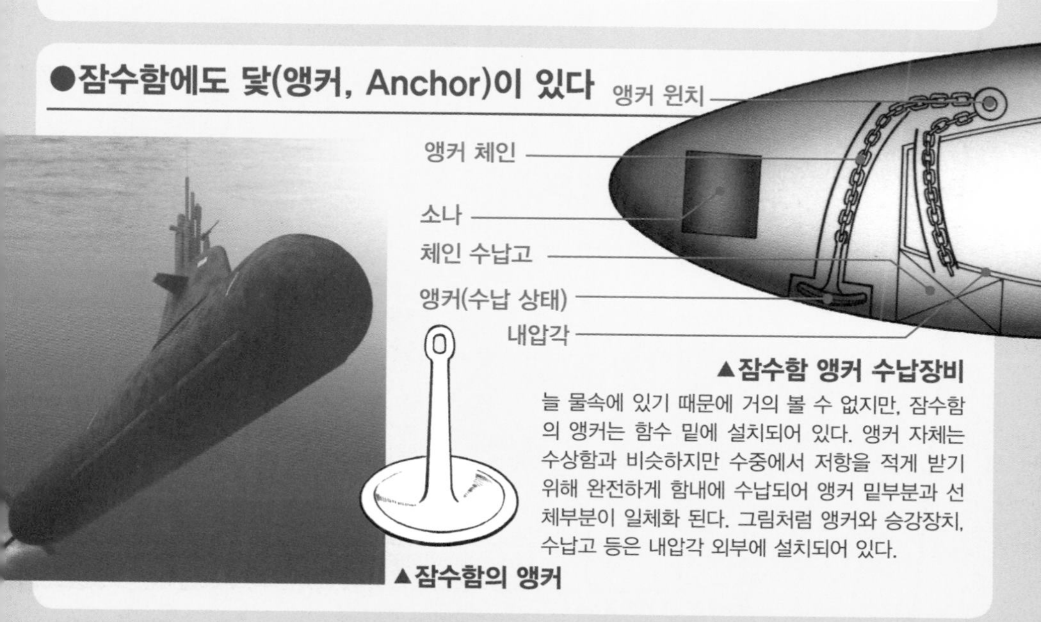

▲잠수함 앵커 수납장비

늘 물속에 있기 때문에 거의 볼 수 없지만, 잠수함의 앵커는 함수 밑에 설치되어 있다. 앵커 자체는 수상함과 비슷하지만 수중에서 저항을 적게 받기 위해 완전하게 함내에 수납되어 앵커 밑부분과 선체부분이 일체화 된다. 그림처럼 앵커와 승강장치, 수납고 등은 내압각 외부에 설치되어 있다.

▲잠수함의 앵커

07 잠수함의 잠항가능 심도

잠수함이 잠항할 수 있는 한계 심도는?

잠수함이 물 속 어느 깊이까지 잠항할 수 있는가(최대잠항심도)는 각국의 군사비밀이다. 그림은 바다의 깊이와 심도에 해당하는 육지의 점유율(즉, 심도가 깊어지면 해저가 점하는 비율이 증가한다. 그리고 이러한 해면의 총면적에 대한 심도에 따른 육지의 비율)을 보여주는 그림에 공개된 각 종 잠수함의 잠항가능심도를 추가한 것이다. 잠항가능심도가 1000미터를 넘는 잠수함은 DSRV(Deep Submurgence Rescue Vehicle, 심해 잠수 구조정)를 제외하면 모두 해양조사용이다.

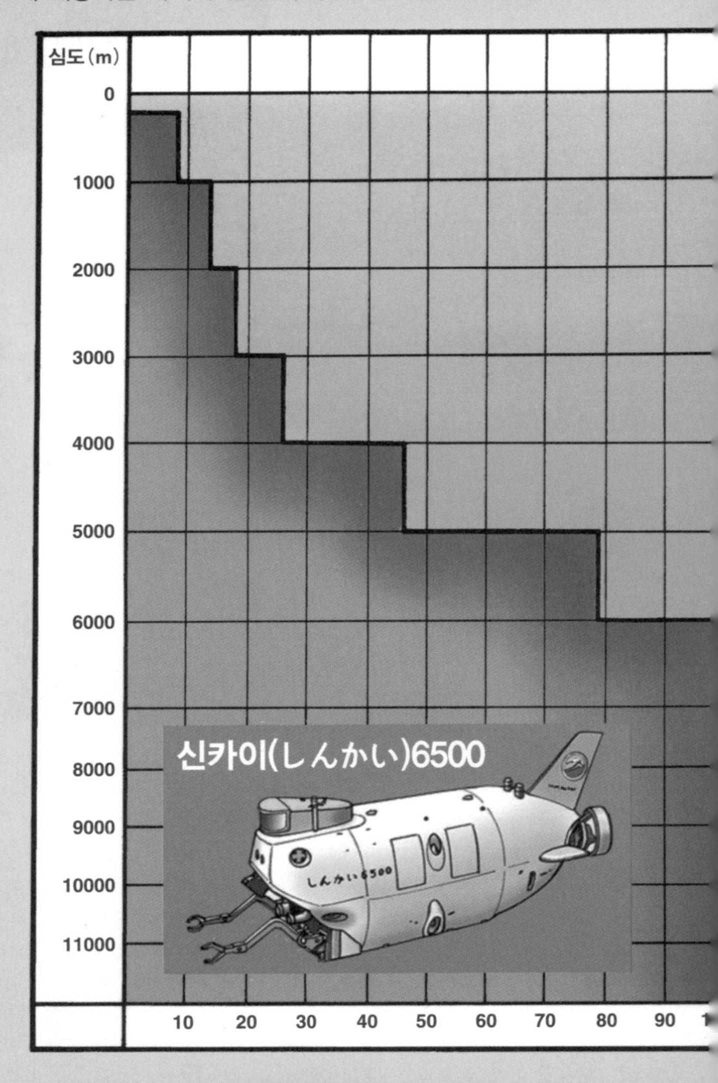

●바다의 평균 수심은?

세계에서 가장 깊은 것으로 알려진 마리아나 해구는 11,000미터 이상이지만 지구의 바다 평균 수심은 3,800미터(한라산 높이의 2배)이다. 그러나 지구의 반경이 6,400킬로미터이며 이것을 3,200페이지(1,600매)의 책으로 생각한다면 바다 평균 깊이는 겨우 2페이지(1매)의 두께밖에 안 된다.

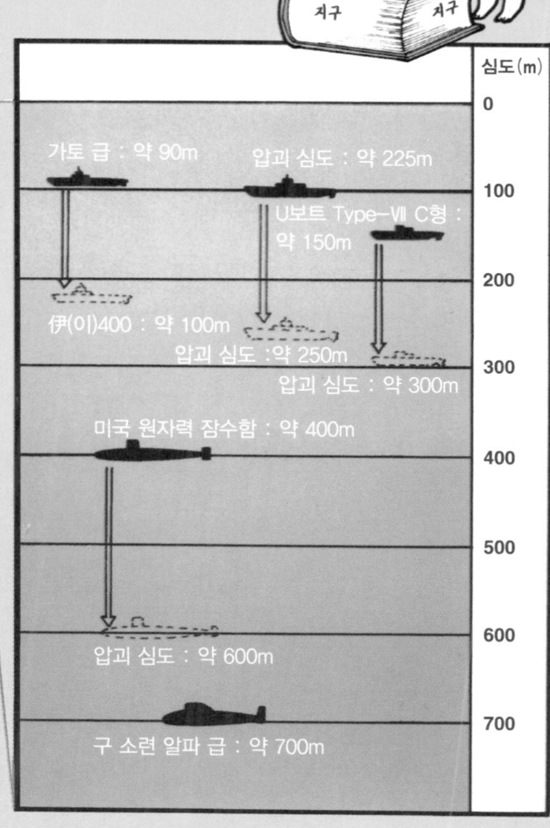

●군용 잠수함의 잠항가능심도

해군에서 운용하고 있는 잠수함의 잠항가능심도는 최대라 하여도 구소련의 알파급이 약 700미터이며 미국의 원자력잠수함은 약 600미터에서 압괴(수압을 이겨내지 못하고 파괴)될 위험이 있다. 바다의 수심과 비교하면 잠수함은 얕은 물속에서만 활동하고 있는 셈이다.

08 잠수함의 조타

잠수함은 수중에서 어떻게 움직일까?

수중에 잠항한 잠수함이 계획한 심도와 의도대로 기동하기 위해서는 탱크에 바닷물을 주·배수하여 부력과 잠수함 중력의 균형을 잡는 것만으로는 어렵다.

잠항을 위한 기본적 조정은 주 부력 탱크 등의 각종 탱크를 사용하고 잠항과 잠항중의 미세한 조정은 함외에 설치된 수평타(잠횡타와 횡타)로 실시한다.

예를 들어 U보트처럼 2차 대전 중의 잠수함에는 함수의 선체측면(잠횡타)와 함미(횡타)에 좌우 1매씩의 수평타가 설치되어 있다.

이것을 움직여서 심도와 기동의 조정을 하며 잠수함은 전진 혹은 후진한다(부상하여 수상 항해할 때에는 방해가 되기 때문에 선체 앞부분의 잠타는 접는다).

반면 수중과 부상 중에 함의 좌우 기동을 조종하는 것은 종타(수상함의 타와 동일)이다. 종타는 함미에 설치되어 있다.

일러스트는 U보트 조종장치. U보트의 조작은 종타와 수평타(전부잠타와 후부횡타)로 실시한다. 3개의 함미 종횡타를 조작하기 위해 3인의 조타원이 필요했다. 종타수는 진행방향으로 앉고 잠횡타수와 횡타수는 전투정보실의 우현측에 진행방향과 평행으로 앉아서 각각 잠항타를 조작했다.

●잠항타의 역할

잠수함이 수중에서 움직이는 것은 비행기와 같다. 비행기가 날개 주위의 공기의 흐름을 이용하여 공중에서 운동을 하는 것과 같이 잠수함도 주위의 물의 흐름을 이용하여 움직인다. 단, 처음부터 부력이 생기기 때문에 비행기와 같은 날개는 필요가 없고 잠항타만으로 움직일 수 있다. 타를 조작하여 타 주위의 물 흐름을 변화시켜 함의 자세를 바꾼다. 수평타(잠횡타와 횡타)의 역할은 비행기의 승강타의 역할과 비슷하다.

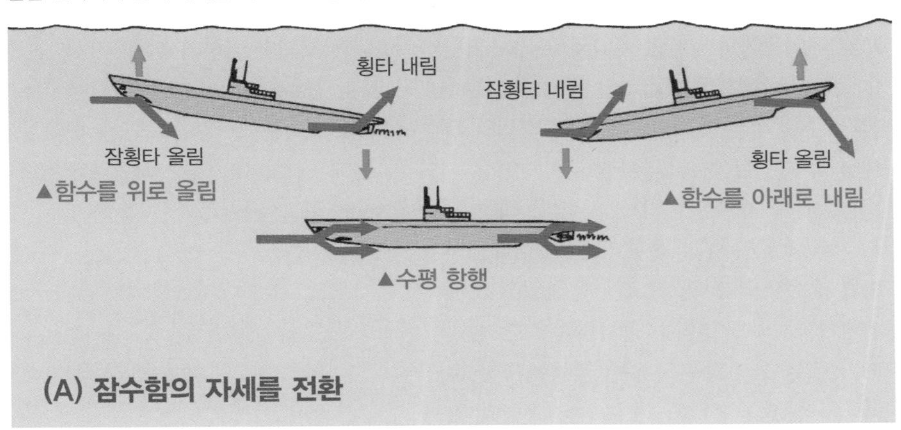

(A) 잠수함의 자세를 전환

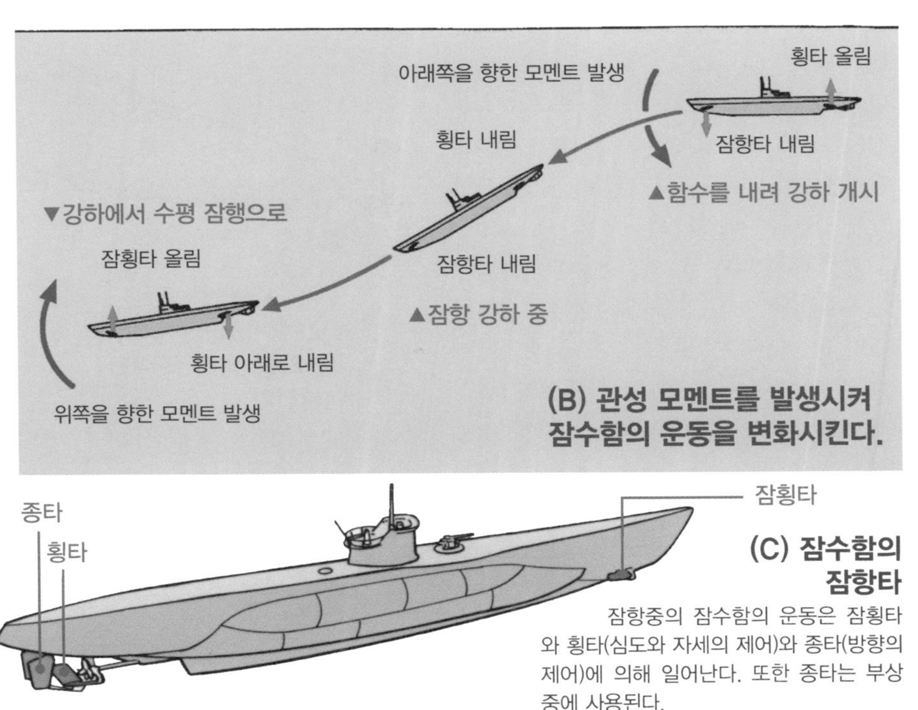

(B) 관성 모멘트를 발생시켜 잠수함의 운동을 변화시킨다.

(C) 잠수함의 잠항타

잠항중의 잠수함의 운동은 잠횡타와 횡타(심도와 자세의 제어)와 종타(방향의 제어)에 의해 일어난다. 또한 종타는 부상중에 사용된다.

*승강타(昇降舵) = 엘리베이터. 항공기의 수평 미익에 달려, 기체의 받음각을 바꾸는 타

09 잠수함 잠항타의 변화

형태가 크게 변화한 잠수함의 잠항타

앞 페이지에서 설명한 바와 같이 잠수함의 수평타는 비행기의 승강타와 동일한 역할을 한다. 주위의 물 흐름을 변화시켜 함정의 자세를 바꾸어 잠항하거나 부상하는 것이다.

잠항타의 기본은 동일하지만 2차 대전 당시 까지의 잠수함과 전후의 잠수함을 살펴보면 잠항타의 형태가 크게 변화했다. 2차 대전기까지의 잠수함은 장시간에 걸친 잠항이 불가능했기 때문에 수상항해에 적합한 형태의 함미 종횡타와 선체 형상을 하고 있었다. 또한 2축식 추진장치를 탑재하여 오른쪽 그림의 U보트와 같은 배치의 함미 종횡타가 채택되었다. 게다가 당시의 잠수함은 잠항속도가 느렸기 때문에 신속하게 함정의 자세를 변화시키기 위해 잠횡타와 함미타를 크게 만들 수밖에 없었다.

2차 대전 이후, 장시간 잠항이 가능하게 된 잠수함은 수중속도를 중시한 눈물방울형 등의 함형으로 변화한다. 또한 잠항속도가 빨라졌기 때문에 그렇게까지 큰 키는 필요가 없게 되었으며, 그보다는 잠항중의 *동안정(動安定, dynamical stability)을 중시하게 되었다. 따라서 함미 종횡타를 십자형이나 X형으로 배치하고 함미에 큰 지느러미를 붙인 듯한 형태로 하였고 동안정을 향상시키기 위한 조치가 이루어졌다.

또한 함수 측면 부분에 설치된 잠횡타는 함수에 소나를 설치하게 되면서 세일 측면에 붙게 되었는데, 이를 '세일 플레인즈(Sail Planes)'라고 부른다.

종타는 함수를 좌우로 향하게 하여 함을 선회시키고 횡타는 함수를 위아래로 향하게 하여 함의 상하 운동을 제어한다. 대각선상의 잠항타는 동일한 방향을 향하게 되어 있다.

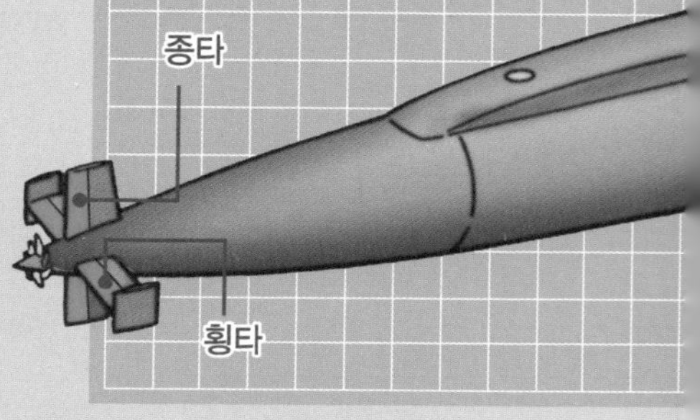

▲오하이오급 원잠의 십자형 함미 종횡타 (냉전기)

* 동안정 = 잠항 항해 중에 어떤 외력으로 함정의 자세가 변화하였을 때 이것을 이전으로 되돌리려는 성질.

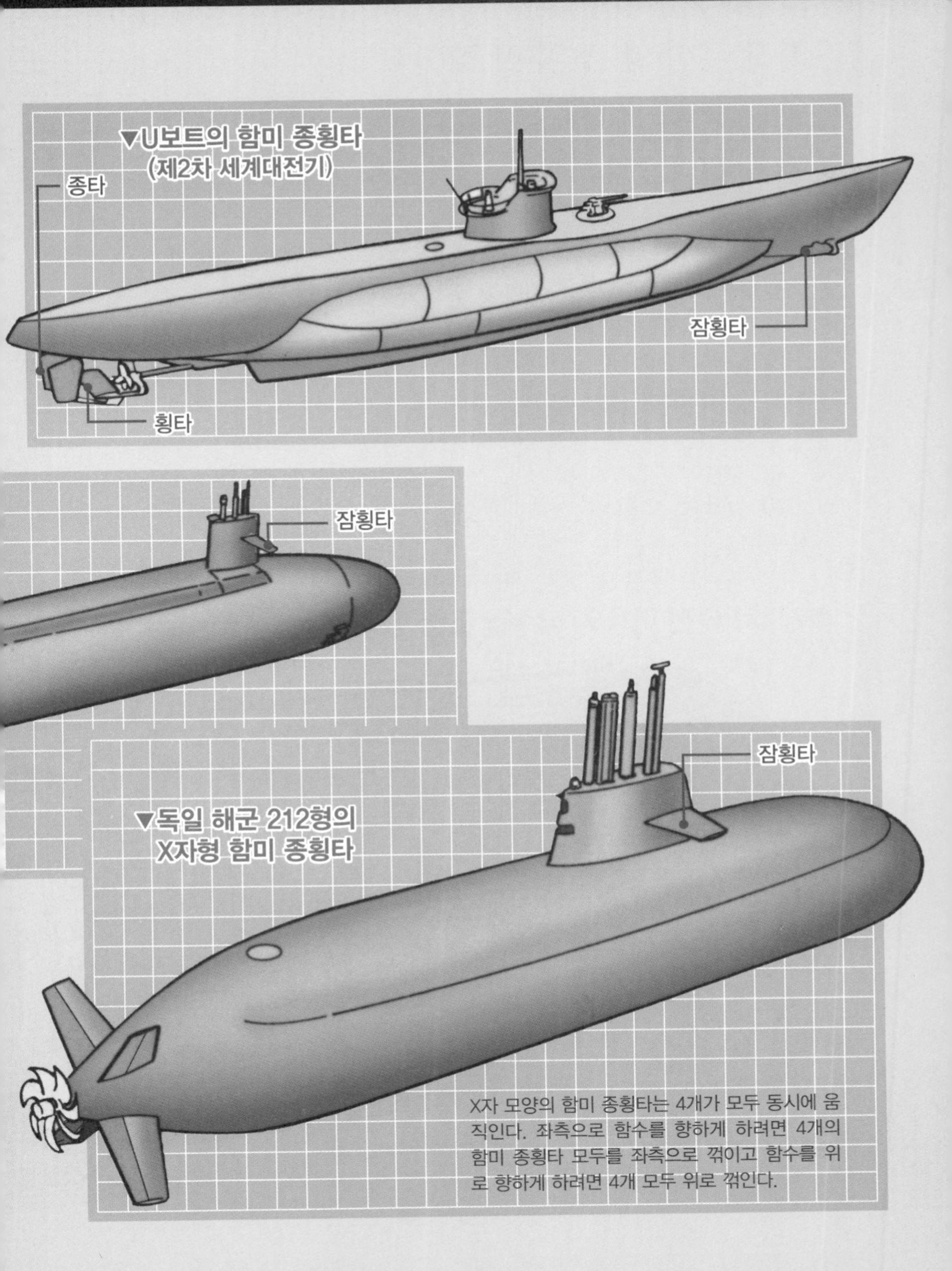

X자 모양의 함미 종횡타는 4개가 모두 동시에 움직인다. 좌측으로 함수를 향하게 하려면 4개의 함미 종횡타 모두를 좌측으로 꺾이고 함수를 위로 향하게 하려면 4개 모두 위로 꺾인다.

10 잠수함의 조종장치(1)

2차 대전 이후 크게 변화한 조종장치

잠수함의 조종장치는 2차 대전 중까지 큰 변동은 없었다. 예전 잠수함은 종타(함의 좌우방향을 조작), 잠횡타(함수를 위아래로 향하게 함), 횡타(함미를 움직여 함정의 상하의 경사를 조절한다) 운용에 각각 1명씩 필요하여 3명의 조타수가 타를 잡고 있었다. 함정의 잠항, 부상도 복수의 승조원의 손으로 필요한 수압장치나 고압공기의 밸브를 개폐하여 부력탱크에 해수를 주 · 배수하여 실시했다.

대전 후, 잠수함의 수중항해 능력이 중요시 되면서 수중의 함정 자세나 운동을 조종자가 감각적으로 이해하고 상황에 맞게 신속하게 대처하도록 조종장치 자체도 변화한다.

그 결과, 비행기를 조종하는 조이스틱 방식의 장치가 함정 조종장치로 개발되었다. 함수 방향을 바라보고 있는 조종자가 조종륜

●제2차 대전 이후의 잠수함 조종 장치

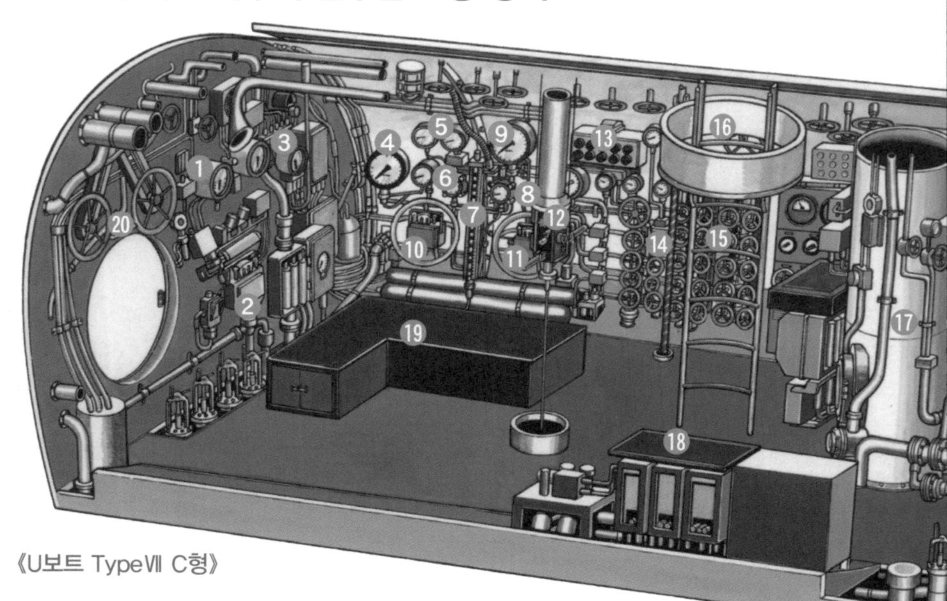

《U보트 TypeⅦ C형》

을 좌우로 돌린다던지 앞으로 밀거나 빼거나 뒤로 당기는 조작과 연동하여 잠수함을 기동할 수 있게 된 것이다. 이로서 원래 3명이 조작하던 함미 종횡타를 한명만으로도 조작할 수 있게 되었다.(현대 잠수함에는 2명의 조타수가 있지만, 1명만으로 조작 가능)

●제2차 대전 당시의 잠수함 조종 장치

《SS 바벨급》

2차 대전 이후, 잠수함 조종장치는 조이스틱식으로 불리는 비행기의 조종석과 같은 방식으로 바뀌었다. 그림은 1950년대의 미해군의 바벨급 잠수함의 조종장치. 2차 대전 이후 인체공학을 기초로 한 구조가 되었으며 각 장치의 배치 또한 오늘날 미 해군 잠수함의 원형이라고 말할 수 있다. 대전 중의 잠수함에 비교하면 매우 세련되어 있음을 알 수 있다. ①심도계, 속도계 등 조함용 계측기와 지휘통신기 등의 보조장치 ②조타수용 종합 계기 ③조종간 ④자동조종장치 ⑤잠망경 마스트 등 승강제어부 ⑥선체 각 밸브와 각 탱크 주배수 제어부 ⑦압축공기제어부 ⑧트림 조정부 ⑨유압장치제어부

2차 대전 당시의 U보트 전투정보실(함의 조종, 지휘 실시)에 설치된 조종장치. 당시 잠수함의 조종장치는 모든 국가가 거의 동일하였으며 장치가 복잡하게 배치된 것이 특징. ①속력통신기(기관실과 연결되어 속도를 표시) ②종타조작기 ③종타타각계 ④심도계 ⑤속력통신기 ⑥잠항타각계 ⑦천심도계(천심도계는 어뢰발사시에 중요) ⑧횡타횡각계 ⑨심도계 ⑩잠횡타조작기(주위의 타는 수동타륜으로 평상시에는 조작기의 핸들로 조작한다) ⑪횡타조작기 ⑫수색용 잠망경 ⑬경고등 ⑭벤트밸브 개폐 핸들 ⑮주부력 탱크 블로우용 밸브장치 ⑯함교탑(공격 지휘를 하는 장소) ⑰공격용 잠망경 수납관 ⑱해도대 ⑲타수석(그림의 좌측이 함의 진행방향. 그림의 좌측부터 종타수, 잠타수, 횡타수 순으로 앉는다) ⑳통풍밸브 개폐 핸들

11 잠수함의 조종장치(2)

최적화된 조종장치

현대 잠수함의 함미 종횡타 조작은 2명의 조타사(미해군은 전방의 잠항타와 후방의 횡타를 조작하는 플레인즈맨(Planesman)과 종타를 조작하는 헬름즈맨(Helmsman)이 담당한다. 하지만 실제로 키를 움직이는 것은 한사람으로 충분하며 비행기의 조종사와 부조종사 시스템처럼 언제라도 조종간을 넘겨 줄 수 있도록 하는 예비 개념으로 생각하면 된다.

또한 이전에는 다수의 인원이 담당했던 밸브 조작이나 부력탱크의 주 · 배수도 한사람이 조작할 수 있게 되었다. 구식 잠수함의 함교탑처럼 벽이나 천정부에 많이 설치되었던 밸브 개폐용 핸들이나 레버 등이 없어지고 스위치나 경고등의 제어반을 조작하면 자동적으로 가능하게 되었다. 때문에 함정의 잠항, 부상의 조작은 조작수 (잠항사관 혹은 보좌하는 부사관) 1인이 담당한다.

따라서 지금의 잠수함 조종은 불과 3명의 인원만으로도 할 수 있게 되었고 조종장치도 최적화되어 전투 정보실이 차지했던 면적도 줄어들었다.

잠항 중의 잠수함의 외부와의 접촉을 숫자나 계기가 아닌 마치 TV화면과 같이 표시하는 코나로그(CONALOG, Contact analog)는 1960년대 초반에 개발된 것으로 잠수합의 움직임을 시각적으로 보여주어 상황을 직관적으로 파악, 조종하기 쉽게 하려는 목적이었다. 천정처럼 보이는 것이 해수면, 중앙의 선은 수평 기준선을 나타낸다.

▼스콰이어(SQUIER)

전방의 정보만 보여주는 코나로그를 대체하기 위해 개발된 스콰이어(Submarine Quickened Response, 잠수함 고속화 응답). 함정의 주위를 360도의 범위를 그려내어 속력, 침로, 심도 등의 항법정보를 추가하고 다른 선박이나 잠수함의 위치, 어로의 발사각 등의 전술정보도 표시 가능하다 ①명령한 새 침로와 심도 ②함정의 현재 침로, 심도 ③현재 침로, 심도에 조타량을 추가하여 계산한 결과 ④계산결과를 5배로 표시한 선 ⑤5배 표시 스위치 ⑥최대 전후 경사 스위치 ⑦최대 타각 스위치

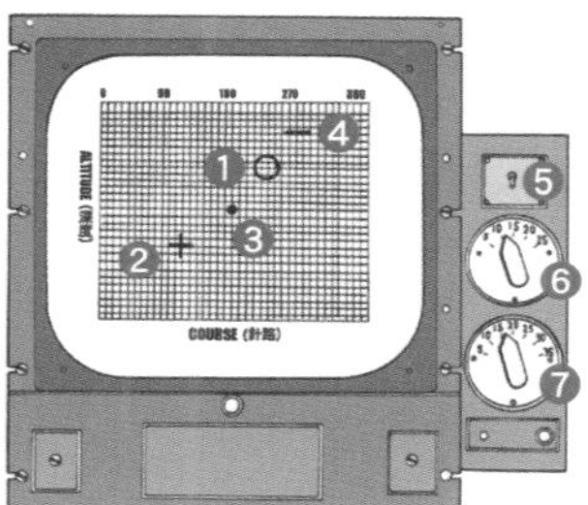

▼미 해군 공격 원잠의 조종장치

①방위타 ②심도계 ③속력통신기 ④잠항/선회각도계 ⑤⑥잠 · 횡타각계 ⑦플레인즈맨 종합계기 ⑧헬름즈맨 종합계기(⑦과 ⑧은 동일 계기로 타수는 계기반만으로 필요한 정보를 얻는다) ⑨플레인즈맨 조타륜 ⑩헬름즈맨 조종간(⑨, ⑩은 동일한 기능) ⑪자동 조타장치 ⑫입력 키보드 ⑬속력 지시 레버

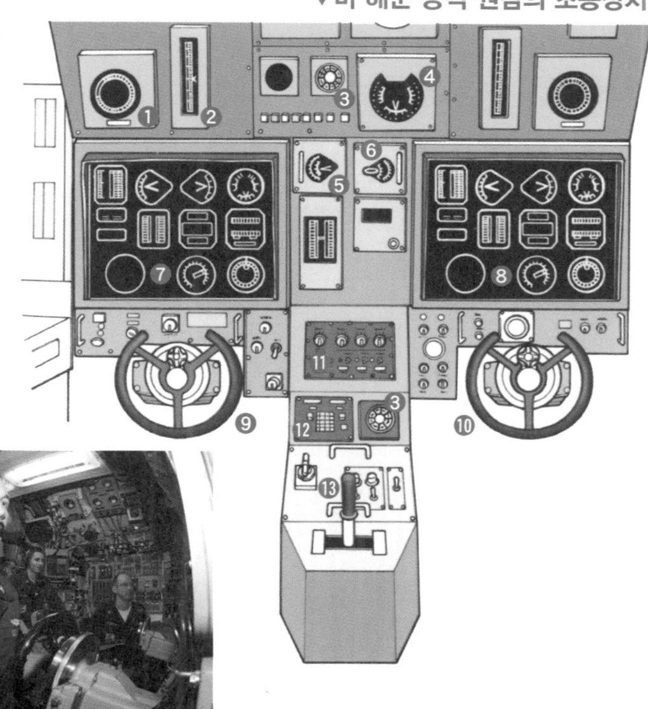

조종간을 조작하는 헬름즈맨(미 해군 공격 원잠)

12 잠수함의 조종장치(3)

유럽 해군에서는 한사람이 조종한다

미해군은 원잠의 함미 종횡타를 2인이 조작하지만 유럽 각국이 보유하고 있는 비교적 소형인 잠수함(승조원 수가 50명 정도로 적은 타입)은 함미 종횡타의 조작을 한사람만으로 하는 함정이 대다수이다. 2인 조작으로 건조된 대형함의 경우도 현재는 조종장치의 기능이 중복되어 있어 한사람만으로도 조작이 가능하다. 공간이 협소한 소형함에서는 조종장치를 1인용으로 최적화하여 절약된 공간에 다른 장치를 설치하는 것이 합리적인 아이디어인 것이다.

스웨덴의 코쿰스(Kockums)사 등에서는 1960년대부터 1인용 잠수함 조종장치를 개발, 상당한 판매 실적을 올리고 있으며 고틀란드(Gotland) 급 잠수함의 조종장치에도 그 노하우가 활용되고 있다.

단, 1인용 조종장치라고 하더라도 실제 제어하는 것은 종타와 횡타, 잠횡타를 사용하여 상하방향과 좌우방향의 운동 정도로, 부력 탱크에 해수를 주 · 배수하여 함정이 잠항과 부상을 하거나 균형을 잡는 조작은 부력 제어반에 의해 실시되며 조타원과 별도로 조작하는 조작 인원이 필요하다.

함미 종횡타의 조작을 한사람이 하는 고틀란드급 잠수함의 조종장치. 함의 상하 움직임은 조타륜을 밀거나 당기고 좌우의 운동은 조종핸들을 돌려 컨트롤한다. 기본적으로 비행기의 조종핸들과 동일한 조작방법이다.

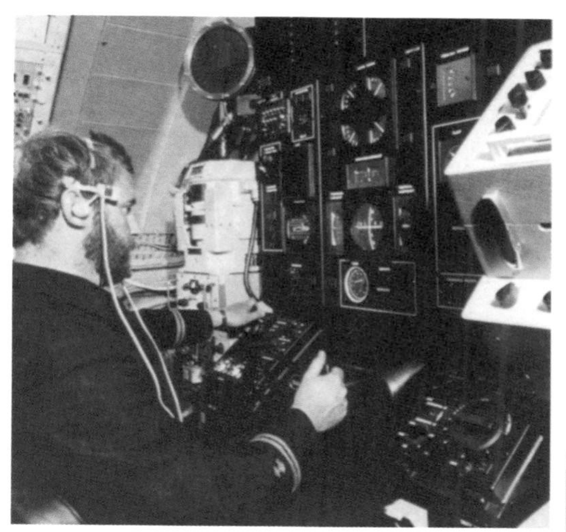

스웨덴의 재래식 추진 잠수함에 설치된 1인용 조종장치. 1970년대 후반부터 사용되었다. 사진은 장치를 조작하고 있는 모습. 오른쪽 그림도 동일한 장치이다. ①수면각도 제어계 ②회전율계 ③침로와 심도 오차계 ④수직속도계 ⑤침로제어계 ⑥트림률계 ⑦속도계 ⑧트림각계 ⑨제어 모드 셀렉터 ⑩조종핸들 ⑪회전계

▼1인용 조종장치

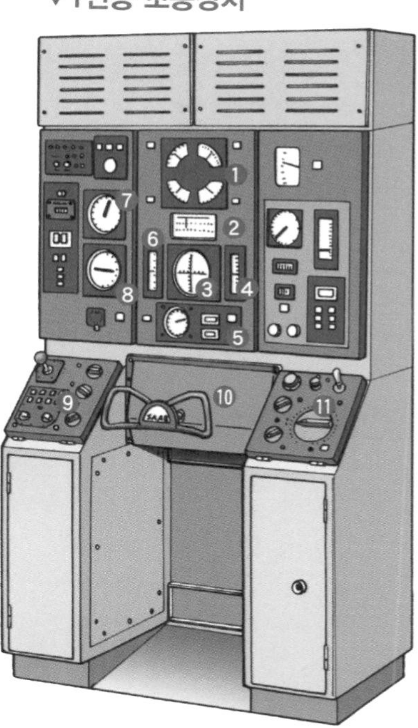

▼콜린스급 잠수함 전투 정보실

호주 해군이 운용 중인 콜린스급 잠수함의 전투 정보실. 콜린스급은 전장 77.8미터, 승조원 45명으로 적은 인원수로 운용하는 함정이기 때문에 내부는 최적화하여 기능 위주로 건조되었으며 함의 조작은 한사람이 맡는다.

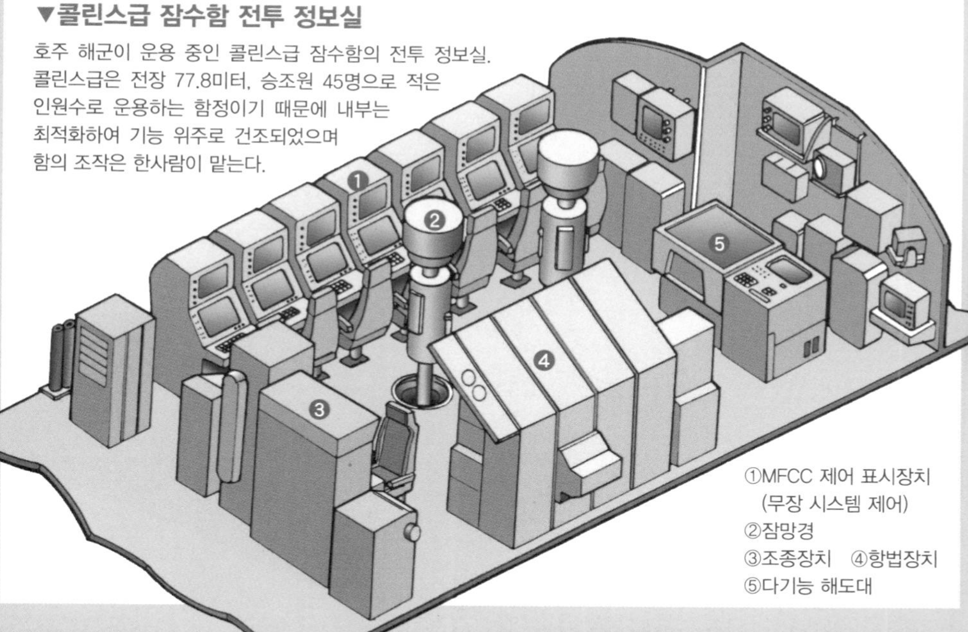

①MFCC 제어 표시장치 (무장 시스템 제어)
②잠망경
③조종장치 ④항법장치
⑤다기능 해도대

13 잠수함의 조종장치(4)

탱크로 해수의 배수 및 주수를 제어하는 장치

*잠수함의 잠항과 부상은 주 부력 탱크에 해수를 주수와 배수를 통해 이루어진다. 바닷속에 잠항하더라도 함정의 중량과 부력이 균형을 이룬 상태(중성 부력)가 아니라면 해중에 머무를 수 없다. 또한 해중에서 함정이 평형을 잃고 기울어진 상태가 되면 다양한 문제가 발생하기 때문에 중력 방향에 대하여 항상 수평 자세를 유지할 필요가 있다. 이것이 바로 트림 조정으로, 주로 함정의 앞뒤에 설치되어 있는 트림 탱크에 해수를 주 · 배수하여 선체의 상하좌우 및 전후 균형을 잡을 수 있는 원리이다.

부력 탱크나 트림 탱크로의 주 · 배수를 제어하는 부력 컨트롤 패널(주 · 배수 제어반)은 잠수함의 중요한 장치 중 하나이다. 미 해군 원잠은 1인의 잠항장교가 조작하지만 국가에 따라 2인의 부사관 혹은 병사가 잠항장교의 지시에 따라 조작하는 잠수함도 있다.

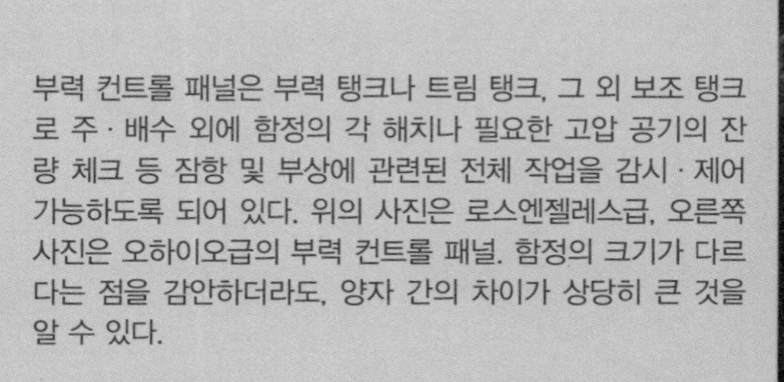

부력 컨트롤 패널은 부력 탱크나 트림 탱크, 그 외 보조 탱크로 주 · 배수 외에 함정의 각 해치나 필요한 고압 공기의 잔량 체크 등 잠항 및 부상에 관련된 전체 작업을 감시 · 제어 가능하도록 되어 있다. 위의 사진은 로스엔젤레스급, 오른쪽 사진은 오하이오급의 부력 컨트롤 패널. 함정의 크기가 다르다는 점을 감안하더라도, 양자 간의 차이가 상당히 큰 것을 알 수 있다.

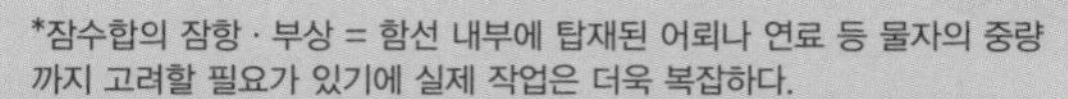

*잠수합의 잠항 · 부상 = 함선 내부에 탑재된 어뢰나 연료 등 물자의 중량까지 고려할 필요가 있기에 실제 작업은 더욱 복잡하다.

해수를 뿜어내며 부상하는 개량형 오하이오급 원잠. 부상은 부력 탱크에 고압공기를 보내어 해수를 탱크에서 밀어내면서 부력을 얻는다. 일반적으로 압축공기는 해상에 부상하고 있을 때 충전하지만 원잠은 해수를 분해하여 만드는 것이 가능하다. 잠항심도가 깊을수록 해수를 밀어내는데 더욱 높은 압력의 압축공기가 필요하다.

14 잠수함 항해술

자함(自艦)의 위치를 어떻게 알 수 있을까?

수상항해는 물론 잠항 시에도 잠망경을 올려서 물위를 관측할 수 있다면 잠수함의 항해술은 수상함과 크게 다르지 않다. 특히 수상항해 시간이 길었던 제2차 대전 당시의 잠수함이 그러하였고 2차 대전 이후에 스노클 항행이 가능하게 되어 장시간 잠항을 하게 되었음에도 기본적으로는 수상함과 동일하다. 구체적으로 육상관측 혹은 천체관측을 통해 자함의 위치를 결정하고 그 위치를 기준으로 침로, 속력에 따른 추측항법(推測航法)을 실시한다. 기준이 되는 자함 위치를 결정하기 위해서는 다음의 방법이 있다.

◆육지 관측을 통한 자함 위치 결정법 : 육지가 보이는 해역을 항해하는 경우에는 연안의 물표를 보고 '함정의 위치 선'과 '함정의 위치'를 얻는 연안항해법이 사용된다.

◆천체관측을 통한 자함 위치 결정법 : 함정이 먼 바다에 있거나 주위에 자함 위치를

미 해군 잠수함의 항법 작업. 2차 대전시. 가잠함이었던 2차 대전 중의 잠수함은 함정의 침로나 속력에 의해 자함 위치를 관측하는 추측항법이 일반적이었다. 당시 잠수함은 잠항시간도 짧았고 속력도 빠르지 않았기 때문에 수상항해 중에 관측을 한다면 어느 정도의 오차는 있었지만 잠항 중에 자함 위치를 결정하는데 큰 무리는 없었다.

결정하는 물표가 없는 경우에는 천문항법을 이용한다. 태양이나 혹성, 달 등의 천체의 위치를 관측하여 자함의 위치를 정하는 방법

◆전파항법 : 지상에 설치된 송신국(무선항법 지원 장비)에서 발신되어 전파를 이용하여 자함 위치를 결정하는 방법. 매우 구식인 전파방향 탐지기를 사용하는 방법에서 2차 대전 중에 개발된 롤란, 데카, 2차 대전 후에 개발된 오메가 등의 다양한 방법까지 있다.

이와 같은 방법으로 결정된 자함 위치를 해도 위에 기입하여 항해를 계속하게 되는데 실측을 통해 이뤄지는 자함 위치 결정법은 해도 상에 지시된 침로가 정확한지를 확인하는 보정차원의 수단이며 기본이 되는 방법은 어디까지나 추측항법이다.

추측항법이란 경위도를 알고 있는 2개의 지점간의 침로나 항정을 구한다던지 출발지점의 경위도, 그 후의 침로나 항정을 기본으로(선내 컴퍼스로 침로를, 측정의(測定儀)로 항정을 구한다) 계산을 하여 도착지의 경위도를 구하는 방법으로 기본적으로 자함 위치결정을 위한 관측을 하지 않고 오차는 크지만 항해는 가능한 방법이다.

1990년대부터는 *GPS를 사용하게 되면서 정확하게 자함 위치를 결정할 수 있게 되었다.

오하이오급의 항법 센터. 탄도미사일을 장착하고 1개월 이상 수중에서 활동하는 탄도미사일 잠수함은 자함 위치를 결정하기 위한 방법으로 관성항법 장치를 사용한다. 수중을 천천히 이동하는 재래식 잠수함에 있어 관성항법장치는 큰 쓸모가 없지만 원잠처럼 선체가 크고 항해속도가 빠른 함정에서는 요긴하게 사용된다.

*GPS(Global Positioning System) = 위성 위치 확인 시스템. 지구의 위성 궤도상에 배치된 24기의 항법위성을 사용하여 지구상의 자신의 위치를 계산하는 시스템.

15 잠항 중인 잠수함의 항법

보이지 않는 수중을 어떻게 항해할까?

가뜩이나 바깥이 보이지 않는 잠수함이 수중에서 물체에 부딪히지 않고 항해가 가능하다는 것은 놀랄만한 일이다. 그러나 지금까지 보아온 잠수함이 항해 가능한 심도는 300~400미터 정도. 이 보다 얕은 해저는 바다 전체 면적의 수 퍼센트 정도이기 때문에 항해 중인 잠수함이 해저에 부딪히는 위험성은 매우 적은 편이다.

또한, 대륙붕(약 심도 200미터까지) 등에서의 항해는 현재까지 상당히 정확한 해도(수심이나 해저 지형을 그려냄)가 나와 있기 때문에 자함 위치의 경위도를 알고 있다면 충분히 위험을 피할 수 있다(출항 전에 해도를 통해 항해위험물을 사전 파악한다). 따라서 잠수함은 자함의 위치를 정확하게 파악하는 것이 안전 항해의 첩경이다.

그래도 해도의 정보가 부정확하거나 해저의 심한 굴곡으로 항해가 위험한 구역에서는 음향측정의를 사용하여 해저의 형태를 확인하고 기동한다. 음향측심의(Fathometer)는 능동 소나의 일종으로 매우 정확하게 해저의 형태를 확인할 수 있다. 음파를 발신하기 때문에 적의 소나에 탐지 될 수 있어서 음향측정의는 자주 사용하지 않는데, 특히 적과 교전 중에 사용하는 것은 금물이다. 하지만 전투가 아닌 상황의 경우, 측심을 위해 매우 짧은 시간동안 발신한 높은 주파수의 음파는 금방 감쇄되기 때문에 적에 피탐되는 확률은 낮은 편이다.

사진은 음향측심의의 송수신 장치(왼쪽)과 디스플레이 장치. 음향측심의는 초음파(가청음파 종류도 있다)를 발신하여 해저에 반사되어 돌아온 음파를 수신하여 수심과 해저의 형태를 알아내는 장치. 음파의 반사상황은 해정의 굴곡이나 성질(암석, 모래, 진흙 등)에 따라 달라진다. 이것이 디스플레이 장치의 기록지상에 요철이나 농담이 달리 표현된 그래프로 표시되기 때문에 대략적인 해저의 모습을 알 수 있다.

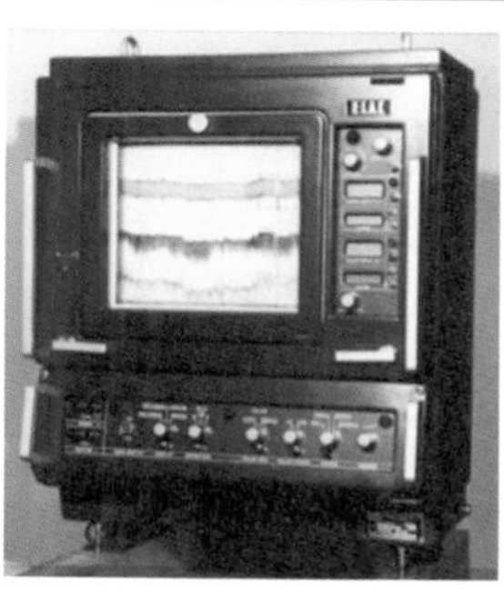

항해 중인 영국 해군 공격 원잠 아스튜트(Astute)급.

16 추측항법장치

잠수함의 항적을 기록하는 장치

잠항 중의 잠수함 항법은 자함의 침로와 속력을 통해 계산하는 추측항법이 기본이다.

그러나 장시간의 잠항 중에 침로나 속력이 자주 변화하면 추측항법만으로는 계산하기가 어렵다.

그래서 등장하게 된 것이 바로 *DRT (Dead Reckoning Tracer, 추측항법장치)로, 이것은 함정 운동의 벡터를 방위신호와 속력신호로 환산, 모터의 힘으로 커서를 이동시켜 자함의 동서남북으로의 방위각과 운동량을 표시하는 장치이다. 이 장치에서는 2개의 커서가 상하좌우로 이동하면서 자함의 위치를 기록하며 이동하는 커서의 교차점에서 점멸하는 빛의 움직임을 승조원이 따라가며 트레이싱 페이퍼에 옮겨 기록하는 방법이다.

잠수함은 DRT로 자함의 움직임을 연속적

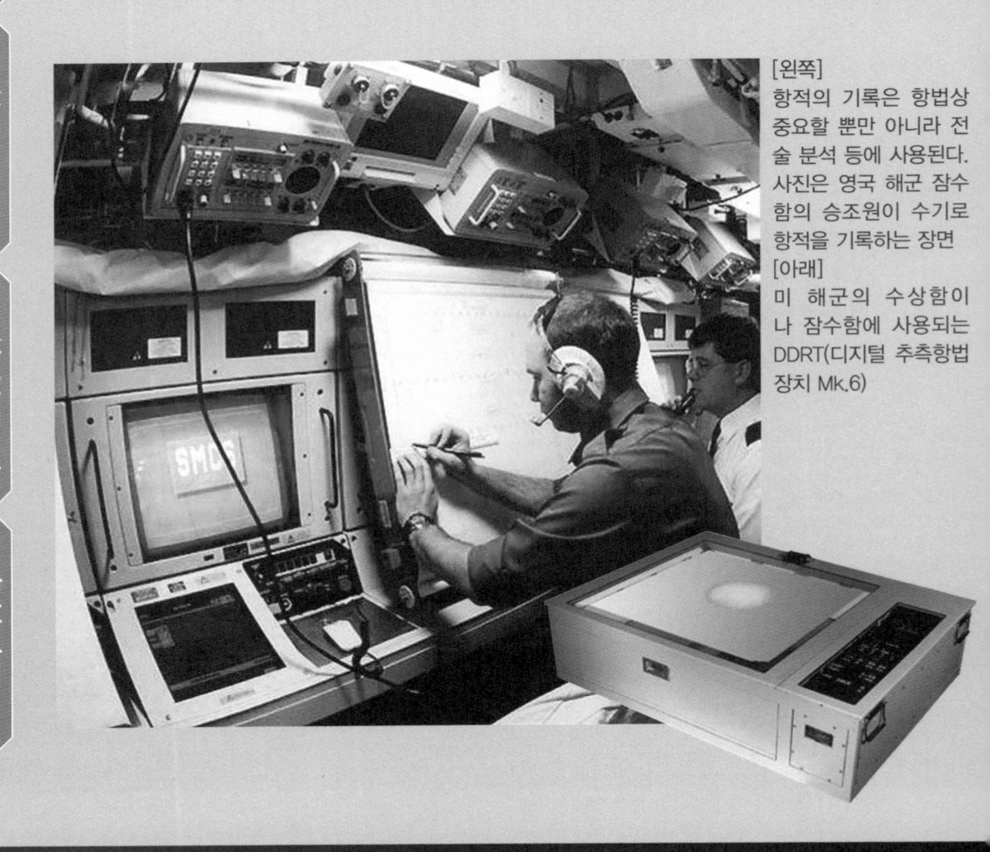

[왼쪽]
항적의 기록은 항법상 중요할 뿐만 아니라 전술 분석 등에 사용된다. 사진은 영국 해군 잠수함의 승조원이 수기로 항적을 기록하는 장면
[아래]
미 해군의 수상함이나 잠수함에 사용되는 DDRT(디지털 추측항법장치 Mk.6)

으로 기록할 수 있다.

다만 이 장치는 조류의 영향 등이 전혀 고려되지 않기 때문에 잠항시간이 길수록 오차가 커지는 단점이 있다. 또한 DRT가 기록 가능한 것은 매우 좁은 범위에서 잠수함의 항정에 제한된다(연속적으로 기록되는 자함의 기동에 시시각각 적함의 방위나 거리를 메모해 둔다면 전술상황을 파악하는 단서가 될 수도 있다).

스노클 항해를 하는 잠수함이라면 잠망경을 올려서 자함 위치를 결정하기 위한 관측을 하면 되기 때문에 DRT와 같이 오차가 큰 추측항법장치를 사용하여도 큰 문제가 되지 않는다.

그러나 원잠이 등장한 이후, 이전에는 상상도 못했을만큼 장시간에 걸쳐 잠항을 하게 되면서 이전보다 정확한 자함 위치를 잠항 중에 산출할 수 있는 장치가 필요하게 되었고, 이에 따라 탄생한 것이 관성항법장치이다.

DRT로 작성된 항적기록.

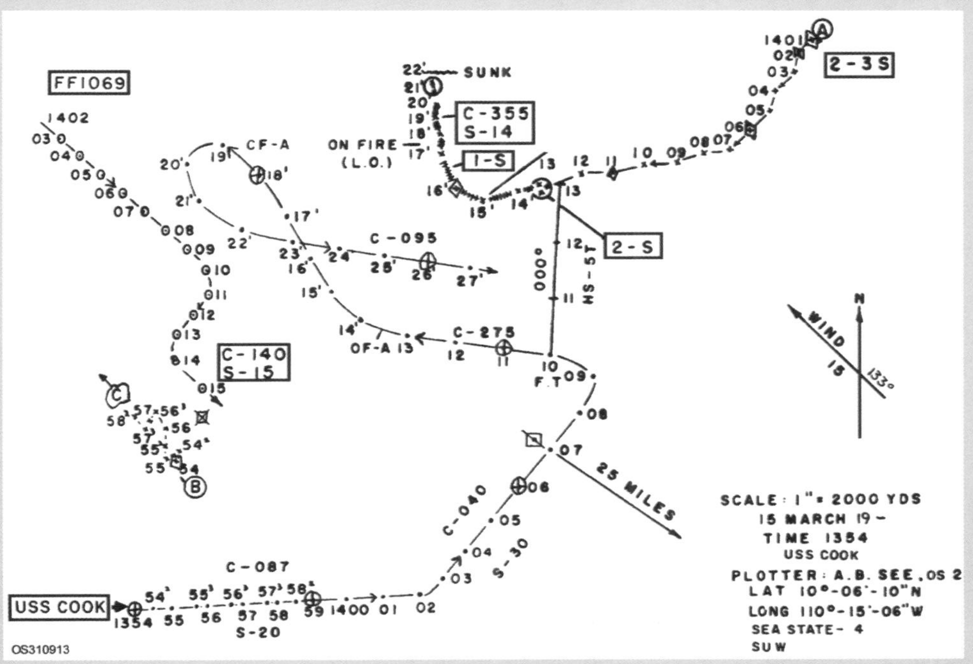

17 관성항법장치

탄도미사일 원잠에는 없어서는 안 될 항법장치

관성항법장치(*INS)는 전파 등을 통한 외부 항법 보조 없이기체 내부에 탑재된 계측장치만으로 자신의 위치나 속도를 계산하는 장치이다. 이것은 현대의 항공기에 있어 필수적인 항법 장치로, 이를 통해 자립 비행이 가능하다.

잠수함 등의 함정에 채택된 관성항법장치는 함정용 관성항법 시스템(*SINS)라고 한다. 항공기의 관성항법장치와 기본적으로 동일한 원리이지만 잠수함에서 사용하는 SINS의 개발에는 시간이 많이 걸렸다고 한다.

잠수함도 항공기와 마찬가지로 3차원 운동을 하지만, 잠수함은 항공기에 비해 속도와 움직임이 적다. 따라서 기동에 따른 가속도도 작고 계측장치(가속도계)에서 감지하기도 어렵다(장치 작업에 따른 오차 범위에 포함될 만큼 가속도가 작다). 따라서 SINS는 원잠과 같이 항해속도가 빠른 함정에서만 사용된다.

핵탄두를 장착한 탄도미사일 발사도 가능한 전략 원잠이 탄생하면서 잠수함의 관성항법장치는 매우 중요한 의미를 가지게 되었다. 전략원잠이 자함의 위치, 경위도를 정확하게 산출하여 미사일의 유도장치에 입력하지 못할 경우 미사일은 목표를 향해 정확하게 비행할 수 없기 때문이다.

관성항법장치는 기상이나 전파방해 등의 영향을 받지 않는 이점이 있지만, 장시간 사용하면 오차가 점차 커지기 때문에 보정하는 작업이 필수적이다. 때문에 기타 항법장치를 병행하여 사용하기도 한다.

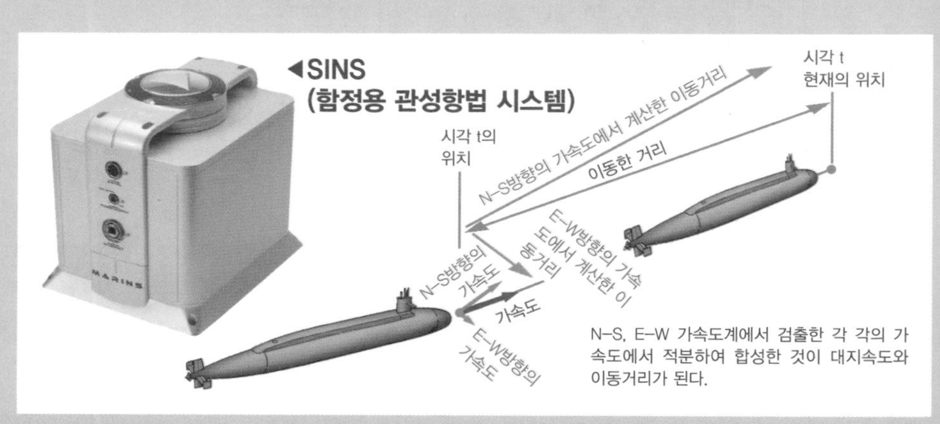

N-S, E-W 가속도계에서 검출한 각 각의 가속도에서 적분하여 합성한 것이 대지속도와 이동거리가 된다.

*INS=Inertial Navigation System의 약자. * SINS=Ship's Inertial Navigation System의 약자

잠수함 항해는 지구의 표면에 따라 직선상을 이동하는 것이다. 이런 항정을 무한대와 가깝게 짧게 잘라서 하나씩 보면 직선처럼 보이게 된다(구형의 지구도 크게 확대한 부분은 평면으로 보인다). 관성항법장치는 안정플랫폼에 부착한 N-S와 E-W가속도계로 연속적으로 더해지는 가속도를 검출하여 계산함으로써 속도와 이동거리를 계산한다. 기점(최초로 움직이기 시작한 지점)을 알고 있다면 남북과 동서 방향으로 각각 어느 정도의 속도로 얼마만큼 이동했는가를 계산할 수 있으며,이를 통해 자신의 현재위치를 파악하는 원리이다.

18 세일의 구조

선체에서 돌출된 부분에는 무엇이 있는가?

잠수함의 선체 상부 구조물을 세일(Sail)이라고 한다. 수상 항해 위주였던 가잠함 시절 잠수함 세일의 기능과 역할은 수중항해를 주로 하는 시대에 접어들면서 크게 달라졌다.

가잠함의 시대의 세일은 잠수함에서 가장 높은 곳으로 견시가 가능한 곳이었다. 또한 야간에 수상에서 적을 공격할 때의 세일은

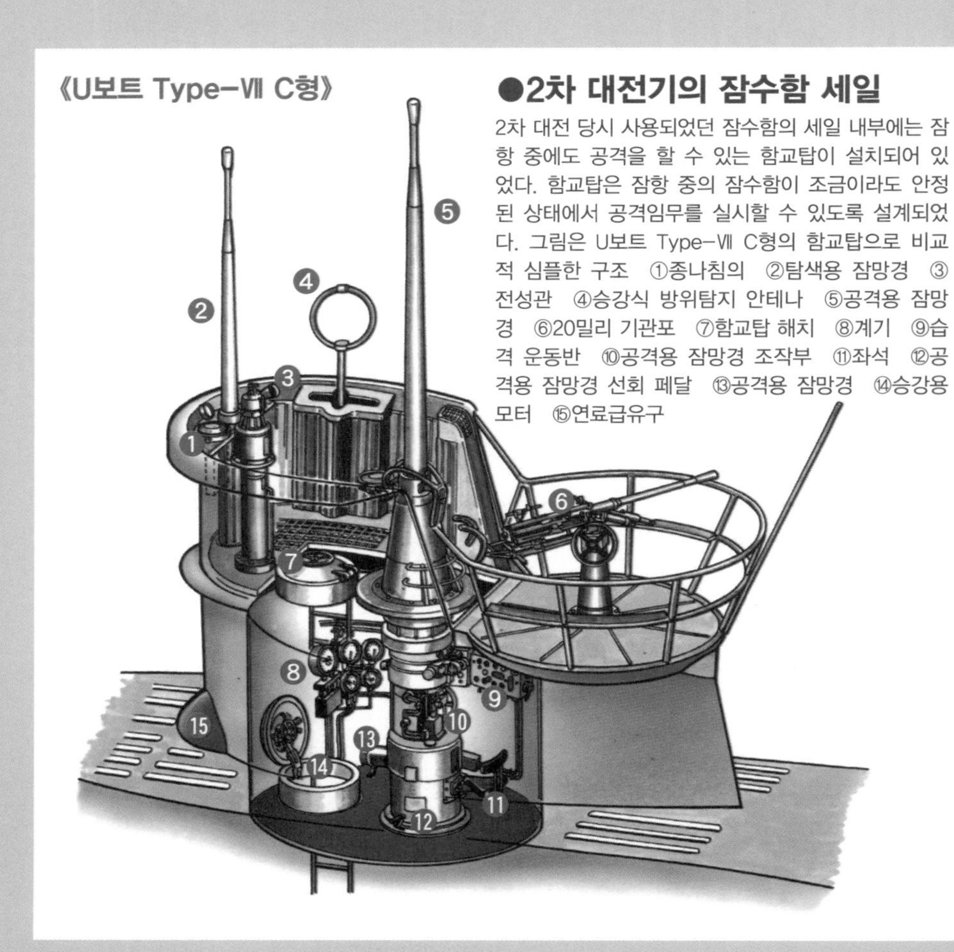

●2차 대전기의 잠수함 세일

2차 대전 당시 사용되었던 잠수함의 세일 내부에는 잠항 중에도 공격을 할 수 있는 함교탑이 설치되어 있었다. 함교탑은 잠항 중의 잠수함이 조금이라도 안정된 상태에서 공격임무를 실시할 수 있도록 설계되었다. 그림은 U보트 Type-Ⅶ C형의 함교탑으로 비교적 심플한 구조 ①종나침의 ②탐색용 잠망경 ③전성관 ④승강식 방위탐지 안테나 ⑤공격용 잠망경 ⑥20밀리 기관포 ⑦함교탑 해치 ⑧계기 ⑨습격 운동반 ⑩공격용 잠망경 조작부 ⑪좌석 ⑫공격용 잠망경 선회 페달 ⑬공격용 잠망경 ⑭승강용 모터 ⑮연료급유구

전투지휘소이기도 했다.

가잠함과 현대 잠수함의 가장 큰 차이점은 가잠함 시대에는 세일 내에 함교탑이 설치되었다는 점이다. 함교탑이란 잠수함이 공격을 할 때에 함장이 공격지휘를 하는 장소이다. 함장은 함교탑에서 공격용 잠망경을 보며 옆에서 보좌하는 부장을 통하여 전투정보실에 명령을 전달했다(정확하게 말하자면 공격을 실시하는 동안에 함장은 공격에 전념하고 함의 기동에 관해서는 부장이 명령을 내렸다).

하지만 잠수함의 수중항해 능력이 향상되면서 함교탑 설치를 위해 큰 구조물로 설치된 세일은 수중에서 큰 저항이 되는 방해물에 다름 아니었다. 따라서 내부의 함교탑은 폐지되고 세일은 저항을 적게 받도록 폭이 얇은 형태로 변화했다.

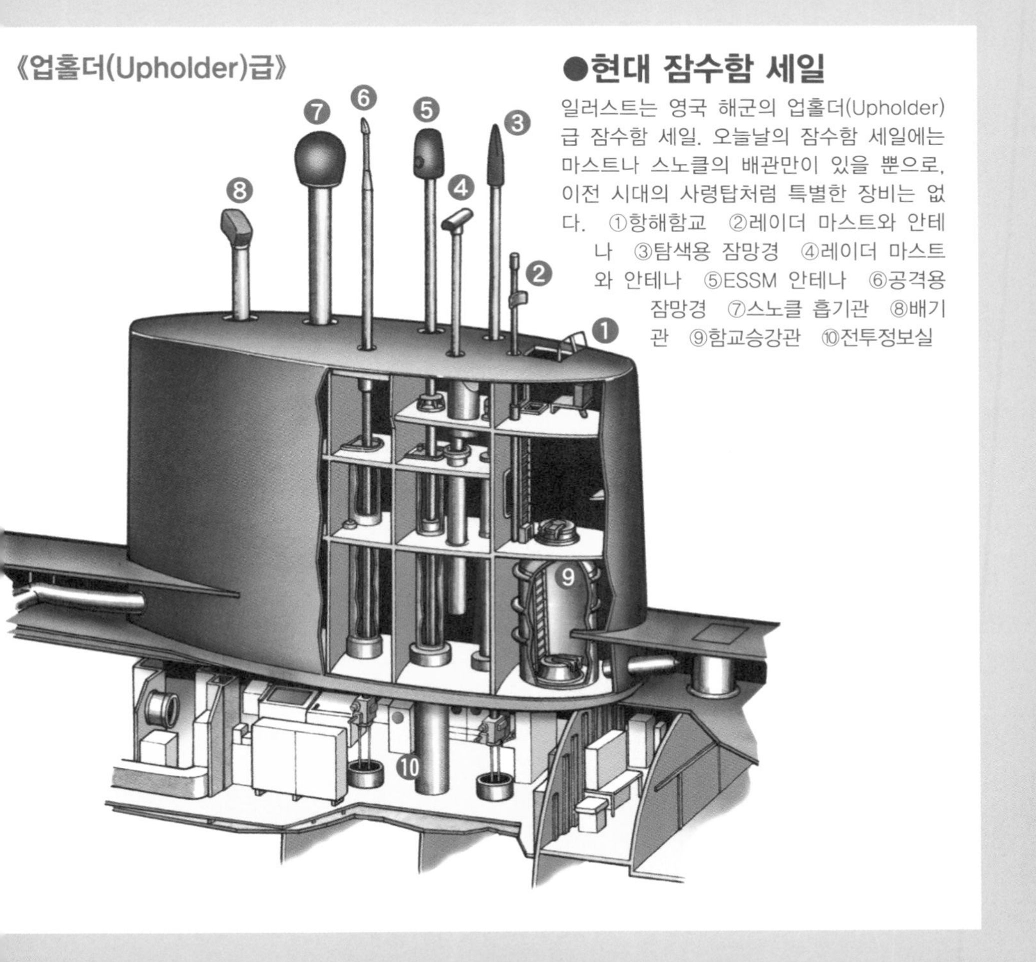

●현대 잠수함 세일

일러스트는 영국 해군의 업홀더(Upholder)급 잠수함 세일. 오늘날의 잠수함 세일에는 마스트나 스노클의 배관만이 있을 뿐으로, 이전 시대의 사령탑처럼 특별한 장비는 없다. ①항해함교 ②레이더 마스트와 안테나 ③탐색용 잠망경 ④레이더 마스트와 안테나 ⑤ESSM 안테나 ⑥공격용 잠망경 ⑦스노클 흡기관 ⑧배기관 ⑨함교승강관 ⑩전투정보실

19 잠망경의 구조

물 밖을 바라보는 잠수함의 특수 장비

2차 대전 기간 중의 잠수함에 있어 잠망경은 내부 승조원들이 물 밖의 상황을 알 수 있는 유일한 수단이었다(소나는 보조적인 역할로 시각에 의한 확인이 중요했다).

현대 잠수함의 잠망경은 단순한 광학기기가 아니라 적외선 탐지기나 야시장치, 레이더, TV 카메라, 육분의, 마이크로폰이나 스피커 등 다양한 기능의 장비가 조합된 복잡한 장치이다. 또한 물 밖의 모습을 영상으로 보는 것이 가능한 광학전자식 잠망경도 개발되고 있다.

잠수함 잠망경에는 2가지 종류가 있다. 공격 잠망경(Attack periscope)과 탐색 잠망경(Search periscope)이다.

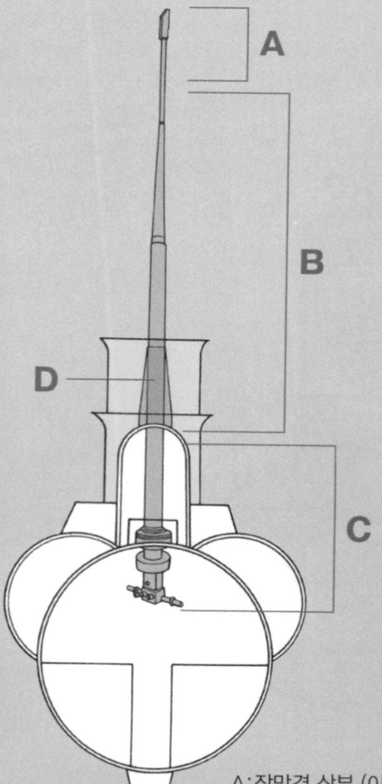

▼잠망경을 보는 U보트 함장

◀잠망경의 기본구조

잠항 중 가장 파손되기 쉬운 부분이 잠망경으로, 수상함정과 충돌하게 되면 잠망경이나 함교가 파손되면서 그 부분에서 침수가 일어나는 치명적인 위험이 있다.
지지체로 불리는 접합부(잠망경을 함정에 고정하여 지지하는 부분으로 함교내, 함교탑 상부에 설치되어 있다)는 일부러 손상되기 쉽게 만들어 함내 침수를 막게 했다.

A:잠망경 상부 (이 부분이 수상으로 돌출된다) B:함외승강부분
C:함내승강부분 D:지지체

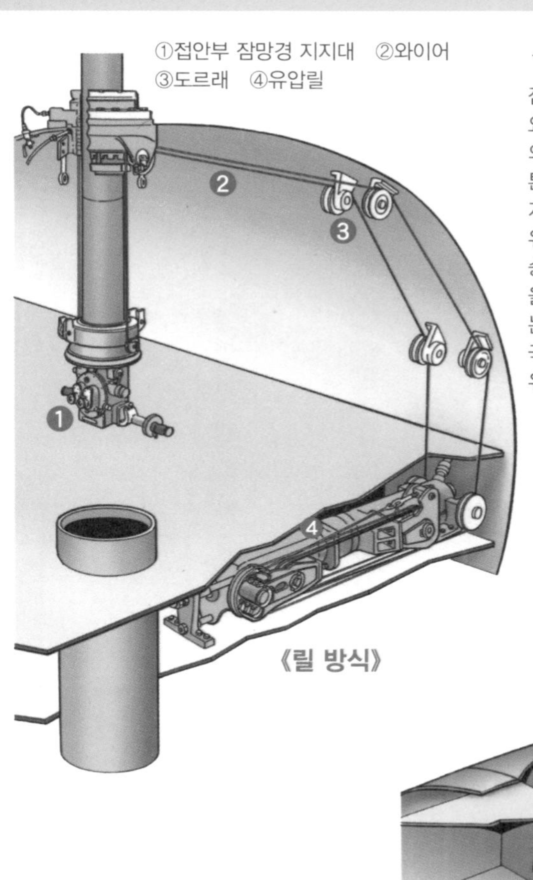

《릴 방식》

◀잠망경의 승강방식

잠망경은 공격이나 탐색을 위해 사용자가 필요로 하는 높이까지 올리거나 내린다. 잠망경의 승강방식으로는 크게 릴 방식과 유압피스톤 방식이 있다. 릴 방식은 접안부인 잠망경의 지지대에 와이어 로프를 연결, 활차를 통해서 유압 릴이나 전동 릴로 감아올리고 풀어주는 승강방식을 말한다. 유압피스톤 방식은 유압을 증가시키고 낮추면서 유압피스톤을 사용하는 방식이다. 왼쪽의 그림은 2차 대전 당시 영국 잠수함에서 사용한 릴 방식의 승강기구로 유압으로 승강시키기 때문에 소음은 작았다.

①광학전자장치 내장 마스트 부분
②마스트 승강 와이어

《광학전자방식》

비관통형 잠망경 ▶

망원경을 응용한 광학기기인 잠망경은 이전에는 내압각에 구멍을 뚫어서 전투정보실내에 설치하는 관통식만이 있었다. 그러나 현재의 잠망경 마스트는 첨단의 TV카메라를 설치하고 수상의 모습을 영상으로 모니터에 비추는 광학전자방식의 잠망경도 개발되어 있다. 이에 따라 내압각을 관통하지 않고 배선을 부설하는 것만으로 설치하게 될 수 있게 된 것이다. 그림은 영국의 필킹턴 옵트로닉스(현 탈레스 옵트로닉스) 사가 개발한 잠망경으로 광학전자장치를 배치한 마스트를 와이어로 승강시키는 방식.

20 잠수함의 마스트

마스트에는 어떤 것들이 있는가?

잠수함의 세일 상부에는 잠망경을 시작으로 다양한 장치의 마스트가 세워져 있다. 마스트는 각종 통신용 안테나, 잠망경(공격용과 탐색용의 두 종류), ESM 안테나(항공기가 발신하는 레이더 탐지 거부용), 항법용 안테나(GPS 등의 항법지원 전파 수신용), 스노클(주로 재래식동력 잠수함에 장비)로 구분할 수 있다. 이런 마스트는 잠항에는 세일 상부에 수납된다.

최근 건조된 잠수함은 잠망경이 이전 광학식이 아닌 전자식으로 된 것이 많은데, 덕분에 주간용의 카메라나 적외선 카메라 등 다양한 종류의 기기를 장착하고 주야, 날씨에 관계없이 잠망경으로 해상 관측이 가능하다.

현대의 렌즈나 프리즘을 사용한 광학식 잠망경에도 적외선 카메라가 장비되어 있어, 야간이나 악천후 상황에서도 외부 관측이 가능하다. 잠망경 끝부분에는 ESM 안테나가 장비 되어 있는데, 이것은 잠망경을 해면 위로 내밀었을 때 적의 레이더파를 감지(감지 되었을 경우에는 곧바로 잠망경을 수납함)하기 위한 것이다.

ESM (전파탐지기) 안테나
적외선 카메라
광학식 잠망경과 카메라

◀광학식 망원경 마스트 상단

잠망경▶ 조작부

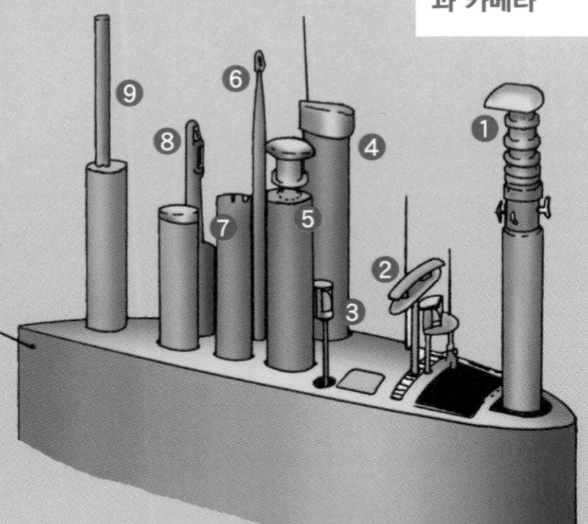

◀광학식 잠망경을 장착한 구형 잠수함의 마스트

1960년대부터 80년대 초반까지 미 해군 공격원잠의 주력이었던 스터전(USS Sturgeon)급의 마스트
①지향성 안테나
②해상탐색 안테나
③뷰콘
④스노클
⑤방위탐지 안테나
⑥공격용 잠망경
⑦적아식별 UFG 안테나
⑧탐색용 잠망경
⑨헬리컬 안테나

●미 해군 버지니아급의 마스트

포토닉 마스트▶
(AN/BVS-1 포토닉 마스트 시스템)

ESM 안테나

카메라
(임무기록용 모노크롬 고해상 카메라)

광학카메라(컬러) / 레이저 거리측정기

적외선 카메라

마스트

버지니아급에 장착된 전자식 잠망경의 상단부. 다양한 카메라가 설치되었다.

다기능통신 안테나(왼쪽)▶ 위성통신 안테나(오른쪽)

세일 상부에 다양한 마스트를 올린 채 항해하는 버지니아급 원자력 잠수함
①대수상 레이더 안테나
②통신 안테나
③포토닉 마스트
④위성통신 안테나
⑤다기능 통신 안테나

▼포토닉 마스트 제어/ 디스플레이 장치

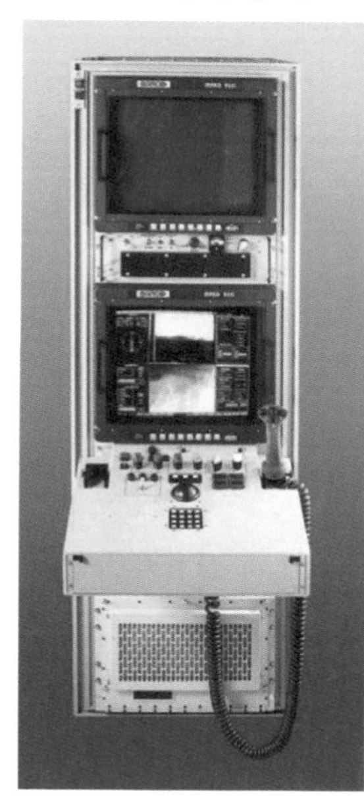

21 스노클 장치

부상하지 않고도 기관을 작동시키는 원리는?

잠수함도 내연기관인 디젤기관을 사용하고 있는 이상 연소를 위해 공기(산소)는 꼭 필요하다. 그러나 함내 공기를 사용할 수는 없다. 그래서 생각해 낸 것이 스노클 장치이다. 이 장치의 개발로 잠수함은 부상하지 않고 잠항한 상태에서 디젤기관을 작동시켜 배터리에 충전시키는 것이 가능하게 되었다.

내연기관을 작동시키기 위해서 해면상으로 흡기기관을 올려 공기를 흡입하고 연소가스를 배출하는 아이디어는 초기의 잠수함에서도 생각한 것이지만, 현재 쓰이고 있는 스노클 장치의 원형은 독일 해군이 실용화한 것이다. 2차 대전시 U보트가 사용하였던 스노클은 해면이나 파랑의 상태에 맞추어 흡기구의 밸브를 개폐하여 함내가 해수로 침수되는 것을 막았다. 또한 레이더 피탐 대책으로서 전파 흡착도료를 칠한 적도 있었다.

현대 잠수함의 스노클 장치는 전파흡수재로 표면을 덮고 항적의 발생을 막는 기능이나 항공기를 경계하는 레이더 전파탐지기 안테나가 설치되어 있다. 또한 해수 침입을 감지하여 흡기밸브의 개폐를 자동적으로 실시하고 함내 기압변화를 감지하여 디젤기관 운전을 자동적으로 정지하는 기능도 있다.

또한 배기는 압력을 가하여 해중에 방출하지만 배기구에는 방출의 세기를 부드럽게 하는 디퓨저가 설치되어 있다.

●현대 스노클 장치

①스노클 헤드
②침수 탐지기
③흡기관
④기수분리기(steam separator)
⑤기계실에 공기공급
⑥엔진배기
⑦배기관
⑧디퓨저

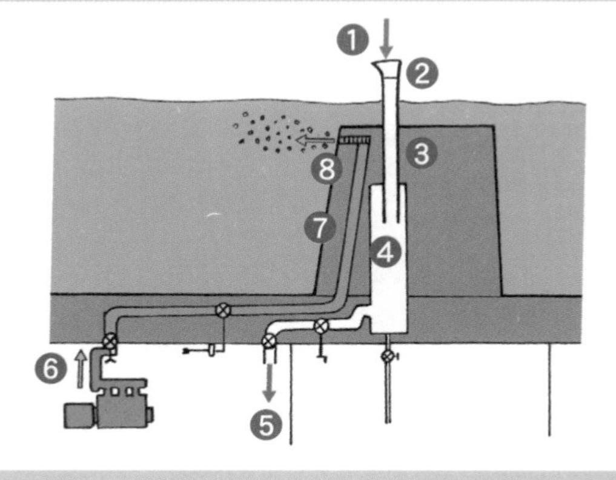

●홀랜드급(20세기 초)의 가솔린 잠항

스노클은 아니지만 외부 공기를 받아들이는 통기관을 장착했다.

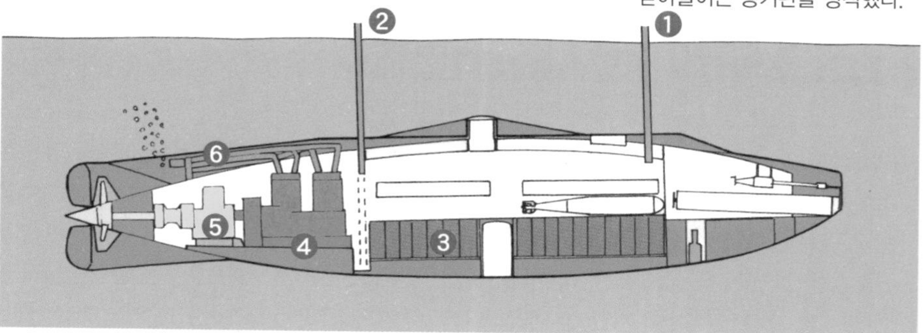

①통기관 ②가솔린 잠항용 통기관(엔진에 공기 공급) ③배터리(잠항시에 전동모터를 돌린다) ④가솔린 엔진 ⑤전동모터 ⑥엔진배기관

●현대 잠수함의 스노클 잠항

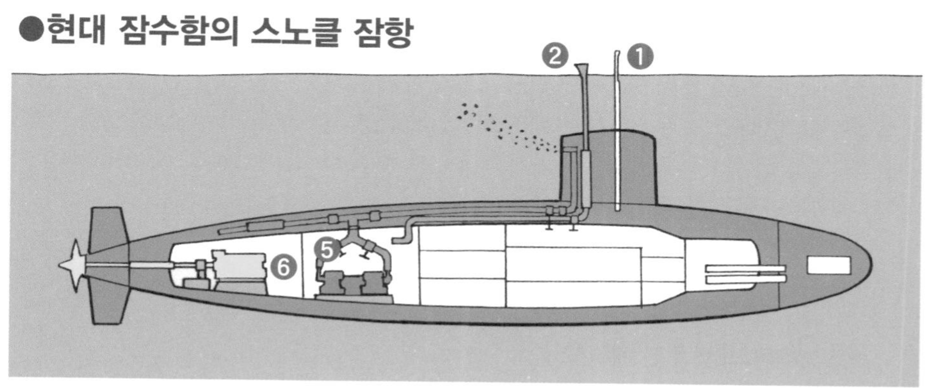

①잠망경 ②스노클 장치 흡기관 두부 ③흡기관(기계실로 공기 공급) ④기계실 ⑤엔진배기관(엔진 배기를 함외로 배출) ⑥전동기실

●현대 스노클 장치의 흡기관 두부 밸브 구조

레이더
전파 탐지 안테나

신호등

스프링

공기 피스톤

흡기관 커버
(개방 상태)

흡기관

고압
공기관

흡기관 커버
(폐쇄 상태)

침수 탐지기

《흡기 상태》

《흡기 정지 상태》

22 잠수함의 추진기

스크루의 문제점은?

스크루는 배를 추진시키는 장치이다. 그 피치(아래그림 참조)는 배의 용도나 탑재하는 기관의 출력에 적절한 크기가 필요하다.

수중을 비밀리에 항해하는 잠수함은 잡음 발생을 최소화하려 하지만 기관의 소음과 프로펠러는 소음의 주 발생원이 된다. 가장 큰 문제는 '캐비테이션 노이즈(Cavitation Noise)'로 스크루를 고속으로 회전하면 이른바 캐비테이션이라 불리는 공동현상으로 프로펠러 날개면에 기포가 발생하는데, 기포가 붕괴하면서 진동음을 발생시키기 때문에 적의 소나에 탐지되고 만다.

따라서 최신 잠수함은 하이 스퀴드 프로펠러(61p 오른쪽 그림에서 α/θ가 50퍼센트 이상인 것)의 사용이 일반적이다. 이것은 스크루가 회전하는 이상 완전히 캐비테이션의 발생을 완전히 방지하는 것은 불가능하지만 대량발생을 막는데는 큰 효과가 있다. 캐비테이션은 회전속도가 빠른 프로펠러 날개 끝부분에서 발생하기 쉽기 때문에 스크류는 날개의 스큐(skew, 휘어진 부분)를 크게 하여 날개가 서서히 캐비테이션을 발생하는 회전영역으로 들어가게 하는 형태로 만들어졌으며, 이를 통해 소음의 발생을 줄이게 된다.

▼스크루에 의한 추진 개념도

스크루가 수중에서 회전하면 스크루의 프로펠러가 물을 밀어내어 그 반동으로 앞으로 나가는 추진력이 얻어진다. 따라서 물이 밀려난 뒤에는 그것을 매우기 위해 반대측에서 물이 침수되고 이를 다시 프로펠러가 밀어내게 된다. 선박의 추진은 이러한 과정의 반복을 통해 이뤄진다. 나아간다. 이때 프로펠러의 움직임은 나사와 동일하며 한 바퀴 돌렸을 때에 나사가 나아가는 거리를 피치(pitch)라고 한다.

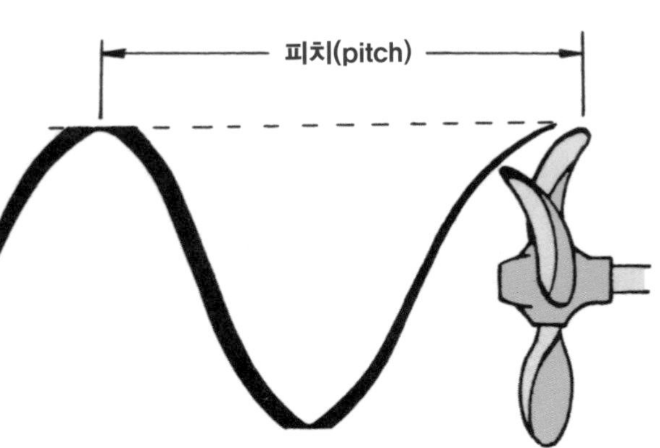

▼스크루의 각 부분 명칭

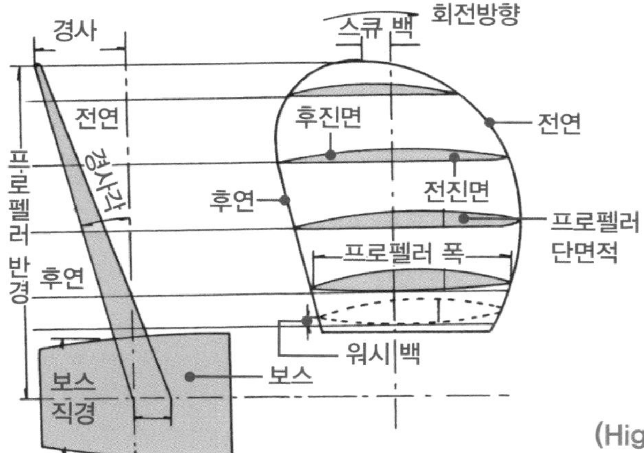

〈스큐 백〉 프로펠러 날개 설계중심과 날개 끝단 차이의 거리.
〈워시백〉 프로펠러 날개의 각 단면에서 전연(leading edge)과 뒤쪽이 전진 기준선보다 꺾여 올라간 상태

이로전▶

이로전

캐비테이션은 회전속도가 빠른 날개 끝부분에 발생하기 쉽고 프로펠러 날개면에 이로전(erosion, 침식)으로 불리는 마모를 일으켜 날개의 효율을 저하시키게 된다.

하이스큐드 프로펠러 (Highly Skewed Propeller)▼

회전방향에 대하여 프로펠러 날개 끝이 후퇴하는 부메랑과 같은 형태이다. 하이스큐드 프로펠러는 이지스함 등에도 사용된다.

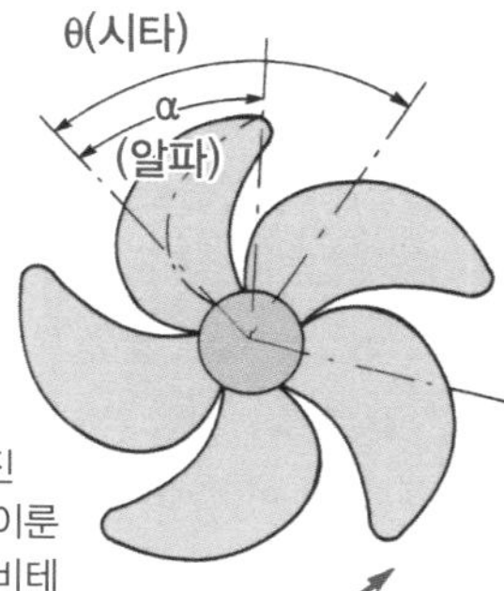

◀펌프제트 추진기

추진기에 슈라우드(shroud, 깔때기 모양의 원통)라 불리는 링을 붙인 추진 시스템. 잠수함만의 독자적인 진화를 이룬 스크루로 에너지의 효율을 높이고 캐비테이션을 줄일 수 있다. 다만, 큰 출력을 내는 원잠 등에서는 효과가 거의 없다.

잠수함이 눈물방울형 선체를 사용하게 되면서 1축 추진을 하는 대구경 프로펠러를 사용하게 되었다. 추진효율이 높은 대구경 프로펠러를 사용하여 날개의 수를 증가시켜 낮은 회전속도로 추진효율을 높이고자 하는 목적 때문이다. 그러나 대구경 프로펠러는 캐비테이션이 발생하기 쉽기 때문에 하이스큐드 프로펠러가 개발되었다.

23 소나의 원리

잠수함의 '눈'과 '귀'

전파는 해수에서 급속하게 감쇄되기 때문에 육상이나 공중과 같이 레이더를 사용할 수 없다(무선통신도 불가능). 때문에 잠수함이 적의 탐지나 해저를 측정하기 위해 사용하는 것이 *음파이다. 잠수함의 센서(탐지장치)를 '*소나'라고 한다.

1차 대전 중에 영국이 세계에서 처음으로 실전 투입한 ASDIC은 가청 음파를 사용한 능동(Active) 소나였다. 현재와 같은 방위측정이 가능한 실용적 소나가 출현한 것은 프랑스에서 압전효과(랑주방형 진동판)를 이용한 초음파발생 장치가 개발되었기 때문이다.

하지만 바다 속에서는 온도나 밀도, 해류, 조류 등의 영향으로 음파가 일정하게 전파되지 않는다. 따라서 탐지에 사용하는 소나도 2가지 종류가 필요했다.

스스로 음파를 발사하여 목표에서 반사음파를 수신하고 방위와 거리를 측정하는 능동 소나와 목표가 내는 소리를 수신하여 탐지하는 수동 소나가 바로 그것인데, 수동 소나는 원거리의 적을 청음으로 탐지하여 대략 방위나 진행방향, 함의 종류나 선단규모 등을 추정하는데 사용되며, 능동 소나는 가까이 접근한 적을 공격하는 경우에 방위나 거리를 어느 정도 정확성을 가지고 측정하려고 할 때 사용된다.

그림은 타타르산칼륨나트륨(Rochelle salt, 로셀염)의 결정이나 수정체에 압력이나 장력을 가할 때 일어나는 압전효과와 전압을 걸었을 때 일어나는 역압전효과의 현상을 보여주는 것으로 초기의 소나에는 이런 원리가 사용되었다.

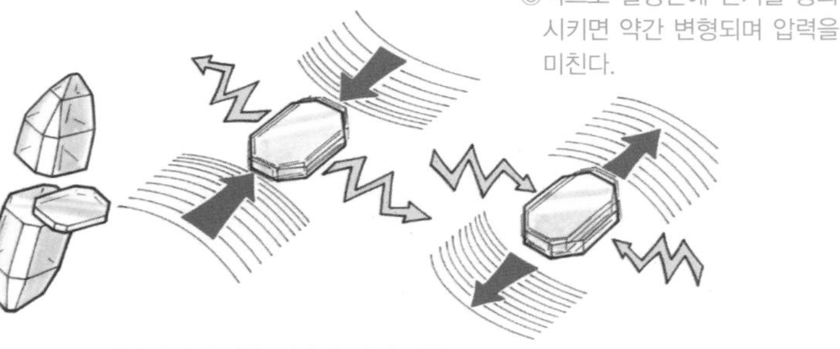

●압전 효과

*소나 = SOund NAvigation and Ranging(음파항해와 거리)의 약자.
*ASDIC=대잠 탐지 정보위원회의 약칭. 소나 장치의 명칭으로 사용되었다.

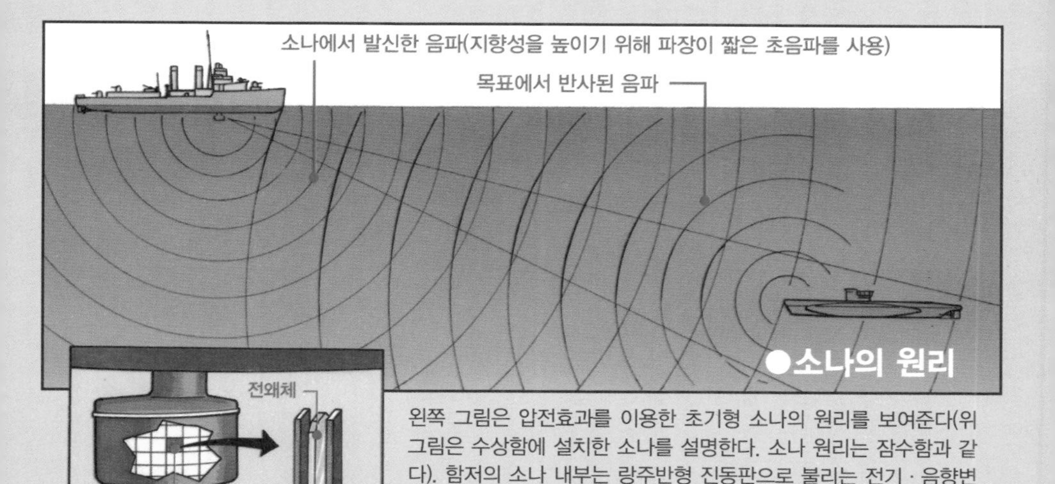

왼쪽 그림은 압전효과를 이용한 초기형 소나의 원리를 보여준다(위 그림은 수상함에 설치한 소나를 설명한다. 소나 원리는 잠수함과 같다). 함저의 소나 내부는 랑주반형 진동판으로 불리는 전기 · 음향변환기로 구성되어 있으며, 전기를 보내면 발생하는 초음파를 수중으로 발사한다. 음파는 매초 1500미터의 속도로 해중에 전달되고 목표에 부딪혀 반사되어 온 초음파가 전기, 음향변환기를 다시 진동시킨다. 이때 발생한 전기에 신호처리를 더하여 목표의 거리와 방향을 알 수 있다.

수동 소나의 기본형인 청음기. 먼 거리(수중)에서 전달되어 온 소리를 ①보음기가 수신하여 음압으로 압축시키면 전기가 발생 ②증폭기 ③전기, 음향변환기(트랜듀서)를 통하여 ④리시버로 소리를 듣는다. 음원의 방향탐지는 ⑤방위각 측정 장치의 핸들을 돌리고 소리가 가장 강한 방향을 찾는다. 핸들의 작동에 장치의 표시판이 방위를 가리킨다(마이크로 먼 쪽에서 들려오는 작은 소리를 흡수, 증폭하여 음원의 방향을 찾는다).

24 소나의 종류

현대 잠수함은 많은 '귀'를 지닌다

전투 상황에 들어갔을 때, 잠수함에서는 통상적으로 수동 소나만 사용한다. 능동 소나를 사용하면 적의 방위와 거리를 알 수 있지만, 소리를 냄으로써 자신의 존재를 적에게 드러내게 되기 때문이다. 하지만 수동 소나만으로 적의 방위를 측정하여 어뢰를 발사할 경우 명중시키는 것이 매우 어렵다. 해중에 잠항한 잠수함끼리의 전투는 서로 눈가리개를 한 복서가 상대가 내는 소리만으로 위치를 판단하여 치고받는 것과 같기 때문이다. 더군다나 잠수함은 3차원 기동을 하기에 눈을 가린 복서들과는 비교할 수 없을 정도로 어려운 전투를 수행해야만 한다.

때문에 현대 잠수함은 복수의 소나를 사용하는데, 미 해군 원잠의 경우에는 선체 여러 부분에 설치한 다수의 소나와 컴퓨터를 통합하여 하나의 소나시스템을 구축하고 있다. 여러 개의 마이크를 사용하여 수중의 모든 소리를 수집하며, 표시된 정보에서 음탐사가 식별과 분석을 실시하고 있는 것이다.

●현대 잠수함의 소나 시스템

현대 잠수함이 사용하는 소나에는 다음과 같은 시스템이 있다. ①능동 소나 (표적을 찾는데 사용되지만 음파를 내보내므로 적에게 탐지 당하기 쉽기에 사용이 제한되며 공격 시에는 데이터 수집을 위해 마지막으로 1번만 사용한다) ②수동 소나 (원거리의 소리를 탐지할 수 있지만 1회의 사용으로는 공격을 위한 데이터 수집은 불가능하다) ③측면배열 소나 (선체 측면에 설치한 수동 소나. 수 개 소나를 분리 배치하여 음파의 위상(도착 시간차)에 의해 음원의 방위를 탐지한다. ④TASS(Towed Array Sonar System, 예인 소나) 잠수함이 끌고 가는 방식의 수동 소나로 직경 10×15센티 정도의 하이드로폰(수중 마이크)을 다수 연결시킨 것. 예인색을 포함한 전체 길이는 수백 미터이다.

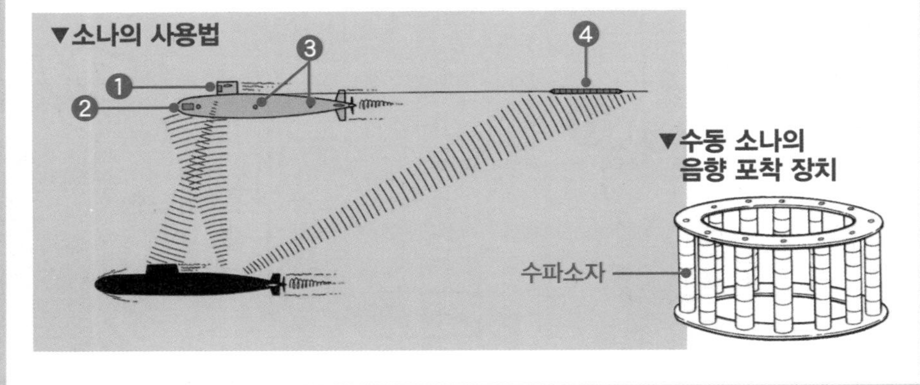

동급의 함정이라도 지문이 사람마다 다르듯이 각 함정의 선체가 내는 소리는 미묘하게 다른데, 이를 '음문(音紋)'이라고 한다. 잠수함은 평시부터 가상 적국 함정의 음문 수집에 노력한다. 소나가 청취한 소리를 음문의 데이터베이스에 대조하여 함정의 종류는 물론 함명까지 알아낼 수 있다.

미 해군 시울프급 원잠의 함수부에 탑재된 구형 소나(Spherical SONAR)를 중심으로 한 소나 시스템. BSY-2 전투시스템에 통합되었다. 구형 소나는 직경 4.6미터의 구(球)의 표면상의 수신기를 작동시키는 수천 개의 하이드로폰 소자를 배열한 것으로 전방 300도 이상 주위의 소리를 3차원적으로 수집하는 것이 가능한 수동 소나이다.

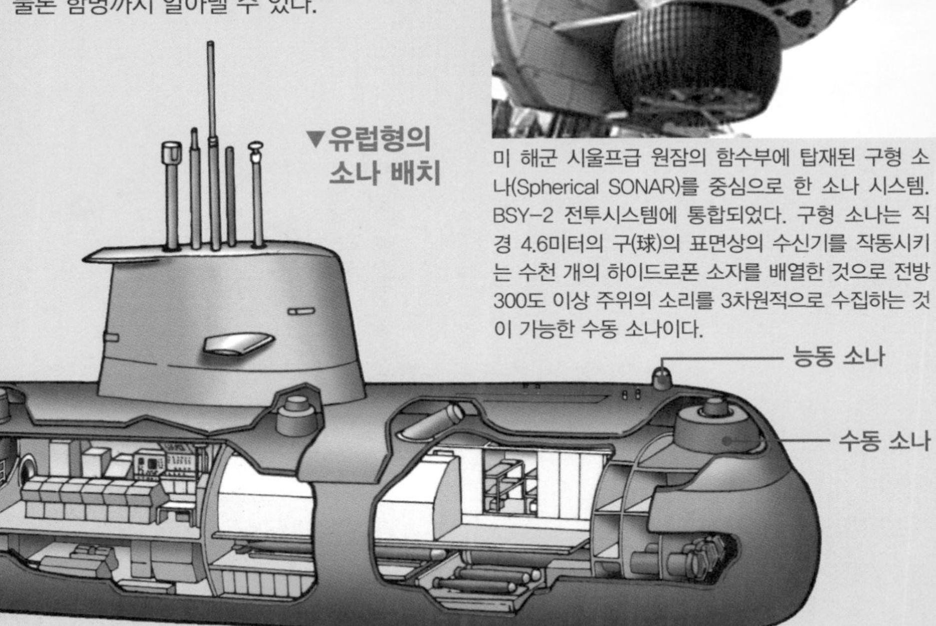

스웨덴의 고틀란드급 등 유럽의 잠수함(위)은 근접 전투시 어뢰발사능력을 중시한다. 때문에 대형의 구형소나를 탑재하지 않고 능동과 수동을 분할하여 장착한다. 이에 반해 미 해군 원잠은 아래 그림처럼 함수의 구형소나를 중심으로 다수의 소나를 장착하는 소나시스템을 구성하고 있다. 그 탐지능력은 150킬로미터 이상이라고 한다.

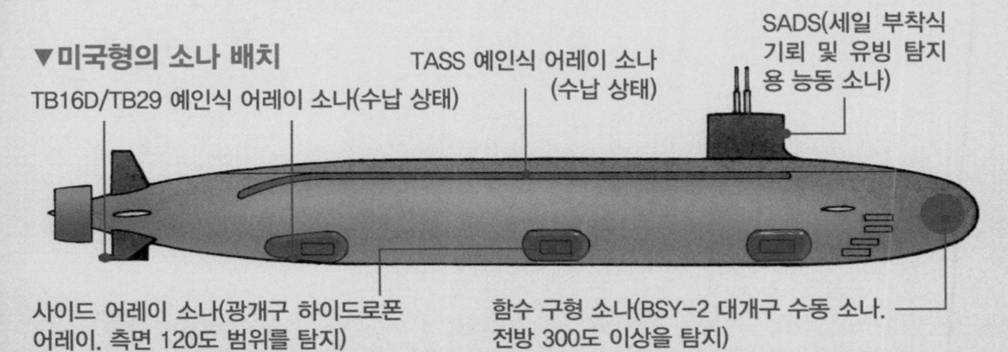

25 잠수함의 동력(1)

디젤과 축전지의 조합

2차 대전까지 사용된 잠수함의 가장 일반적인 추진 장치는 디젤 기관과 축전지(배터리)의 조합이었다. 원자력 추진 잠수함 건조가 불가능한 국가의 잠수함은 대다수가 현재도 이런 방식을 채택하고 있다.

내연기관인 디젤 엔진은 연료를 연소시키기 위해 공기를 필요로 하고 연소에 따른 배기가스를 배출하기 때문에 잠수함과 같이 밀폐된 공간에서 계속하여 가동시킬 수는 없다. 특히 잠항 중일 때에는 더욱 그렇다. 때문에 잠수함은 일반적으로 디젤 기관과 전동기관이 병행되어 사용된다. 디젤 전기추진방식은 크게 다음과 같은 2가지 조합이 있다.

전기추진식 : 부상 항해 중에는 디젤기관을 가동하고 그렇지 않은 잠항 중에는 부상항해 중에 충전한 배터리에 의해 전동기(전동 모터)를 작동시켜 추진하는 방식.

직결식 : 디젤기관, 발전기겸 전동기, 스크루가 축을 통해서 직접 연결되는 방식으로 각 장치는 클러치를 통해서 접속된다(일러스트의 U보트 Type-Ⅶ C형이 이런 방식)

●U보트 Type-Ⅶ C형

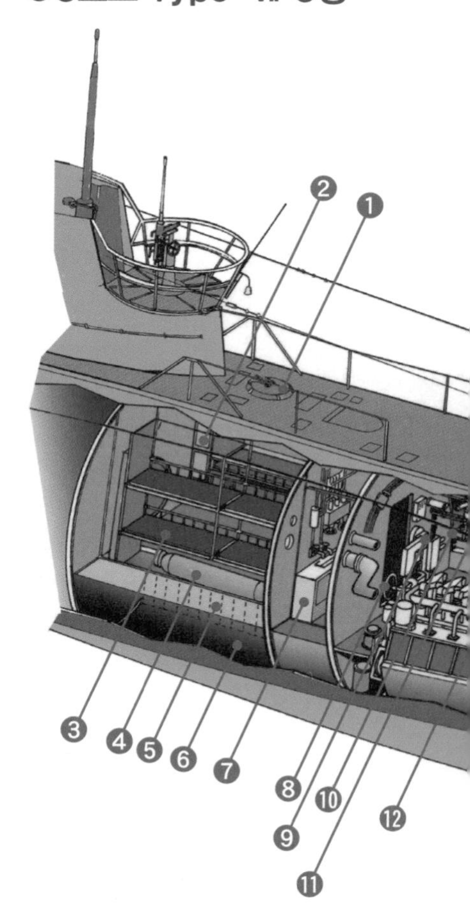

U보트 Type-Ⅶ C형에 탑재된 MAN 사의 디젤 주기관을 조작하는 승조원. 중앙에 보이는 2개의 원형 계기는 속력 통신기(전투정보실에서 필요한 속력이 표시되며 그에 맞는 엔진 출력을 가감한다).

잠수함을 추진시키고 함정의 각 기능을 위한 동력을 발생시키는 곳이 기관부이다. 기관부는 함 전장의 약 3분의 1에 걸쳐있으며 중량도 함 전체의 대부분을 차지한다. ①승강용 해치 ②주부식창고(뒤에 냉장고) ③후부 승조원 구역 ④압축공기실린더 ⑤전지실 ⑥연료탱크 ⑦조리실 ⑧디젤주기관 스로틀 ⑨속력통신기(전투정보실에서 전달된 속력 표시) ⑩디젤흡배기관밸브 개폐 핸들 ⑪통 · 배기관핸들 ⑫디젤 주기 ⑬스노클 접속흡배기장치 ⑭크러치(디젤주기와 전동기용) ⑮전동기 ⑯전동기용 축전지제어판 ⑰크러치(전동기와 프로펠러 샤프트를 연결) ⑱전동기용 축전지제어판 ⑲전동공기압축기 ⑳프로펠러 샤프트 ㉑종타 ㉒횡타 ㉓스크루 ㉔조타장치 ㉕후부어뢰발사관 ㉖종타조작색 ㉗어뢰발사용 압축공기 실린더 ㉘탄산가스 탱크

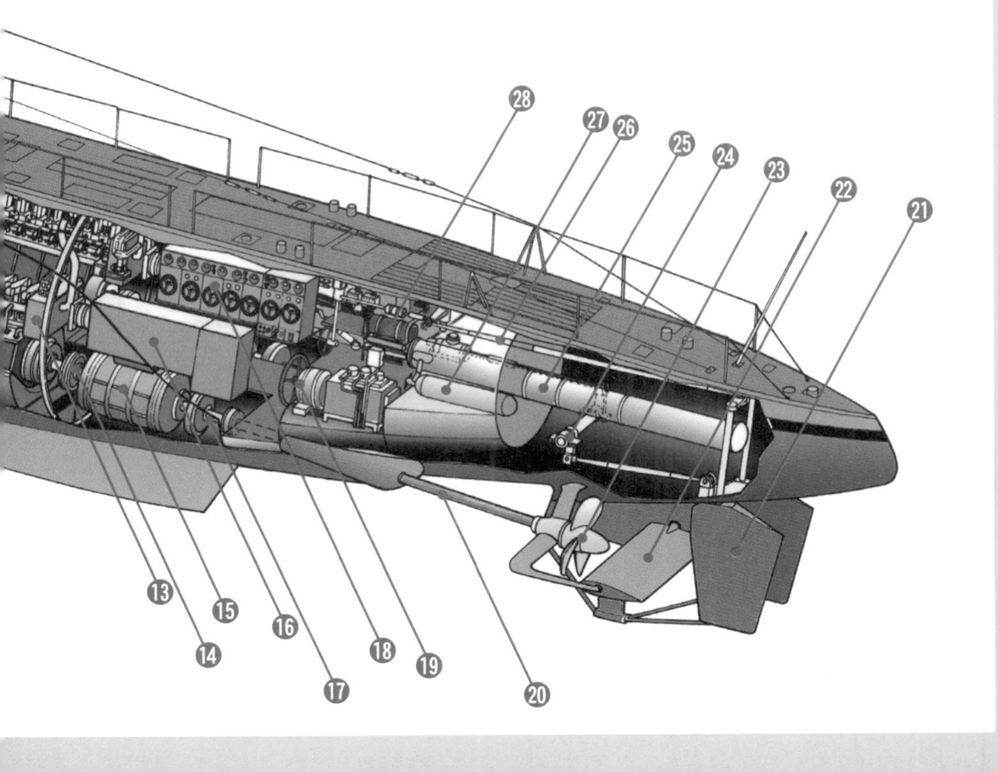

26 잠수함의 동력(2)

U보트의 발터 터빈기관

실용성은 떨어지지만 2차 대전 중 독일이 실용화에 골몰한 것이 잠수함의 동력으로 유명한 발터 터빈(Walter Propulsion System)이다. 발터 터빈은 독일의 과학자 헬무트 발터가 고안한 *과산화수소를 연료로 한 추진기관이다.

표백제로도 사용되었던 과산화수소('Ingolin' 또는 'T-Stoff'라 불렸다)는 거의 자력으로 분해되어 다량의 열을 방출한다. 분해 과정에서 만들어진 고온(450도 이상)의 수증기를 이용하면 터빈을 가동시키고 분해로 발생한 산소에 의해 디젤유를 연소시킬 수 있었는데, 이를 잠수함의 동력원으로 이용한 것이 발터 터빈기관이었다.

이 기관의 특징은 외부에서 산소공급이 불필요(부상의 필요가 없다)라는 점이었다. 또한 연소로 발생하는 생성물인 가스는 탄산가스와 물이기 때문에 배출하더라도 해수에 녹아들어 거품이 발생하지 않는다(즉, 항적을 발견하기 어렵다)는 이점까지 있었다. 하지만, 과산화수소는 취급하기 어렵고 매우 위험했기에 종래의 디젤잠수함이 지닌 결점을 극복할 수 있다고 생각했던 독일해군은 U보트 Type-XⅦ B형(시제함)과 Type-XXⅥ에 발터 터빈기관을 탑재하려고 했지만 완성 전에 종전을 맞고 말았다.

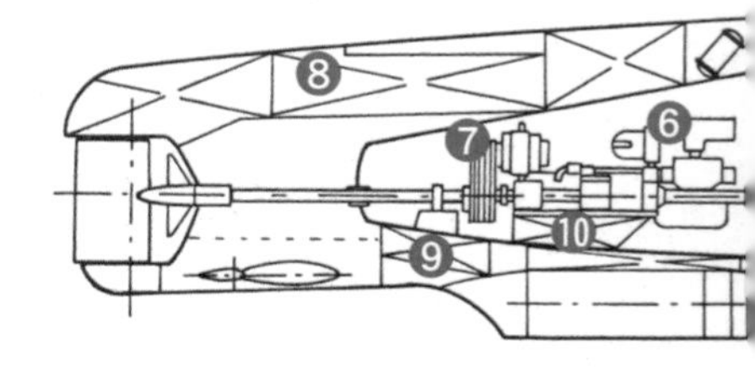

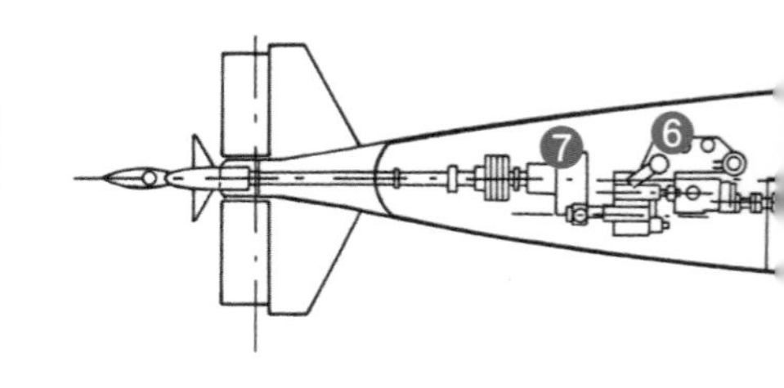

①부력탱크 ②잠망경 ③전투정보실 ④스노클 ⑤기관실 ⑥워터터빈실 ⑦저속용 전동기 ⑧메인부력 탱크 ⑨트림탱크 ⑩윤활유탱크 ⑪과산화수소탱크 ⑫보조탱크 ⑬2차전지 ⑭연료(디젤유) ⑮발사관실 겸 거주구역 ⑯통신실 ⑰청음실 ⑱함장실 ⑲디젤 발전기

*과산화수소를 연료로 사용한 추진기관 = 이것을 로켓에 응용한 것이 메서슈미트 Me 163 코메트이다(여기에는 터빈이 없다)

●발터터빈 탑재 잠수함의 구조

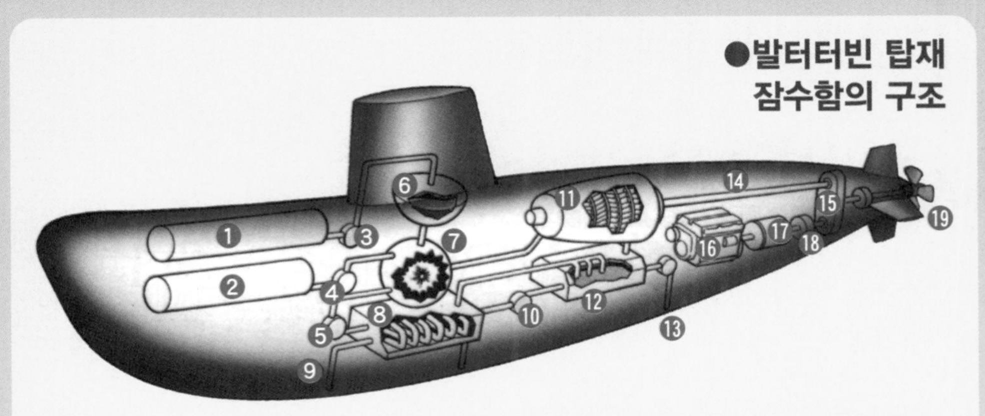

①과산화수소탱크 ②연료탱크 ③④⑤펌프 ⑥촉매실(촉매로 과산화수소가 수증기와 산소로 분해) ⑦연소실(산소에 의해 연소하고 고온의 수증기를 만들어 증기터빈을 돌린다) ⑧냉각기 ⑨냉각용 해수배출구 ⑩펌프 ⑪증기터빈 ⑫콘덴서(증기터빈에서 증기를 응결시킨다) ⑬탄산가스 배출구 ⑭동력샤프트 ⑮변속기 ⑯디젤주기 ⑰주기전동기 ⑱크러치 ⑲스크루

●U보트 Type-XXVI

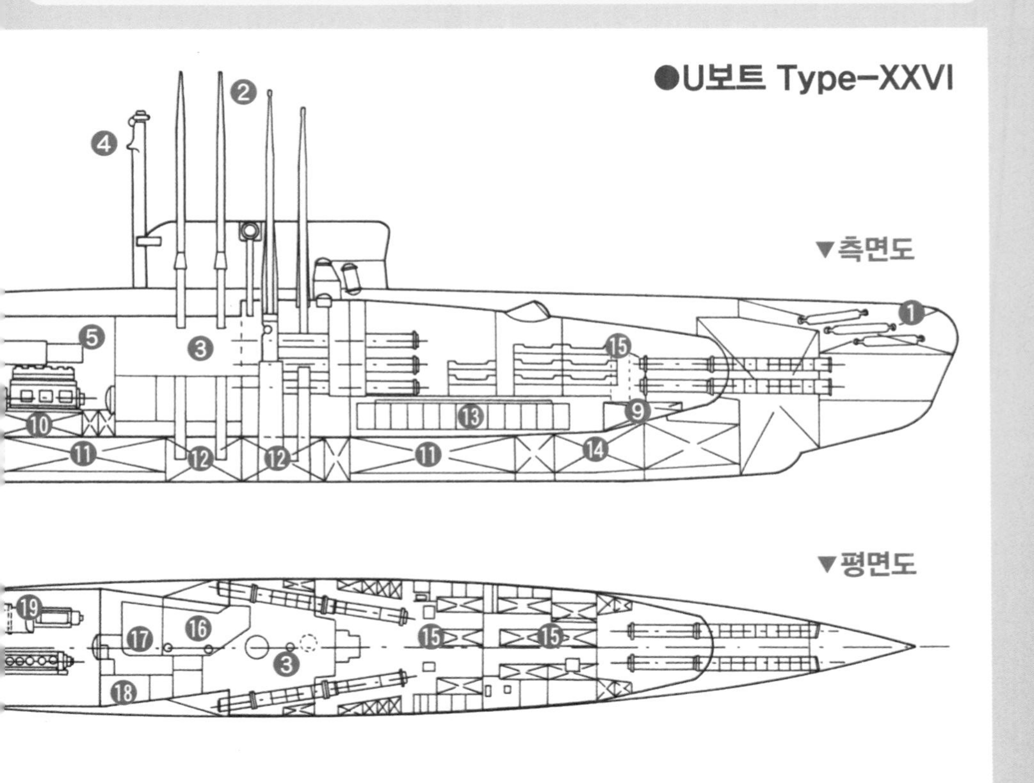

27 잠수함의 동력(3)

공기를 필요로 하지 않는 원자력기관

원자력은 현재 잠수함의 주 추진기관 중 하나이다. 미국을 비롯하여 몇 개국만이 원자력잠수함(원잠)을 보유 · 운용하고 있다. 추진기관으로서 원자력의 장점은 우선 기관을 움직이기 위한 연료가 적어도 된다는 점이다. 원자로에서 1그램의 우라늄이 핵분열을 일으키면 중유 약 2톤 분의 연소와 동일한 열량이 발생한다. 이전의 동력원에 비교하면 생각할 수 없을 만큼 효율이 높다.

무엇보다도 원자력의 이점은 여타의 기관과 달리 연소에 공기가 필요하지 않다는 점이다. 이에 따라 장기간의 잠항이 가능하다. 은밀성이 무기인 잠수함에게 원자력은 매우 매력적이다.

다만 발생하는 방사선을 차단하기 위해 납이나 콘크리트로 원자로를 차폐할 필요가 있기 때문에 원잠의 중량과 용적이 증가한다. 또한 원자력 추진은 상당히 소음이 크다는 결정적인 문제가 있다.

함정에 탑재하는 원자로에는 가압수형(PWR, Pressurized Water Reactor), 비등수형(BWR, Boiling Water Reactor)의 2가지 타입이 있지만 거의 대부분이 그림의 가압수형. 가압수형은 원자로내의 냉각수(1차 냉각수)가 섭씨 350도 까지 올라가도 비등하지 않도록 원자로내의 압력을 높이고 원자로를 순환하는 1차 냉각수에 가압기의 압력을 가하여 사용하는 것이다. 원자로를 돌아 고온이 된 1차 냉각수가 증기발생기로 유도되어 증기 발생기 내부의 물을 가열하며, 여기서 발생한 수증기가 터빈을 회전시킨다. 한편, 비등수형은 원자로내의 1차 냉각수를 직접 가열하여 수증기를 발생, 터빈을 회전시키는 방식이다.

●가압수형 원자로 추진기

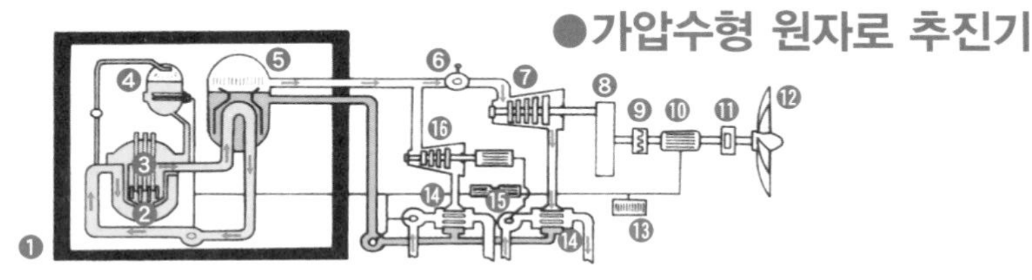

가압수형 원자로는 제어봉의 조작으로 원자로 내에서 핵분열이 일어날 때 발생한 고열을 가압기를 통하여 가압시킨 1차 냉각수에 의해 냉각한다. 1차 냉각수는 가압되어 있기 때문에 비등하지 않는 대신 고온의 온수가 되어 증기발생기의 물을 수증기로 만든다. 여기서 만들어진 증기는 메인 터빈을 회전시킨 후에 복수기에 보내져 냉각 · 응결되어 다시 증기발생기로 돌아간다. 한편, 메인 터빈의 회전은 감속기를 통해 감속, 스크루를 회전시켜 함정의 추진력이 된다. 또한 전동발전기를 가동시켜 배터리를 충전하고 그 전기로 2차 추진 모터를 움직일 수 있다. ①차폐벽 ②원자로 ③제어봉 ④가압기 ⑤증기발생기 ⑥슬롯밸브 ⑦메인터빈 ⑧감속기 ⑨클러치 ⑩2차 추진모터(저속용 전동기) ⑪추력베어링 ⑫스크루 ⑬배터리 ⑭복수기 ⑮전동발전기 ⑯터빈발전기

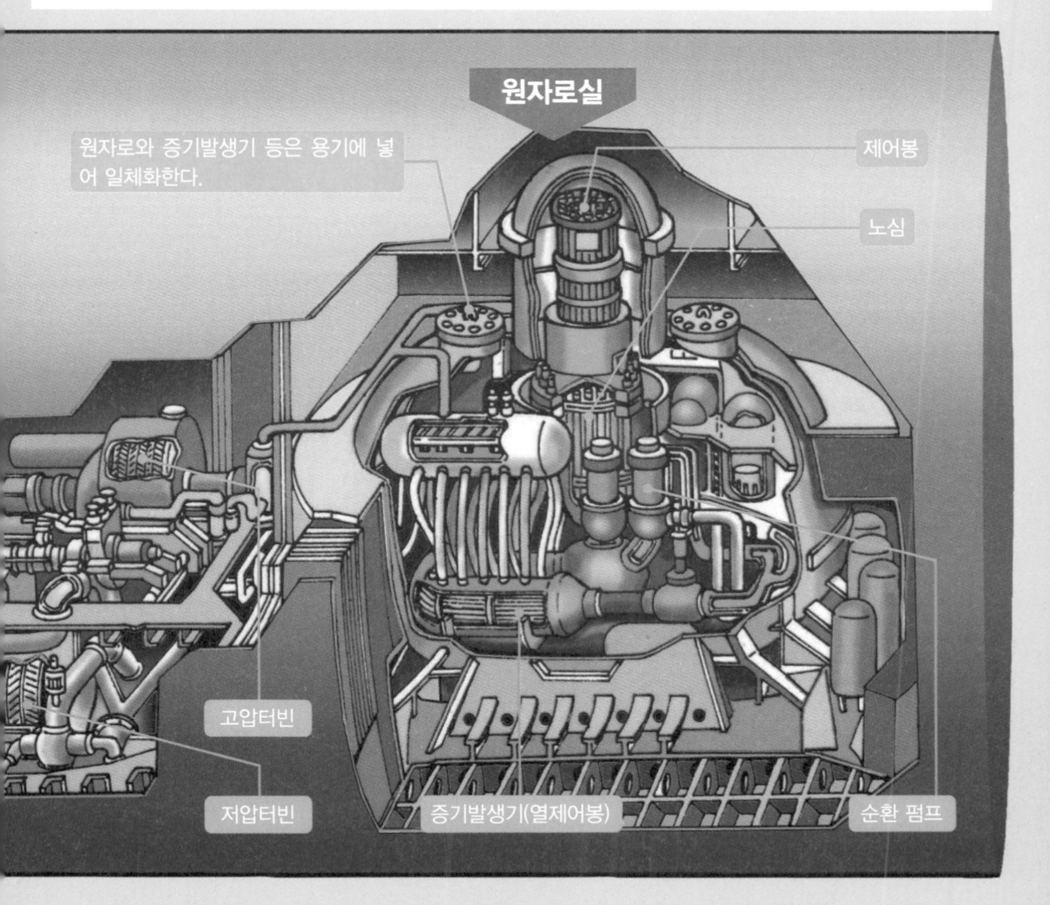

28 잠수함의 동력(4)

외부 공기를 필요로 하지 않는 스털링 기관

오늘날 잠수함 디젤기관은 배기가스 터빈이나 터보압축기 장치로 고출력을 낼 수 있게 되었으며 스노클 장치의 개선 등으로 성능이 크게 향상되었다. 그래도 1일에 2시간 정도 급속충전을 하려면 1일에 20분 정도(매 24시간에 20분)의 스노클 항해가 필요하다.

디젤기관과 같은 내연기관을 주기관으로서 하고 있는 이상, 잠수함에게 공기의 확보는 떼려야 뗄 수 없는 문제이며, 작전행동을 제약하는 원인이 된다.

때문에 이러한 문제를 해결하기 위해 수중에서도 주기관을 가동시킬 수 있는 방법이 몇 가지 고안되었는데, 그것이 바로 외기 흡입을 필요로 하지 않는 *AIP(공기 불요 추진 체계)이다.

AIP는 몇 가지 종류가 있지만 실용화 된 것 중의 하나가 스털링 엔진이다. 이것은 19세기 초 영국인 로버트 스털링이 고안한 것으로 1960~1970년대에는 저공해, 저연비 엔진이라는 점에서 서양의 자동차 생산회사

스웨덴 해군의 주력 잠수함으로 운용되고 있는 고틀란드급은 차세대 추진장치로 불리는 스털링 엔진을 보조 동력으로 탑재한다. 수상항해는 디젤기관으로 수중에서는 스털링기관에 의해 발전되어 추진용인 전동 모터를 작동시킨다. 함 전장은 56미터, 수중배수량은 1490톤 ①어레이 소나 ②어뢰발사관 ③거주구역 ④어뢰발사관실과 어뢰격납구역 ⑤식당/휴게실 ⑥전투정보실 ⑦액체산소탱크 ⑧스털링 발전장치 ⑨추진장치 제어센터 ⑩배터리 ⑪디젤발전장치 ⑫추진용 전동모터 ⑬스노클

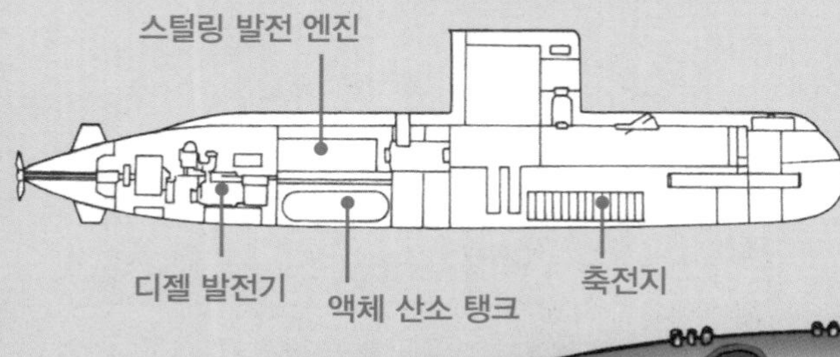

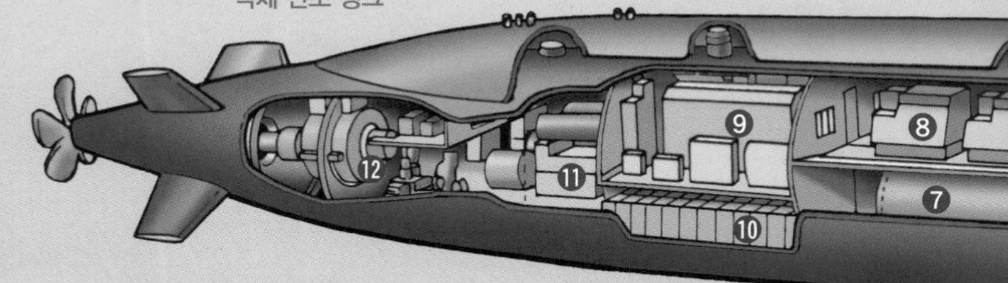

▲고틀란트급 잠수함(스털링 엔진 탑재함)

*AIP=Air Independent Propusion의 약어. '공기 불요 추진 체계'라고 번역된다.

등에서 적극적으로 연구되었다. 자동차용으로서는 엔진 크기에 비해서 출력이 낮았기 때문에 개발에 난항이 있었지만 원자로를 대체할 잠수함 추진기관으로 연구 · 개발이 계속 되었다.

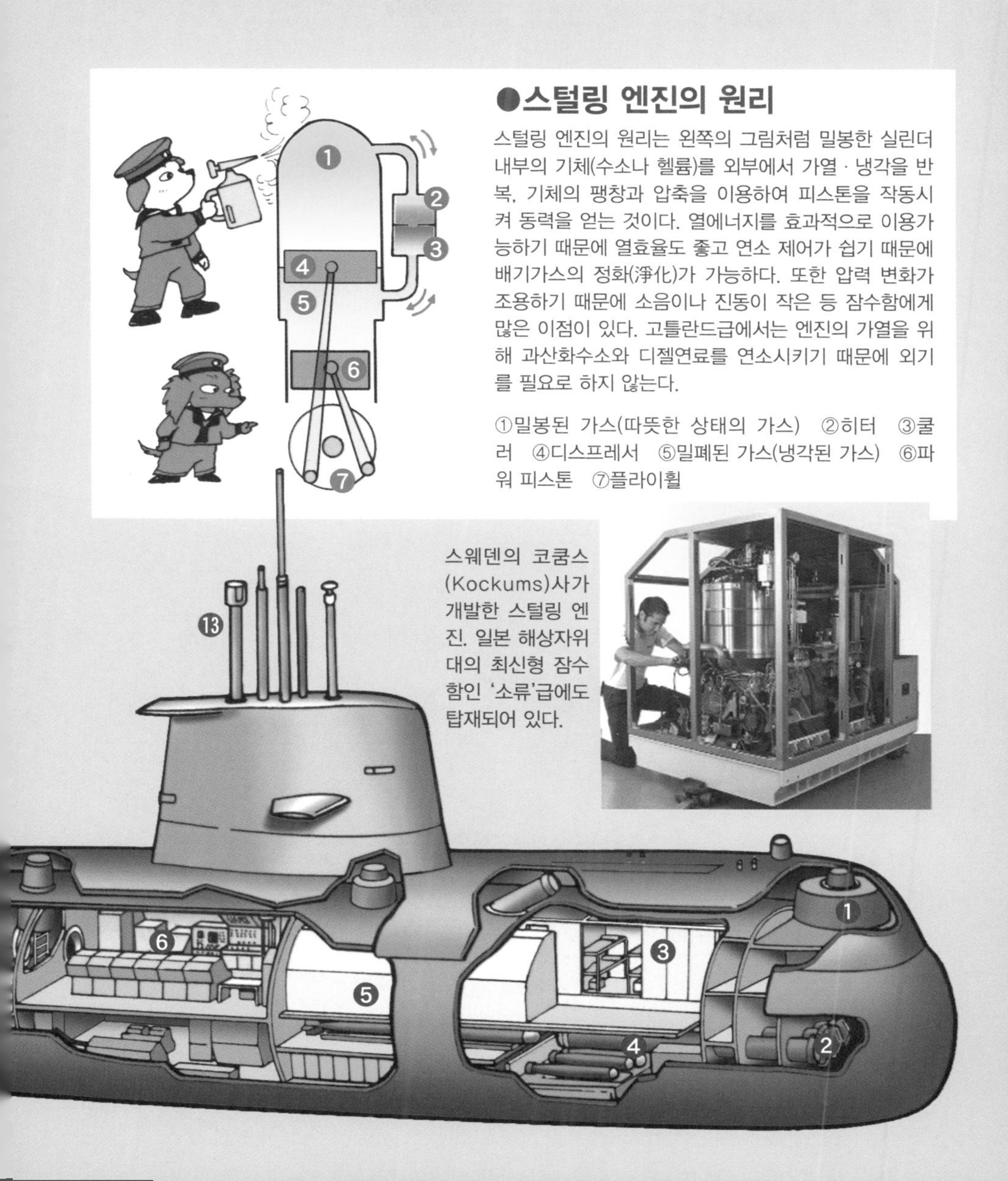

●스털링 엔진의 원리

스털링 엔진의 원리는 왼쪽의 그림처럼 밀봉한 실린더 내부의 기체(수소나 헬륨)를 외부에서 가열 · 냉각을 반복, 기체의 팽창과 압축을 이용하여 피스톤을 작동시켜 동력을 얻는 것이다. 열에너지를 효과적으로 이용가능하기 때문에 열효율도 좋고 연소 제어가 쉽기 때문에 배기가스의 정화(淨化)가 가능하다. 또한 압력 변화가 조용하기 때문에 소음이나 진동이 작은 등 잠수함에게 많은 이점이 있다. 고틀란드급에서는 엔진의 가열을 위해 과산화수소와 디젤연료를 연소시키기 때문에 외기를 필요로 하지 않는다.

①밀봉된 가스(따뜻한 상태의 가스) ②히터 ③쿨러 ④디스프레서 ⑤밀폐된 가스(냉각된 가스) ⑥파워 피스톤 ⑦플라이휠

스웨덴의 코쿰스(Kockums)사가 개발한 스털링 엔진. 일본 해상자위대의 최신형 잠수함인 '소류'급에도 탑재되어 있다.

29 잠수함의 동력(5)

차세대 동력 시스템 연료전지

스털링 엔진과 함께 잠수함의 AIP(공기불요추진)체계 동력원으로 주목을 받고 있는 것이 바로 연료전지이다.

연료전지는 액체수소와 액체산소의 화학반응으로 발생하는 열을 전기에너지로 뽑아내는 것인데, 내연기관처럼 연소가스를 배출하지 않는 청정 동력시스템으로 자동차의 동력으로도 주목 받고 있다.

1980년대부터 서독(당시)에서는 연료전지를 본격적으로 연구하기 시작했다. 현재 독일 해군이 보유하고 있는 212급 잠수함은 연료전지 추진시스템을 탑재하고 있는데 연료전지는 화학반응에 따라 만들어지는 물을 함내에 축적시키기 때문에 함 전체 중량의 변화가 없으며 심도에도 관계없이 사용 가능하고 무음으로 저출력 기동 시에도 효율이 높다는 이점이 있다.

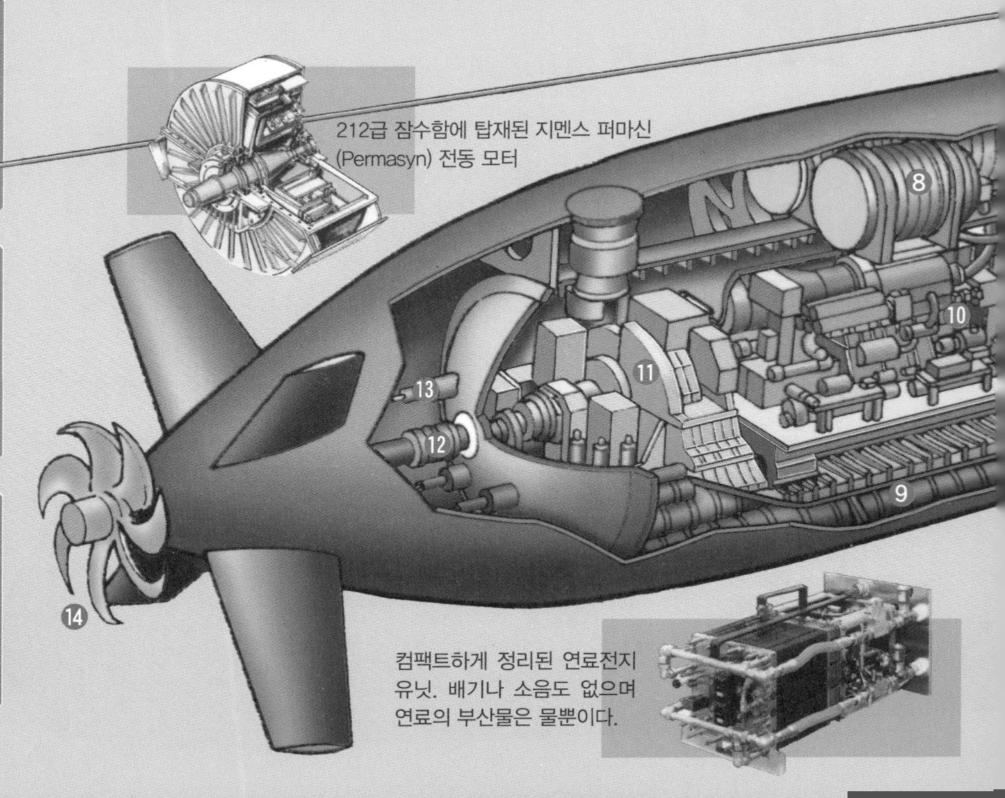

212급 잠수함에 탑재된 지멘스 퍼마신(Permasyn) 전동 모터

컴팩트하게 정리된 연료전지 유닛. 배기나 소음도 없으며 연료의 부산물은 물뿐이다.

●독일해군의 212급 잠수함

연료전지로 만들어진 전기는 영구자석모터를 회전시키면 나트륨-유황(Natrium-Sulfur) 방식의 에너지 전지를 충전한다. 연료전지는 돋보이는 면도 있지만 수소나 산소를 극저온의 액체 상태로 함내(혹은 함외)에 저장하지 않으면 안 되는 등 기술상의 문제가 몇 가지 있다. 212급에서는 내압각 바깥에 이러한 탱크를 장착하기 위해 부분복각식의 구조로 되어있다. ①어뢰발사관 ②발사관실 ③거주구역 ④사관실 ⑤음탐실 ⑥전투정보실 ⑦주방 ⑧액체산소탱크 ⑨액체수소탱크 ⑩연료전지 및 보조기관 ⑪영구자석모터 ⑫추진축 ⑬조타구동장치 ⑭7엽 프로펠러

●연료전지란?

수소와 산소가 직접 반응하면 폭발하여 순간적으로 큰 에너지를 방출한다. 하지만 이래서는 동력원으로 사용하기 어렵기 때문에 전해액을 매개체로 수소(환원제)와 산소(산화제)를 천천히 반응시키는 것이 바로 연료전지이다. 수소와 산소의 연소반응에 따라 발생하는 반응열을 전기에너지로 뽑아내는 원리이다.

▼연료전지 모델 (SOFC)

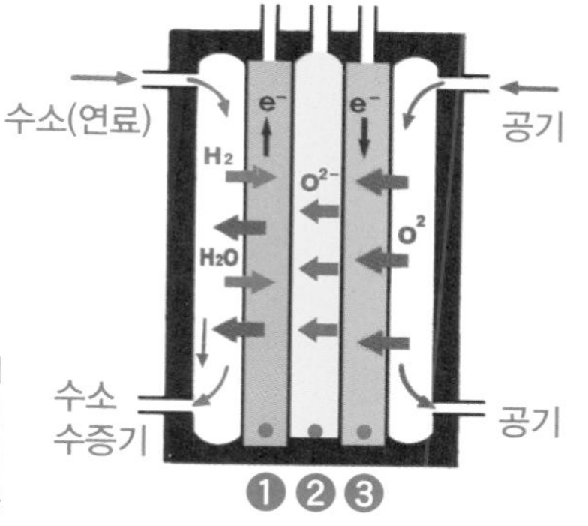

①연료극 ②전해액 ③공기극

수중에서 통신은 어떻게 할까?

잠수함의 가장 큰 무기는 은밀성이다. 그러나 통신을 위해 잠수함이 전파를 송신했다가는 바로 적에게 들키고 만다. 그렇다고 잠수함이 통신을 하지 않을 수는 없다. 예를 들어 일방통행(잠수함은 수신만)이라도 작전행동 중의 잠수함에 사령부로부터의 명령이 전달되지 않으면 안 되기 때문이다. 하지만 수중에 숨어있는 잠수함에 통신을 보내는 것은 상당히 어려운 일이다. 현대 잠수함의 어뢰 유도방식에 유선식(有線式)이 사용되고 있는 것을 봐도 알 수 있듯 전파는 수중에 거의 도달하지 않기 때문이다. 평소처럼 무선으로 말하듯이 수중의 잠수함과 통신하는 방법은 매우 제한되어 있다. 오늘날에는 전술환경의 변화로 잠수함도 수상함과 협력할 일이 많아졌고 심지어 미군의 공격원잠의 경우, 수면 가까이 부상하여 안테나를 수면 밖으로 내어 통상적인 교신을 하는 경우도 증가하고 있다.

미 해군의 공격원잠 통신실. 1970년대에 도입된 ELF(Extremely Low Frequency)라는 통신방식은 파장이 3,000~4,000킬로나 되는 극초장파를 이용하여 심도 160미터정도까지 도달하지만 수개 단어의 메시지를 수신하는 것만으로도 상당한 시간이 걸린다고 한다. 더욱이 지상에 전장 7킬로미터나 되는 안테나를 십자형으로 교차시켜 설치, 지상에 자장을 발생시켜서 전파를 송신하는 것이었지만 수신하는 잠수함은 수킬로미터나 되는 와이어 안테나를 예인하지 않으면 안 되는 불편함이 많았다.

1980년대에 계획된 ELF 통신용의 송신국. 안테나를 동서, 남북으로 교차시켜 강력한 전파를 발신하고자 했다.

오늘날 잠항 중인 잠수함의 효과적인 통신방식으로서 ①플로팅 부이 안테나식(잠수함에서 안테나선을 흘러내어 LF/MF/HF통신을 한다. 현재 위성 통신도 연구 개발이 이뤄지고 있다.) ②ELF 방식 ③레이저 방식(수중 투과율이 높은 청록색의 레이저를 위성에서 발신한다) ④음파방식(음파의 음압을 사용한다) 등이 있다.

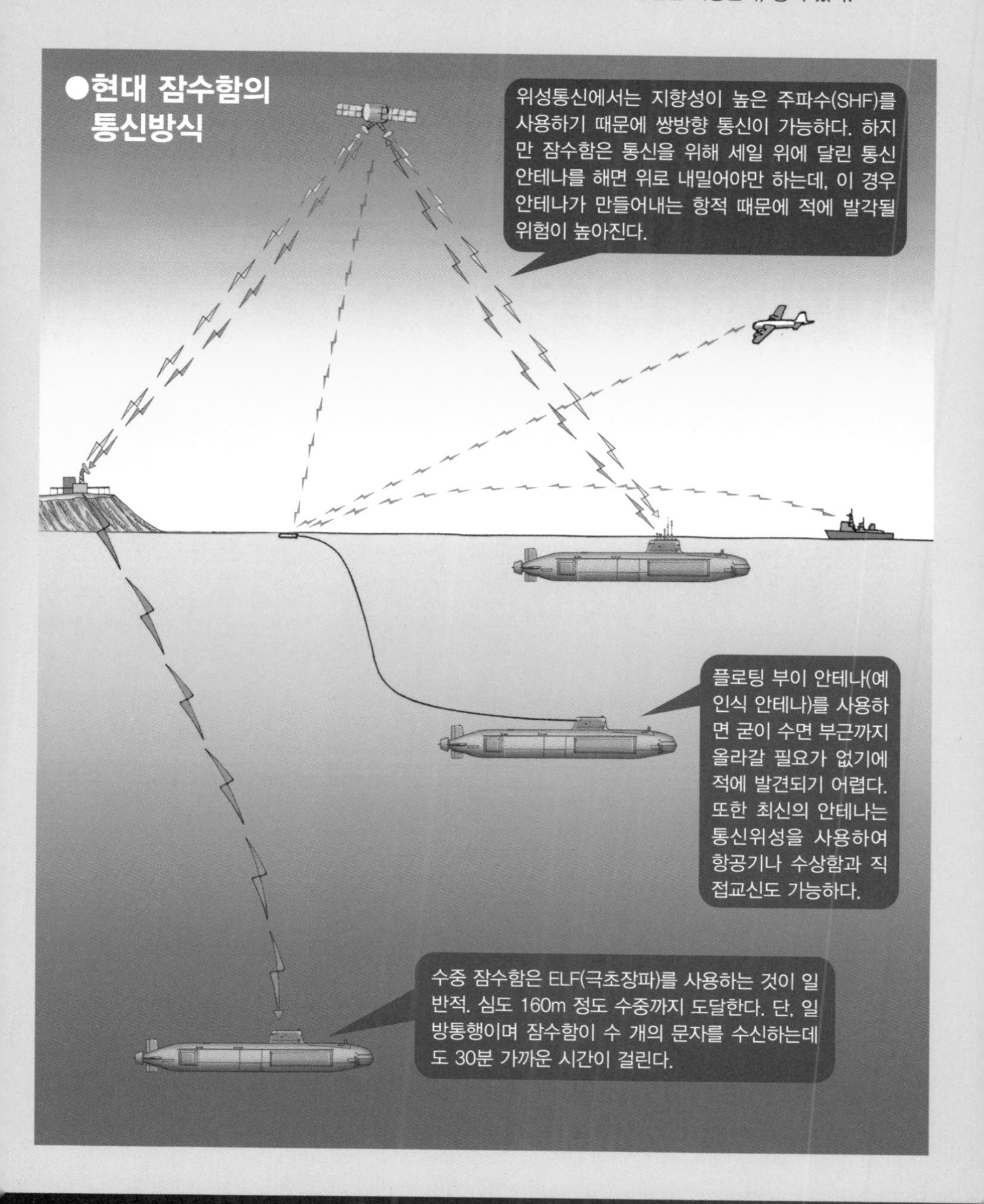

Chapter 2
Structures

제2장
잠수함의 구조

잠수함 함장은 어디에서 지휘를 할까?

어떻게 어뢰를 발사관에 집어넣을까?

원자로는 어디에 있을까?

이번 장에서는 미 해군 원자력 잠수함의 내부를 살펴본다.

01 원자력 잠수함의 구조

현대 원자력 잠수함의 종류와 내부 구조

원자력잠수함(원잠)은 크게 SSBN(탄도미사일 탑재 원자력잠수함)과 SSN(공격형 원자력잠수함)으로 구분된다. 특히 미 해군의 핵심인 원자력잠수함은 냉전기에 이 두 종류의 원잠을 중심으로 구성되었다. SSBN은 탐지되지 않도록 원양 깊숙한 곳을 항해하면서 언제든지 공산권(특히 구 소련)에 탄도미사일을 발사할 수 있도록 준비하고 있었

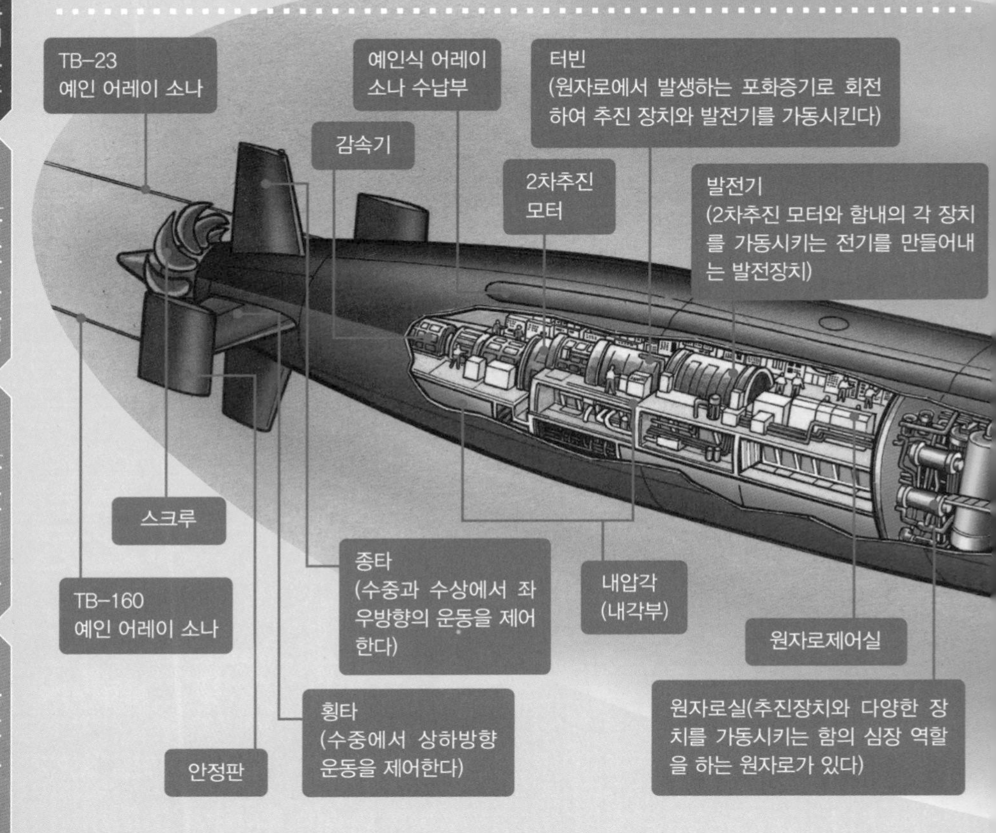

●SSN 로스엔젤레스급 공격 원잠(현용)

*SSBN과 SSN=SS는 미국 및 영국 해군과 일본 해상자위대의 공격형 잠수함의 약칭. [N]은 원자력 추진방식을 의미하며 [B]는

다. 한편 SSN은 구소련의 SSBN과 SSNG(순항미사일 원자력잠수함/유도미사일 원자력잠수함)을 공격할 수 있도록 했는데, 1990년대 초에 구소련이 붕괴된 이후, 21세기에는 테러와의 전쟁 등 국제정세 변화에 따라 다목적성이 원잠에 요구되고 있다.

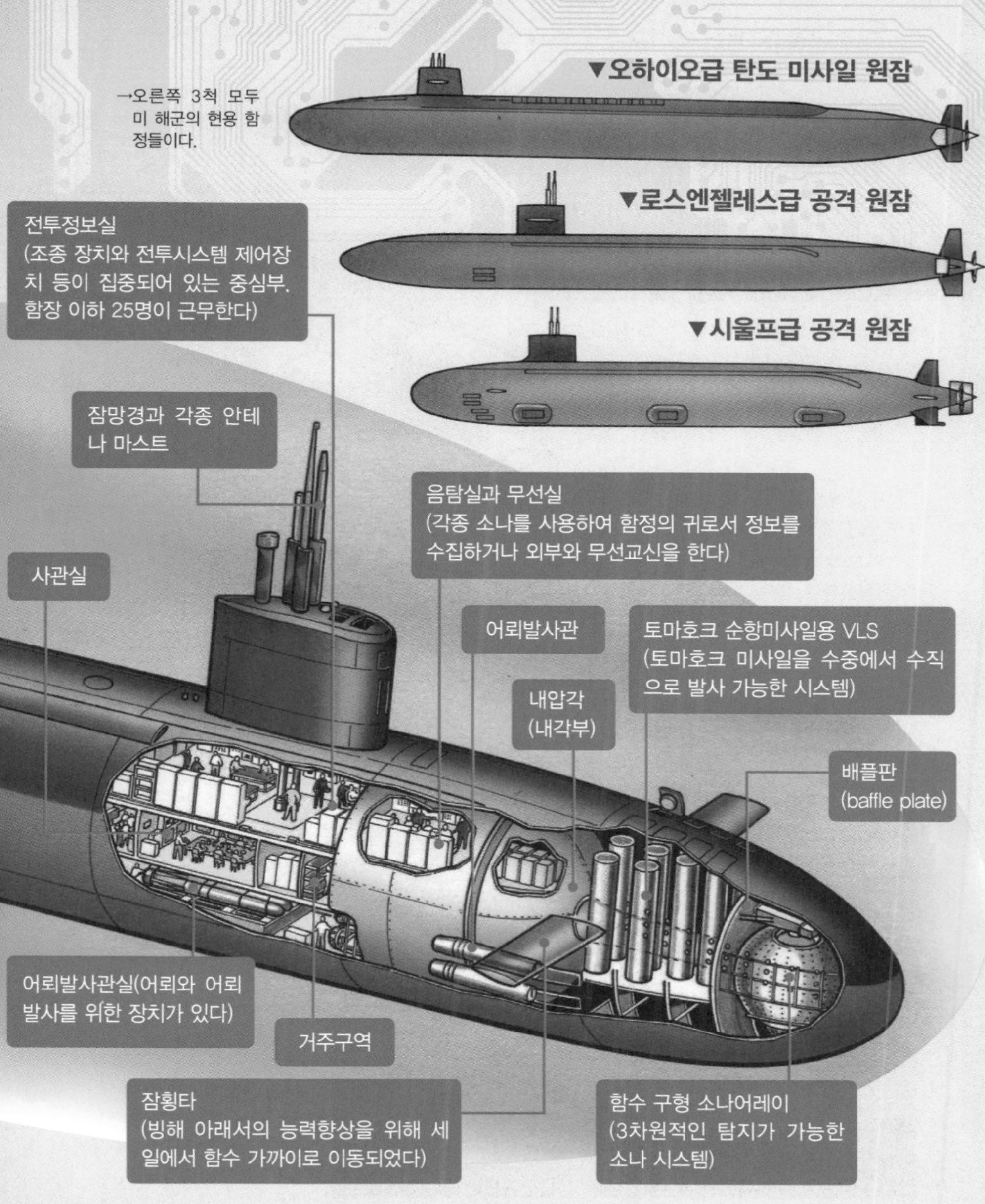

핵탄두 탄도미사일 탑재를 의미. 양쪽 모두 기본구조는 거의 비슷하지만 탑재 무장이 다르다.

02 전투정보실 (로스엔젤레스급)

함교와 전투지휘소의 기능을 갖춘 공격 원잠의 중추

적 잠수함의 공격, 정찰, 정보수집 등을 주 임무로 하는 공격원잠이다. 그 핵심부가 전투정보실로 내부는 함 제어구역(그림의 중앙부), 항법구역(왼쪽 윗부분)과 전투제어구역(오른쪽 아랫부분)으로 크게 구분된다. 일반적으로 전투정보실은 함장 이하 25명의 승조원이 근무한다.

잠항장교석
(부력제어판을 조작한다)

공격용 잠망경
(주야간용 광학망원경)

항법용 컴퓨터

작도 테이블

사진의 왼쪽이 공격용 잠망경. 오른쪽이 탐색용 잠망경이다. 미 해군의 공격형 원잠은 중령이 함장(왼쪽의 인물)으로 근무하고 있다.

*일러스트는 다양한 자료를 바탕으로 그린 것으로 각 장치의 형태 등은 일부 추정한 부분이 있다.

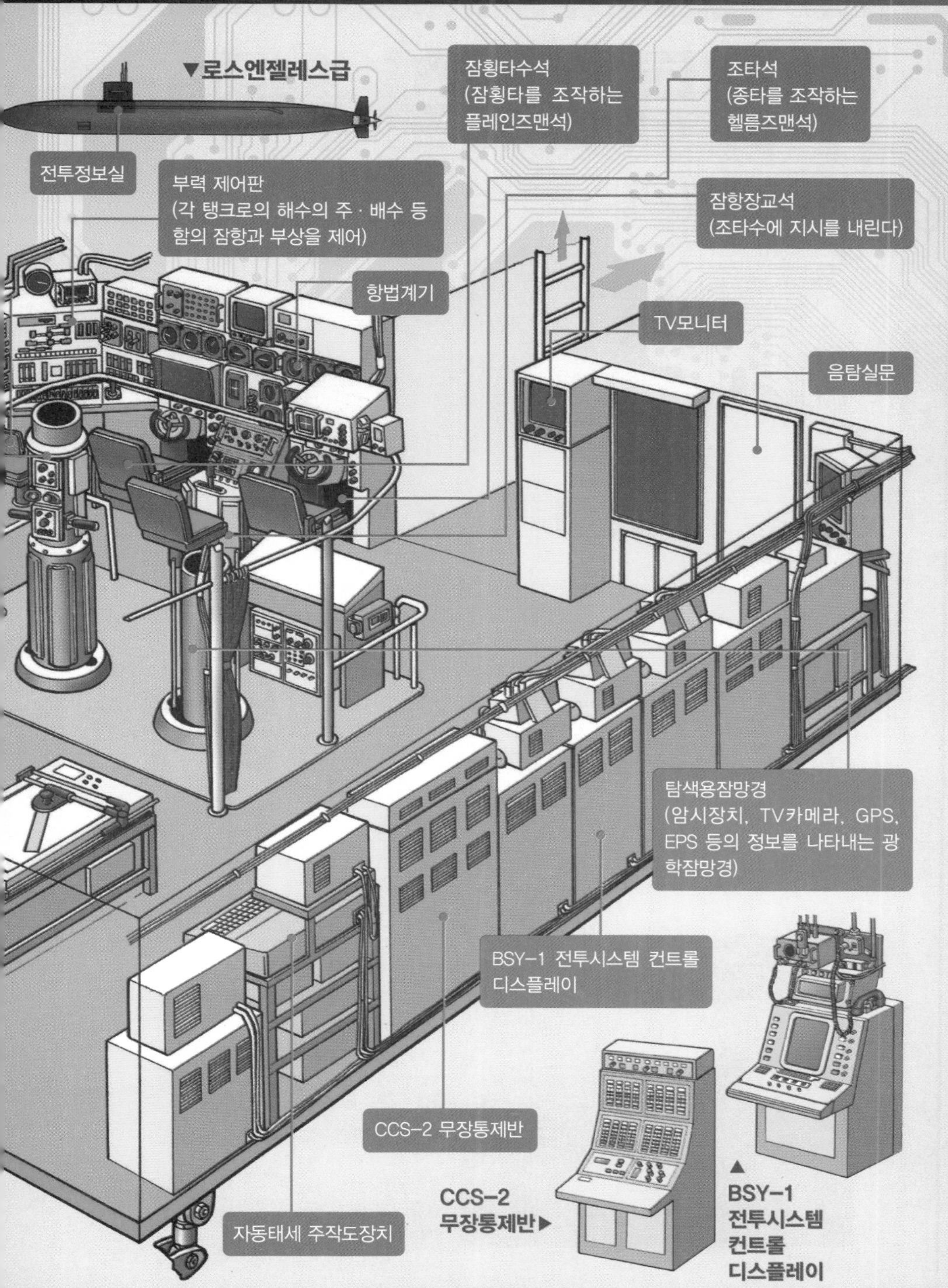

▼로스엔젤레스급
전투정보실
잠횡타수석
(잠횡타를 조작하는 플레인즈맨석)
조타석
(종타를 조작하는 헬름즈맨석)
부력 제어판
(각 탱크로의 해수의 주 · 배수 등 함의 잠항과 부상을 제어)
잠항장교석
(조타수에 지시를 내린다)
항법계기
TV모니터
음탐실문
탐색용잠망경
(암시장치, TV카메라, GPS, EPS 등의 정보를 나타내는 광학잠망경)
BSY-1 전투시스템 컨트롤 디스플레이
CCS-2 무장통제반
CCS-2 무장통제반▶
▲BSY-1 전투시스템 컨트롤 디스플레이
자동태세 주작도장치

03 전투정보실(오하이오급)

탄도미사일 원잠의 중추

탄도미사일 원잠 전투정보실의 최대 특징은 미사일 발사를 컨트롤하기 위한 장치가 설치되어 있다는 것이다. 미사일 발사관제를 전문적으로 하는 발사관제 센터는 함내의 별도 구역에 설치되어 있기 때문에 전투정보실의 장치는 컴팩트하게 구성되어 있다.

전투정보실

오른쪽의 그림은 오하이오급의 전투정보실. 미사일을 발사하기 위해서는 2개소의 관제장치에 안전장치 해제용 키를 동시에 꽂아 넣어 발사관의 시스템을 작동시키지 않으면 안 된다. 장치를 복수로 설치하였기 때문에 오작동 발사나 명령 무시 등의 발사를 예방할 수 있다.

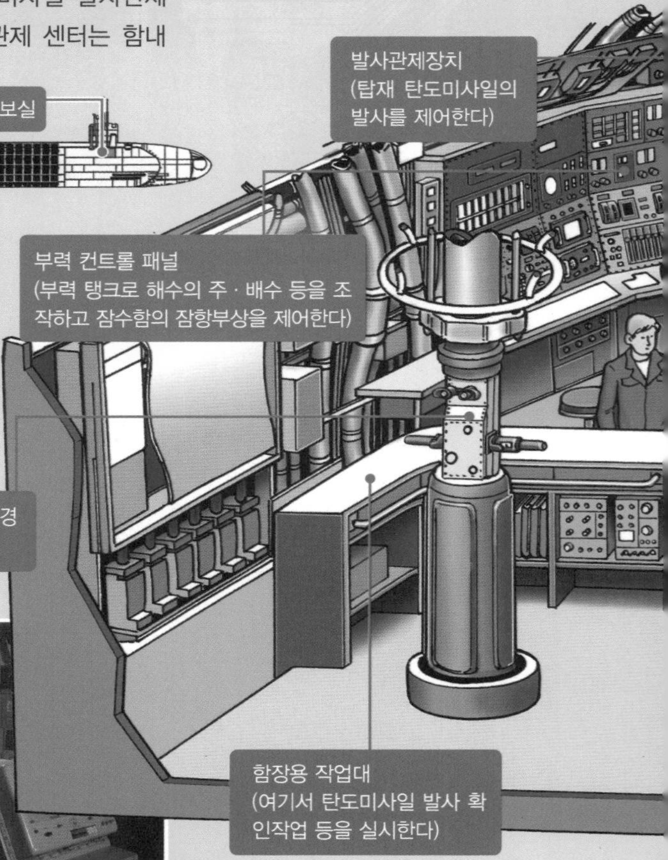

발사관제장치
(탑재 탄도미사일의 발사를 제어한다)

부력 컨트롤 패널
(부력 탱크로 해수의 주 · 배수 등을 조작하고 잠수함의 잠항부상을 제어한다)

공격용 잠망경
(수납 상태)

함장용 작업대
(여기서 탄도미사일 발사 확인작업 등을 실시한다)

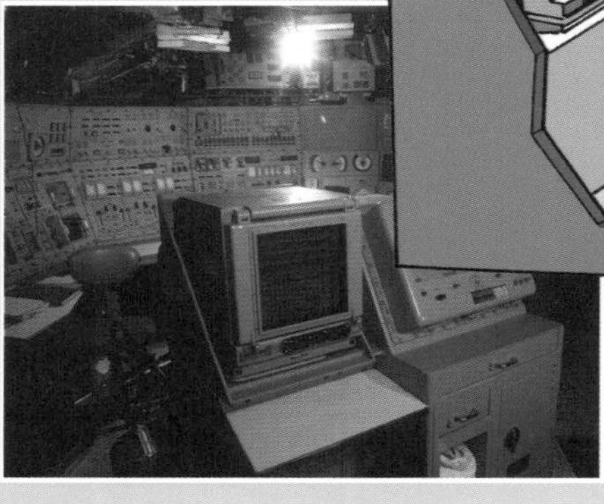

발사관제장치. 오른쪽이 미사일 발사관의 시스템을 작동시키기 위한 발사관 작동 스위치 박스.

조종장치 콘솔(제어반)에서 본 오하이오급 전투정보실. 내부 면적을 알 수 있다. 좌측 안쪽이 잠망경이 설치된 곳으로 그 앞에(가장 왼쪽) 있는 것이 전투시스템 제어장치, 가장 오른쪽이 부력 컨트롤패널을 조작하는 잠항장교.

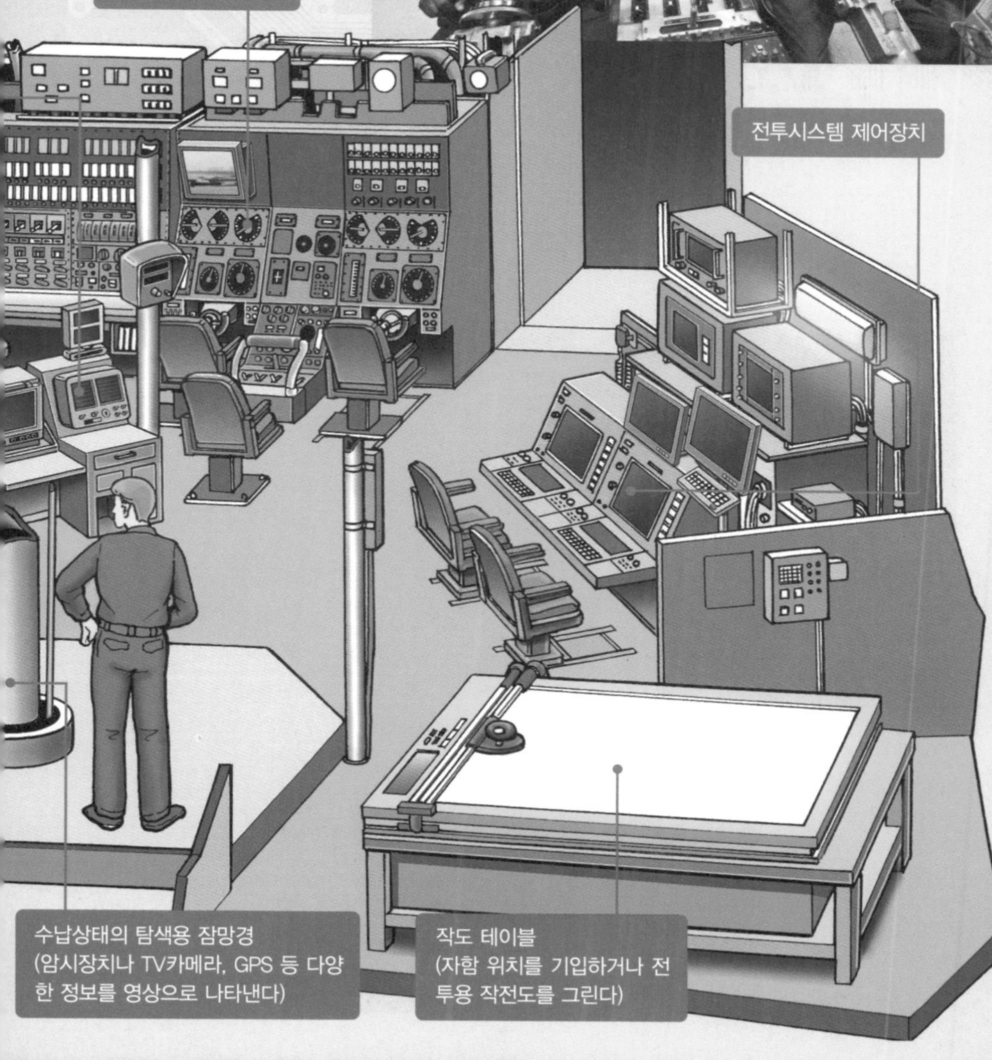

조종장치 콘솔
(잠수함의 상하좌우 움직임을 제어한다)

전투시스템 제어장치

수납상태의 탐색용 잠망경
(암시장치나 TV카메라, GPS 등 다양한 정보를 영상으로 나타낸다)

작도 테이블
(자함 위치를 기입하거나 전투용 작전도를 그린다)

04 전투정보실(버지니아급)

미 해군 최신예 공격 원잠의 중추

21세기형 공격 원잠으로서 2004년 10월에 1번함으로 취역한 미 해군의 버지니아급은 다양한 연안해역에서 임무를 완수하기 위해 설계 · 개발되었다.

3척만이 건조되는 데 그친 시울프급에서 얻은 기술을 활용하여 *포토닉 마스트를 탑재. 이것에 의해 잠망경이 없어졌기 때문에 각종 디스플레이나 컨트롤(제어반)이 줄지어 있던 전투정보실은 지금까지의 잠수함과는 크게 차이가 있다. 조종 장치도 조이스틱으로 바뀌고 정보는 액정 디스플레이로 표시되었다. 광학전자식 잠망경의 화상은 함장용 콘솔에 표시되지만 전투정보실 요원 전원이 볼 수 있는 대형 컬러 액정 디스플레이에 표시도 할 수 있다.

함에 설치된 소나 시스템을 제어하는 소나 스위트 콘솔

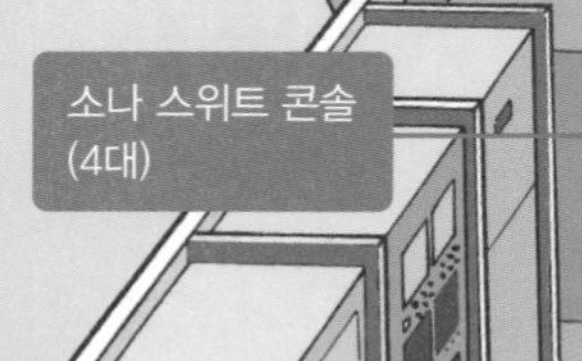

목표의 움직임 분석을 비롯하여 다양한 전술정보를 표시할 수 있는 HLS-D 콘솔. 함장과 함의 주요장교들의 작전회의 등에 사용된다.

*포토닉 마스트(photonics mast) = 광학전자식 잠망경. 이것으로 세일 상부에서 전투정보실까지 관통시킬 필요가 없는 비관통식

조타장치콘솔. 타를
조작하는 조이스틱
에 주목

주 · 배수제어콘솔

조종장치 콘솔

대형컬러
액정 디스플레이

함장용 콘솔

전투지휘콘솔(4대)

HLS-D 콘솔

특수전용 콘솔

BVS-1 포토닉 마스트
표시관제 콘솔(2대)

통신실

함장용 콘솔.
센서를 조작
하는 조이스
틱이 설치되
어 있다.

마스트가 만들어졌다.

05 음탐실

잠수함의 날카로운 귀로 정보를 수집한다

거대한 함수 구형 소나, 컨포멀 어레이 소나, 예인형 어레이 소나와 디지털 컴퓨터를 중심으로 하는 각종 장치를 조합, 음파 탐지 능력과 처리능력을 향상시킨 소나 시스템을 컨트롤하는 곳이 음탐실이다.

센서가 잡아낸 음파정보의 스펙트럼을 분석하는 음탐사. 다양한 정보를 가지고 최종적으로 판단하는 것은 인간인 음탐사의 몫이다. 숙련된 음탐사라면 적함의 스크루 수는 물론 회전수까지도 알고 있다고 한다.

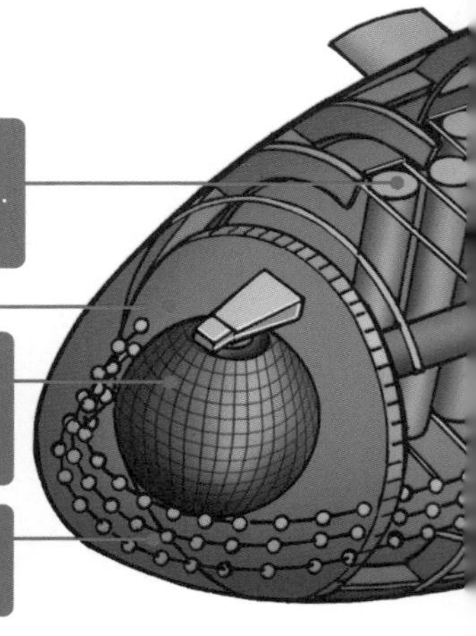

* BSY-1 시스템 = 40번함 이후의 로스엔젤레스급에서는 소나 시스템이 BSY-1 전투시스템에 통합되었다. 이전에는 BQQ-5D로

로스엔젤레스급의 각종 센서나 무장시스템을 통합한 *BSY-1 전투시스템(신형함은 BSY-2를 탑재)에서 보내온 센서 정보를 표시, 분석되는 소나 제어 콘솔. 컴퓨터에는 지금까지 수집한 음문(音紋) 데이터가 저장되어 적함을 판별하는데 이용된다.

●로스엔젤레스급 원잠의 함체 전반부 구조

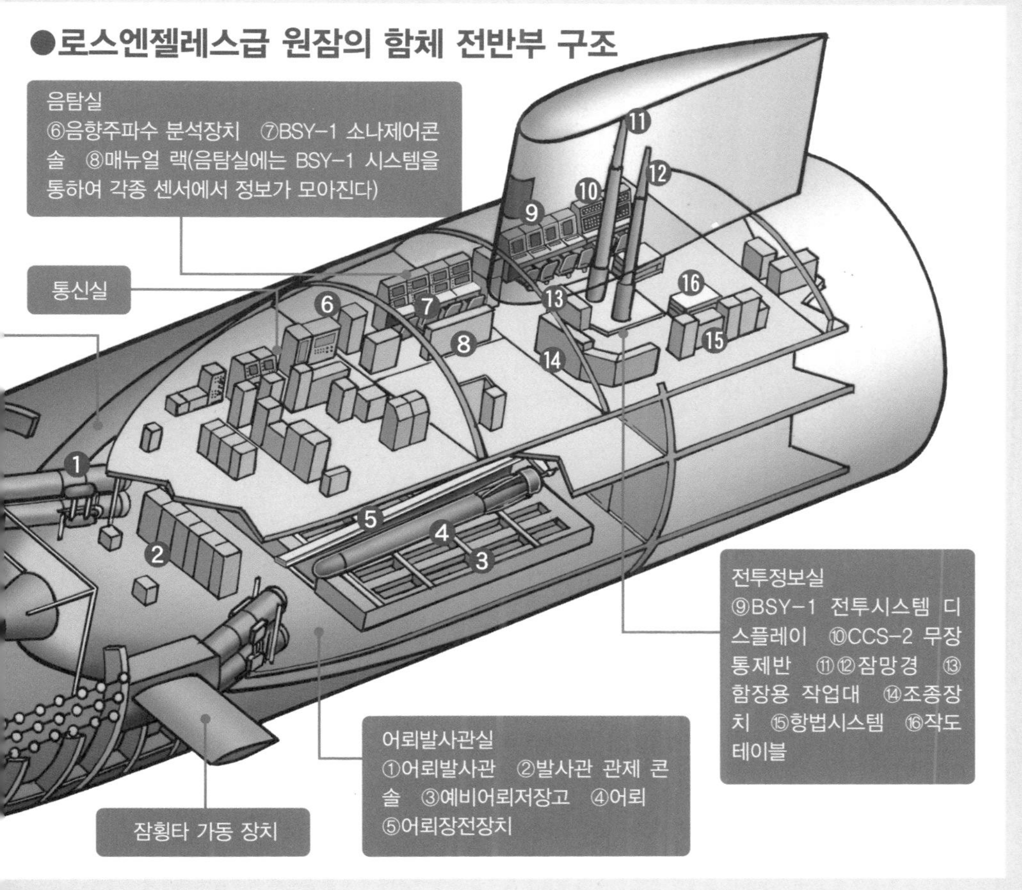

불리는 소나시스템을 탑재했다.

06 동력기계실

원자로가 있는 원잠의 심장부는 군사기밀의 집합체

원자력잠수함에 탑재되어 있는 원자로는 가압수형. 원자로의 고열로 원자로의 중심을 통과하는 1차 냉각수를 고온으로 하여 증기 발생기로 유도하고 그 열에 의해 2차 냉각수를 뜨겁게 하여 수증기를 만든다. 이 수증기로 터빈을 회전시켜 추진장치나 발전기를 가동하여 함정을 움직인다.

일반적으로 원자로실에 승조원은 없으며 제어실에서 원자로를 조작한다. 내부에 들어가는 것은 보수나 점검의 경우에 한해서이다.

▼트라팔가급 (영국)

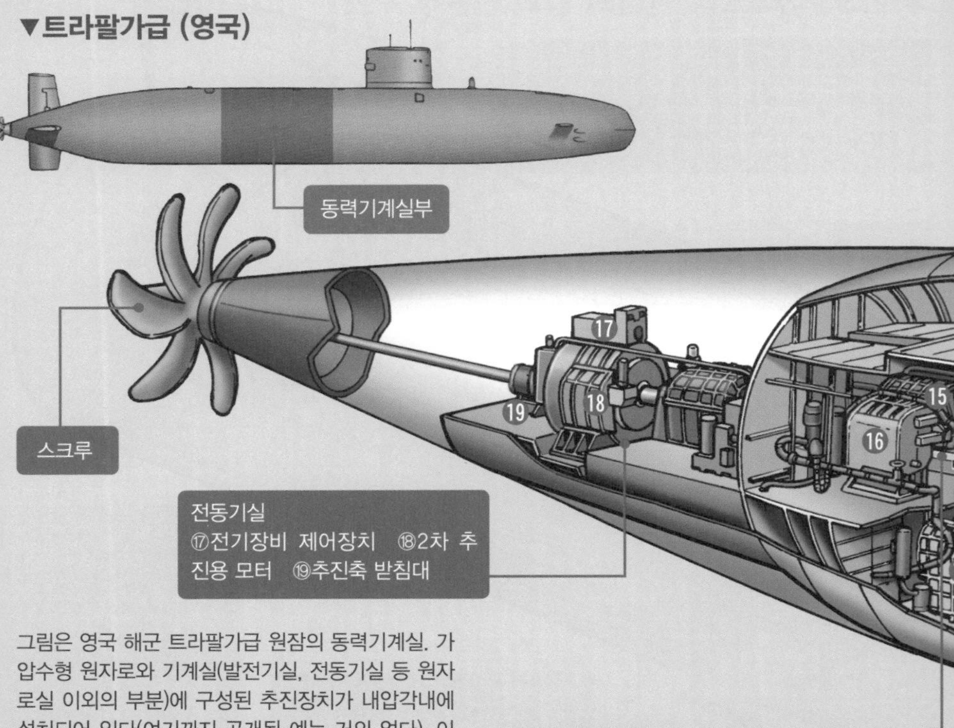

그림은 영국 해군 트라팔가급 원잠의 동력기계실. 가압수형 원자로와 기계실(발전기실, 전동기실 등 원자로실 이외의 부분)에 구성된 추진장치가 내압각내에 설치되어 있다(여기까지 공개된 예는 거의 없다). 이 원자로에서는 원자로내의 냉각을 1차 냉각수의 자연대류만으로 할 수 있기 때문에 소음이 적다는 이점이 있다. 원자로는 롤스로이스제 PWR1.

원자로구역 입구▶

원잠의 원자로는 방사선을 차단하는 벽으로 둘러싸인 원자로 구역에 탑재되었다. 동일한 잠수함의 승조원이라도 원자로 관계자 외에는 이 구역의 출입이 엄격히 제한된다. 정기적인 보수 · 점검 시에는 방호복을 착용하고 원자로 구역을 출입한다.

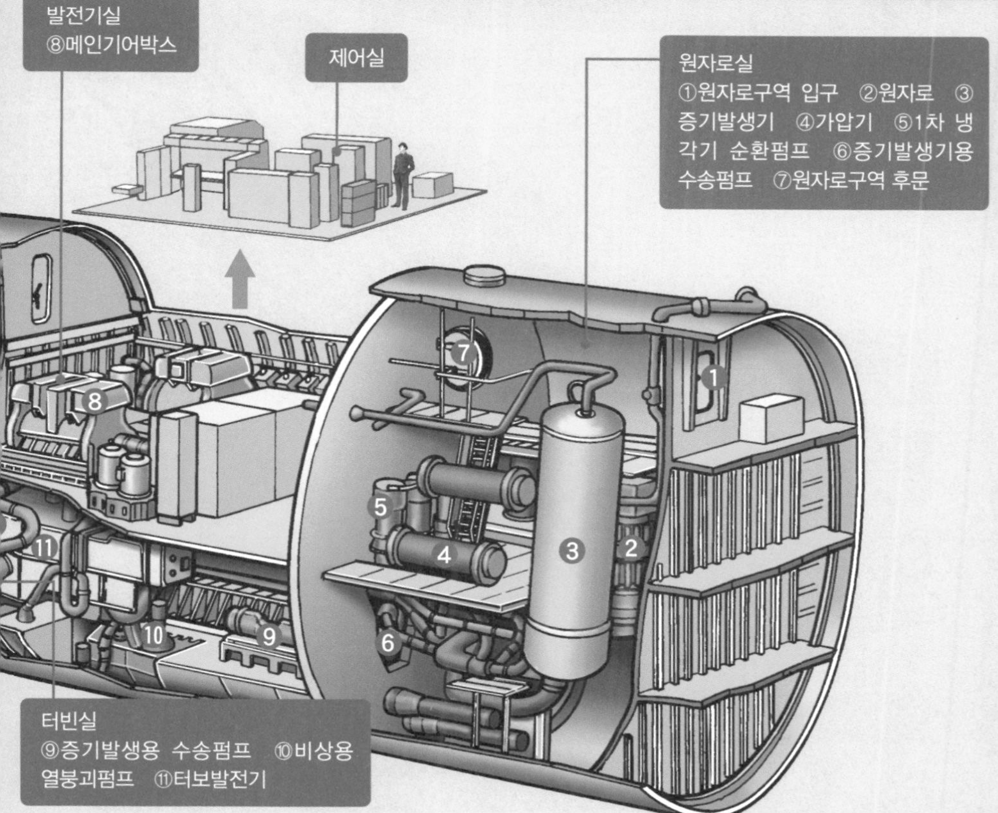

07 어뢰발사관실

어뢰의 발사준비를 자동화하여 진행하다

그림은 미 해군 로스엔젤레스급 공격형원잠의 어뢰발사관실. 어뢰발사관실에는 발사관 등 어뢰를 발사하기 위한 장치가 설치되어 있다. 현대 잠수함은 거의 대부분 자동으로 어뢰를 장전한다.

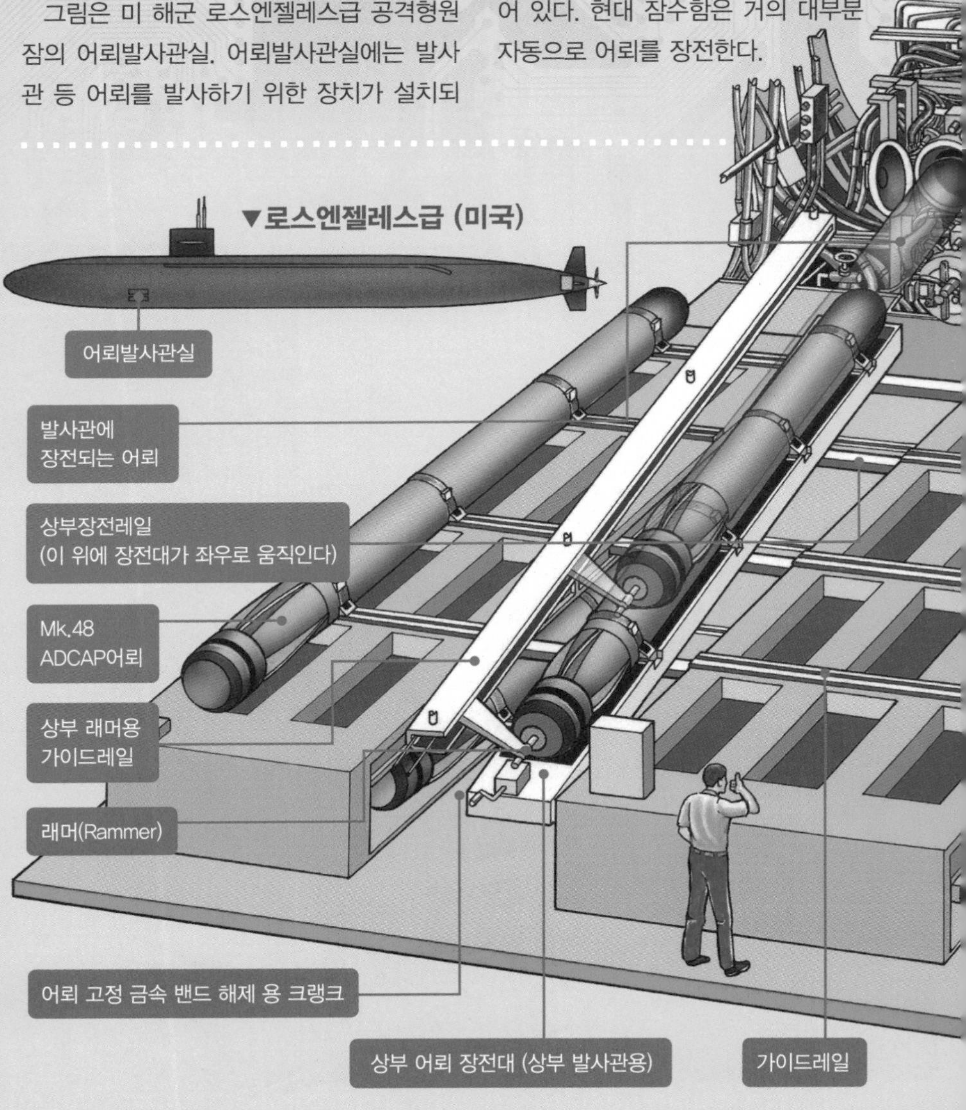
▼로스엔젤레스급 (미국)
어뢰발사관실
발사관에
장전되는 어뢰
상부장전레일
(이 위에 장전대가 좌우로 움직인다)
Mk.48
ADCAP어뢰
상부 래머용
가이드레일
래머(Rammer)
어뢰 고정 금속 밴드 해제 용 크랭크
상부 어뢰 장전대 (상부 발사관용)
가이드레일

제1장 잠수함의 기본
제2장 잠수함의 구조
제3장 잠수함 승조원
제4장 잠수함의 전투
세계 잠수함 파일

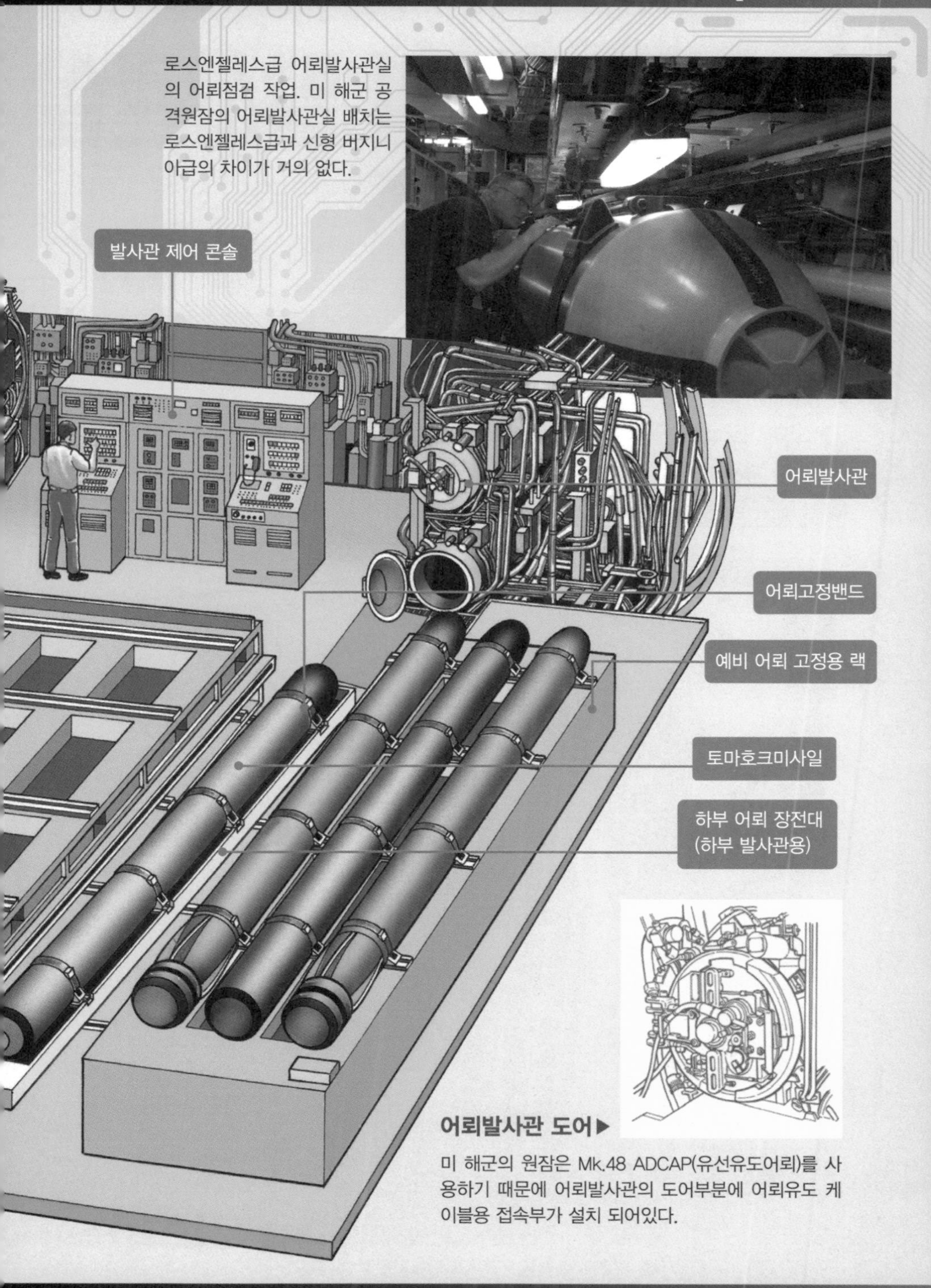

로스엔젤레스급 어뢰발사관실의 어뢰점검 작업. 미 해군 공격원잠의 어뢰발사관실 배치는 로스엔젤레스급과 신형 버지니아급의 차이가 거의 없다.

어뢰발사관 도어▶

미 해군의 원잠은 Mk.48 ADCAP(유선유도어뢰)를 사용하기 때문에 어뢰발사관의 도어부분에 어뢰유도 케이블용 접속부가 설치 되어있다.

08 탄도미사일 발사관실

잠수함에서 발사하는 핵미사일이 전략원잠의 생명

발사관 내부는 격납되어 있는 탄도미사일(전략 핵미사일)의 품질이 저하되지 않도록 온도와 기압이 일정하게 유지되고 있다. 참고로 발사관 도어는 무게가 8톤이나 되고 여는데 약 2초가 걸린다고 한다.

▼오하이오급(미국)

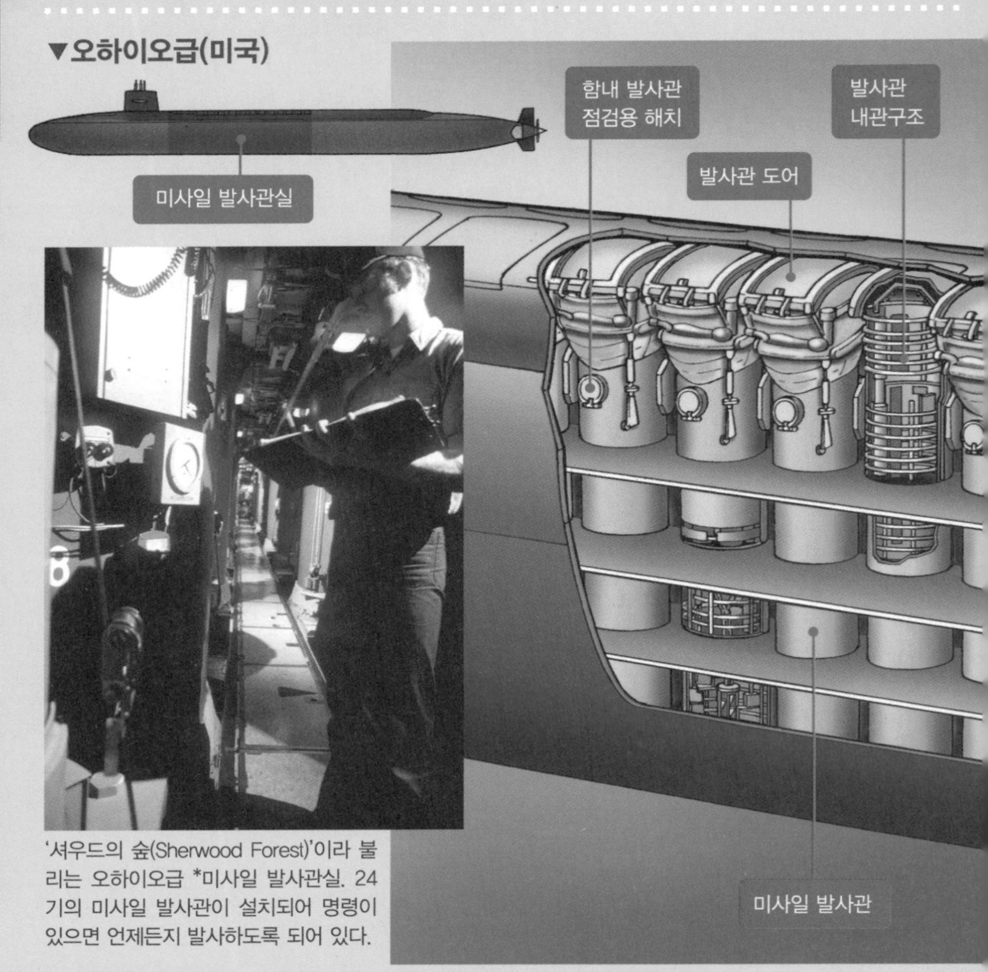

'셔우드의 숲(Sherwood Forest)'이라 불리는 오하이오급 *미사일 발사관실. 24기의 미사일 발사관이 설치되어 명령이 있으면 언제든지 발사하도록 되어 있다.

*미사일 발사관 = 오하이오급은 24기의 트라이던트 미사일 발사관에 맞추어 선체 길이가 결정되었다.

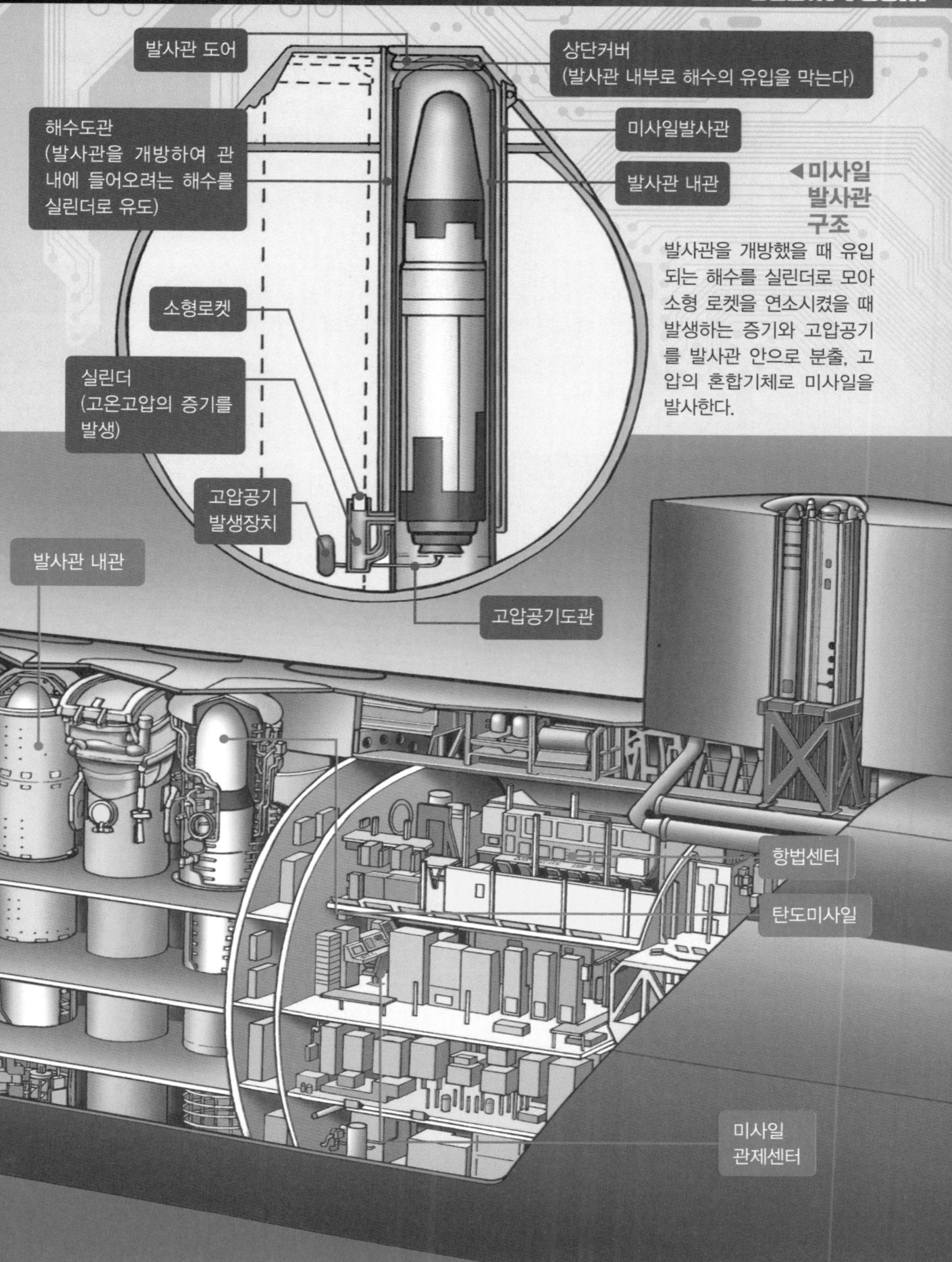

◀미사일 발사관 구조

발사관을 개방했을 때 유입되는 해수를 실린더로 모아 소형 로켓을 연소시켰을 때 발생하는 증기와 고압공기를 발사관 안으로 분출, 고압의 혼합기체로 미사일을 발사한다.

09 미사일 발사 관제센터

명령이 내려지면 핵탄두 미사일을 발사한다

탄도미사일 발사제어를 하는 미사일 발사 관제센터는 탄도미사일 잠수함의 핵심부이다. 여기서는 전투정보실에서 전달한 함장의 명령에 따라 발사준비를 한다.

미사일관제 콘솔을 조작하는 미사일 기술병. 뒤에 서 있는 병사는 조작상황을 함장에게 보고하기 위해 헤드셋을 착용하고 있다.

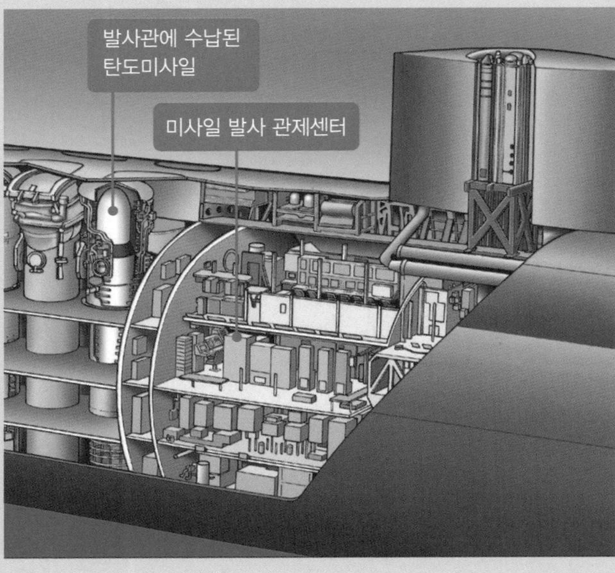

●미사일 발사 관제센터

①미사일 관제 장교석 ②마이크(전투정보실과의 교신에 사용된다) ③미사일 발사관제 콘솔(발사관이나 미사일이 항상 사용할 수 있도록 관리 · 모니터링하며 발사관도어의 개폐발사관 제어, 미사일 발사 등. 콘솔 상의 Ⓐ는 발사관과 미사일의 상태를 표시하는 표시등 Ⓑ는 미사일을 발사가능으로 하기 위한 발사관 작동 스위치로 발사용 키를 꼽지 않으면 작동하지 않는다. 스위치는 1~24번까지 각 발사관마다 있고 발사 키도 24기의 각 발사관마다 다른 것이 필요하다) ④미사일 기술병석 ⑤미사일 발사용트리거를 수납한 금고 ⑥미사일 관제콘솔(미사일을 탑재한 컴퓨터로 함의 현재 위치, 목표 위치 등의 좌표를 입력하는 프로그래밍이나 관성항법장치를 작동시키는 작업) ⑦미사일기술병석 ⑧각종 전자장치 모니터

일러스트는 오하이오급 탄도미사일 원잠으로 콘솔은 미사일발사관 제어콘솔부와 미사일관제 콘솔부의 2가지 장치로 구성되어 있다. 일반적으로 2명의 미사일관제 장교(무장병과장교)와 2명의 미사일 기술병(부사관, 병)이 배치된다. 함장의 명령을 받아 미사일을 발사하는 방아쇠(트리거)를 당기는 것이 그들의 역할이다.

10 주방과 사병식당

다목적으로 사용되는 부사관, 사병들의 휴게 장소

그림은 미 해군 로스엔젤레스급 공격원잠의 주방과 병사식당. 주방은 콤팩트하게 되어있고 여기서 승조원 약 130명분의 식사를 만든다. 메뉴는 풍부하며 굽는 것부터 찜 요리, 빵 등 다양한 요리가 제공된다. 식당은 식사뿐만 아니라 영화 상영, 학습 등의 장소로 활용되기도 한다.

다만 사병식당은 부사관과 사병들이 사용하고 장교는 사관실에서 식사한다.

●로스엔젤레스급의 주방과 사병식당

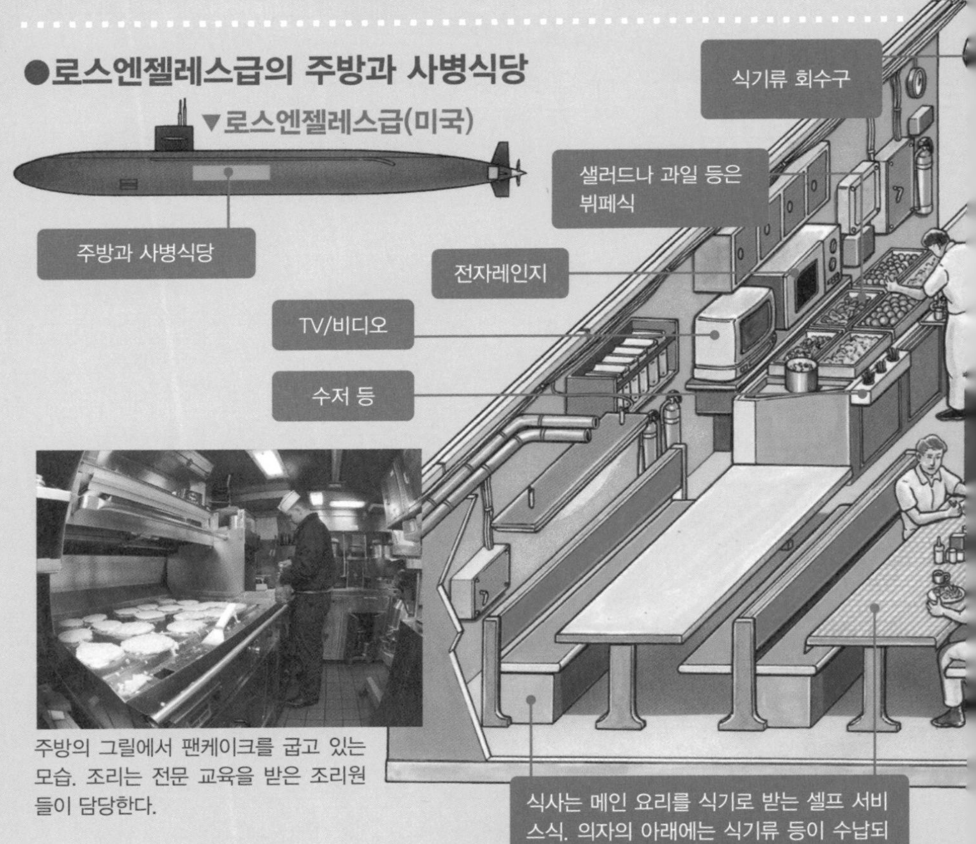

주방의 그릴에서 팬케이크를 굽고 있는 모습. 조리는 전문 교육을 받은 조리원들이 담당한다.

식사는 메인 요리를 식기로 받는 셀프 서비스식. 의자의 아래에는 식기류 등이 수납되어 있다.

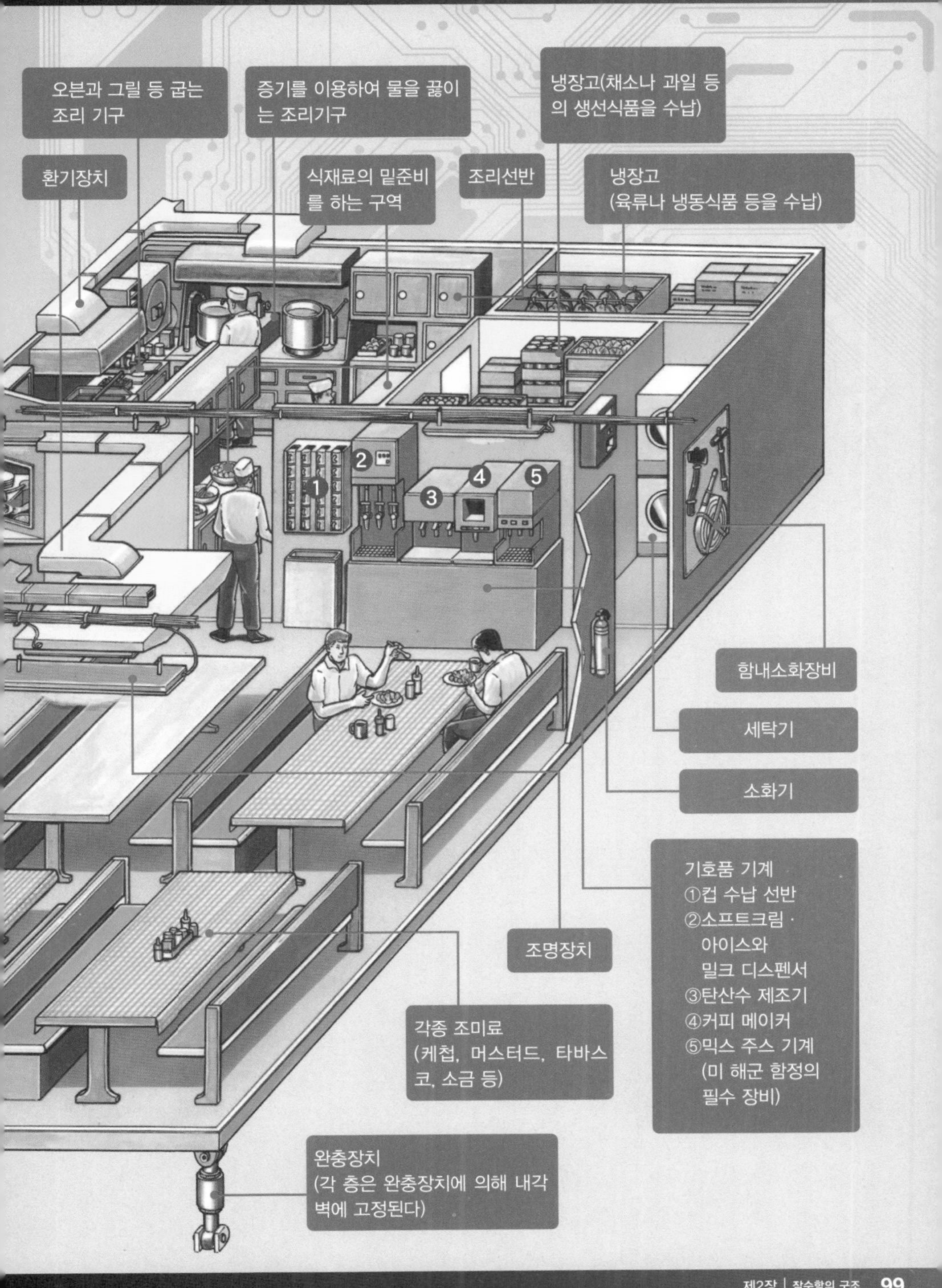

오븐과 그릴 등 굽는 조리 기구

증기를 이용하여 물을 끓이는 조리기구

냉장고(채소나 과일 등의 생선식품을 수납)

환기장치

식재료의 밑준비를 하는 구역

조리선반

냉장고 (육류나 냉동식품 등을 수납)

함내소화장비

세탁기

소화기

기호품 기계
①컵 수납 선반
②소프트크림 · 아이스와 밀크 디스펜서
③탄산수 제조기
④커피 메이커
⑤믹스 주스 기계 (미 해군 함정의 필수 장비)

조명장치

각종 조미료 (케첩, 머스터드, 타바스코, 소금 등)

완충장치 (각 층은 완충장치에 의해 내각 벽에 고정된다)

Chapter 3
Submariners

제 3 장
잠수함 승조원

잠수함 승조원은 무엇을 먹을까?

승조원은 어떤 훈련을 받나?

잠수함 승조원이 되는 방법은?

본 장에서는 잠수함 승조원의 임무와 생활을 살펴보도록 하자!

01 U보트의 함내근무체제

U보트 근무당직의 실태

가잠함이었던 독일해군의 U보트는 1일 최저 3시간은 수상항해를 해야만 했다. 잠항시에 사용하는 전지를 반드시 충전해야하기 때문이다(라고 하기보다 통상은 수상항해를 했고 잠항은 전투할 때뿐이었다).

때문에 수상항해 중에는 밤낮없이 날씨도 가리지 않고 세일(잠수함의 함교)에서 견시를 봐야 했으며 승조원은 4시간 교대로 당직을 서서 주위를 경계했다.

이러한 사정에서 U보트(Type-Ⅶ C형)의

잠수함 함장의 책임은 중대하다. 그의 결단 하나에 승조원 전원의 생명이 달려있다.

부사관과 수병 등 36명의 승조원은 각각 수병부와 기술부에 속하여 임무를 했다. 통상 수병부는 8시간 3교대로 근무(예를 들면 어뢰의 정비나 함내 청소 등) 8시간, 4시간 견시 당직, 남은 12시간 가운데 4시간을 식사나 오락 등의 자유시간, 8시간을 휴게(가수면)에 맞게 사용했다.

반면, 기술부인 기관병은 6시간 교대시스템, 통신원(통신과 청음을 담당하는 4명)은 불규칙적으로 1일 12시간 임무였다.

부사관은 항해장, 장범장(掌帆長, 배를 조절하는 우두머리)으로 8시간 근무에 1일 1회 전투정보실에서 당직, 기관상사는 6시간 교대 근무로 견시당직은 면제 받았다.

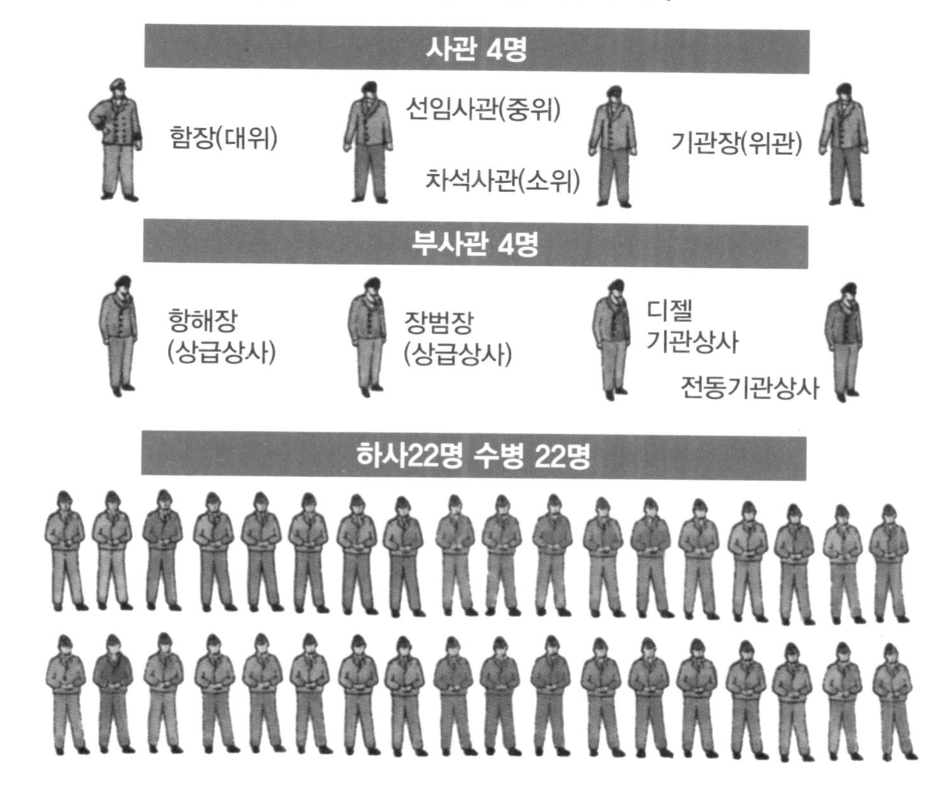

Type-Ⅶ C형에서 함장, 선임사관(부장의 임무와 어뢰관계를 담당), 차석사관(갑판과 대공포 담당), 기관장 등 4명의 사관, 항해장(항해에 관한 모든 책임과 보급장의 임무를 담당), 장범장(승조원의 훈련과 지휘를 담당), 디젤과 전기 각각의 기관을 담당하는 기관상사 등 4명의 부사관과 약 36명의 수병과 부사관이 근무했다. 수병과 하사는 수병부와 기술부(디젤과 전기)로 나뉘어졌다.

02 잠수함 함내 편제

해자대 잠수함을 통해 보는 함내 편성

일본 해상자위대 잠수함의 승조원은 2가지의 편제방식에 따라 나눠진다. ①상시근무 편제 ②내무편제(분대편제)로 ①은 실제의 임무를 수행하기 위한 편제(장병의 직종, 임무상의 소속), ②는 내부인사상의 편제(함내에서 업무나 생활을 위한 편제. 또한 이러한 편제 외에 ○○계 사관이라는 공식적 편제 외의 직역(職役)이 있으며 이것은 ①이나 ②이외의 잡무를 처리하기 위해 간부가 겸임한다. 상사급에서는 담당이라는 직무도 있다.

또한 전투부서나 긴급부서 등 실제 작전행동 중에 다양한 상황에 맞춤식으로 임무를 수행하는 부서도 있다. 예를 들어 전투부서는 전투에 관한 부서의 편제이며 긴급부서는 함내에서 화재발생 등의 긴급 시에 대처하기 위한 부서의 경우이다.

잠수함은 수상함보다도 승조원이 적기 때문에 많은 임무를 제한된 인원이 맡아야 한다. 장병이 복수의 업무와 임무를 완수해야하기 때문에 복잡한 편제가 된 것이다.

2010년 림팩(환태평양훈련)에서 하와이를 방문한 해자대 잠수함 「모치시오」

해상자위대 잠수함의 함내 편제

《상시 근무 편제》

함장 — 부장

- **선무과**: 정보, 전탐, 통신, 암호, 음탐, 선체 소자에 관련된 업무와 해당 업무 관련 장비, 기기의 정비를 담당. 선무장이 과장을 맡는다.
  - ※선무장 이하 선무사(사관), 통신원, 전탐원, 음탐원, 전자정비원이 근무.
- **항해과**: 항해, 신호, 견시, 조타 및 기상 관련 엄부와 해당 업무 관련 장비, 기기의 정비를 담당. 항해장이 과장을 맡는다.
  - ※행해장 이하 항해원이 근무.
- **수뢰과**: 탑재 무장의 운용과 관련된 업무 및 해당 업무와 관련된 장비, 기기의 정비를 담당. 수뢰장이 과장을 맡는다.
  - ※수뢰장 이하 수뢰원이 근무.
- **기관과**: 주기관, 보조기관, 전기, 응급, 공작 및 잠수와 관련된 업무와 해당 업무 관련 장비, 기기의 정비를 담당. 기관장이 과장을 맡는다.
  - ※기관장 이하 기관사, 내연원, 전기원이 근무.
- **보급과**: 경비, 물품의 취급(단, 위생 기재는 제외), 급식, 복리후생, 서무, 문서 및 인사 사무 관련 업무와 업무 관련 물품, 기재의 정비를 담당. 보급장이 과장을 맡는다.
  - ※보급장 이하 경리원, 보급원이 근무.
- **위생과**: 보건 위생, 진료 및 위생 기재의 취급과 관련된 업무와 해당 업무 관련 기재의 정비를 담당. 위생장이 과장을 맡는다.
  - ※위생장 이하 위생원(잠수함에서는 군의관이 아닌 간호 자격을 지닌 해조 위생원만이 근무하므로 보급장이 위생장을 겸한다)

《내무 편제》

함장 — 부장

- **제1분대**: 수뢰과가 제1분대. 탑재된 무장의 취급과 정비, 갑판작업 등을 담당. 수뢰장이 분대장이며, 그 밑에 수뢰사, 조타원(잠수함에서는 수뢰과 요원이 담당) 등 약 10명.
- **제2분대**: 선무과와 항해과로 편성. 선무장이 분대장이며, 그 밑에 선무사(사관), 음탐(음탐장, 차석, 음탐원), 전탐, 통신, 전자정비 요원들이 있으며 분대원 수는 약 25명.
- **제3분대**: 기관과로 편성. 기관장이 분대장이며, 그 밑에 기관사, 전기사 및 과원이 있다. 분대원은 약 25명. 잠수함에서는 수뢰장, 선무장, 기관장을 경험한 뒤에 함장으로 승진한다.
- **제4분대**: 보급과와 위생과로 편성. 보급장이 분대장이다. 보급과원 가운데 급식을 담당하는 과원은 조리원(제식 명칭은 급양원)으로, 조리원장이 장을 맡는다. 분대원은 6명으로 적은 편.

※현재 취역 중인 함의 형식에 따라 승조원 수는 65~75명으로 조금씩 다르며 본 페이지의 표에 기재된 분대원 수는 대략적인 기준이다.

03 현대의 잠수함 함장

국가에 따라 요구되는 것이 다르다

잠수함의 함장에게는 어떤 자질이 요구되는 것일까? 함 전체를 지휘할 수 있는 지식과 경험, 부하의 능력을 최대한으로 이끌어내는 리더십 등은 각국 해군이 공통적으로 요구하는 지휘관의 자질이다. 하지만 그 요구하는 자질이 미묘하게 다른 점이 흥미롭다.

예를 들어 미 해군은 전통적인 방침으로서 잠수함 내에서 일어나는 모든 일에 함장

사진은 미 해군 로스엔젤레스급 공격형원잠의 세일에 서 있는 함장(성조기를 바라볼 때 왼쪽의 인물)

이 100퍼센트 책임을 진다. 어뢰나 미사일 발사에서 쓰레기 처리까지 모든 것이다. 당연히 함의 운용에 관해서 모든 책임을 지기 때문에 함장은 자신의 함정 원자로에 대하여 정통하지 않으면 안 된다. 미 해군에서는 잠수함 함장은 '원자력 기술의 전문가'가 될 것을 강하게 요구한다.

반면, 영국 해군은 잠수함 함장에 대하여 '전술의 전문가'일 것을 요구한다. 원자로는 부하인 기술사관에 위임하고 최고 지휘관인 함장은 공격에 전념한다(영국 해군의 잠수함 함장은 대부분이 재래식 추진함과 원잠 양쪽 모두의 근무 경험을 하게 된다).

미 해군에서 20대 잠수함 근무를 시작한 장교가 함장으로서의 자격을 얻는 시기는 30세 후반에서 40대(탄도미사일원잠은 공격형원잠보다 함장의 연령대가 높다). 함장으로서 원잠을 맡기까지는 상당히 긴 세월이 걸린다. 사진은 로스엔젤레스급의 전투정보실에서 지시를 전하는 함장(오른쪽의 인물)

잠수함 함장에게 전술 전문가가 될 것을 요구하는 영국 해군에서는 전술훈련에 중점을 둔다. 일명 '페리셔(Perisher, '사라지다'라는 단어로 교육 중 기준에 미달하면 잠수함에서 조용히 사라져야 한다는 의미–역자 주)코스'로 불리는 잠수함 지휘관 과정은 8~12년 정도의 경험을 가진 항해장교가 대상이 되며 훈련과정에서 많은 훈련생이 탈락할 정도로 험난하다. 이런 페리셔 코스뿐 만아니라 영국 해군은 전통적으로 장교, 부사관, 사병을 구분하지 않고 훈련 중에 강한 부담감을 주는 경향이 있다. 사진은 영국 해군의 공격원잠의 함장

04 잠수함 장교

미래의 함장 후보에 필요한 것

"미 해군 원잠의 아버지"로 불리는 하이먼 리코버(Hyman George Rickover) 제독은 "원잠의 지휘관은 원자로이다"라고 강조하였으며 장래에 함장이 되어 원잠을 지휘하는 함장이 되려고 하는 잠수함 장교에 대하여 미 해군은 원자력에 관한 기술을 습득시키는 것에 중점을 두고 있다.미 해군의 장교는 임관 후 잠수함을 지망하여 면접에 통과하면 우선 NPS(Nuclear Power School, 원자력학교)와 원자로 프로토타입 학교에 위탁하여 1년간 공부한다.이어서 SOBC(Submarine Officer Basic Course, 잠수함 장교 기본 과정)에 보내진 후 3개월이 지난 후에야 처음으로 원잠에 배속된다. 근무 시작 2~3년 이내에 일등(一等) 기사장(技士長)의 능력을 시험하는 최초의 기술시험을 응시해야한다. 시험에 통과하면 6개월간의 SOAC(Submarine Officer Advanced Course, 잠수함 장교 상급 과정)를 수강. 추가로 3개월의 PXO(Prospective Executive Officer, 부장 예비 과정)와 함장 예비 과정을 통과하면 함장 자격이 부여된다.

물론 이런 과정을 교육받는 중간에는 육상 근무, 잠수함 각 부서장으로 수년간 근무하고 부장을 맡는 등 다양한 직책을 경험할 필요가 있다. 또한 각 과정을 수강하기 위해서는 잠수함의 실제 근무평가도 좋아야 한다.

항해도 작성을 지켜보는 장교. 장교에게는 부하를 지휘 · 통솔하는 능력이 요구된다. 또한 그런 능력은 상급자에게 평가 받으며 진급에도 큰 영향을 끼친다.

[위] 미 해군의 원자력기관의 함정은 잠수함을 비롯하여 항모 등 다수의 수상함이 있다. 이러한 함정에 근무하는 장교에게는 전문성이 요구되며 특히 원자력의 전문가인 원자로 엔지니어로 불리는 장교는 뛰어난 능력이 요구된다. 그들의 대부분은 대학에서 물리학이나 기계공학의 학위를 취득하고 전문가로서 함대근무를 하며 사진처럼 NPS(원자력학교) 등의 학교에서 교관을 한다. [왼쪽] 잠수함 승조를 지원하는 장교가 최초로 배우게 되는 NPS

[오른쪽]미 해군에서 장교가 되는 길은 아나폴리스(미 해군사관학교)를 졸업하거나 일반대학에 설치된 ROTC(장교후보생 훈련과정)에서 소정의 훈련을 받는 방법이 있다. 아나폴리스에서는 원잠의 장교양성에 크게 노력하고 있으며 학생들에게 원자력 기술의 습득을 요구한다.

05 잠수함 부사관

부사관의 임무와 역할은?

군대라는 조직을 실제로 움직이는 것은 부사관이라고 해도 과언이 아니다. 군대 계급으로 보면 장교와 사병의 중간에 해당되는 부사관은 장교를 보좌하고 병을 통솔하는 것이 역할이다. 그것은 물론 잠수함에서도 마찬가지이다.

해군에게 부사관은 사병의 지도자이면서 숙련된 기술자이다. 잠수함 근무를 하는 사병이 목표로 하는 것이 부사관으로 진급이며 부사관의 최고계급은 최선임 주임원사이다.

하지만 사병(그리고 부사관)은 장교와는 달리 복무기간(군과 계약기간)이 있어 부사관으로 진급하기 위해서는 복무기간을 연장하지 않으면 안 된다. 예를 들어 상사로 진급하기 까지는 12년 이상이 걸리기 때문에 해군에 인생을 거는 각오가 필요하다.

우수한 부사관은 해군에 매우 중요하다. 더욱이 양성에 시간과 정성이 많이 드는 서브마리너라면 가능한 장기간 근무하도록 하고 싶어 한다. 때문에 그들을 엘리트로서 대우해주고 계급과 진급, 급여나 대우 등에 많은 배려를 하고 있다.

[왼쪽] 서브마리너의 증표인 잠수함 자격장(돌핀장). 장교는 금색 돌핀, 부사관과 병은 은색 돌핀이다.

[아래] 부사관의 역할은 사병들을 아우르는 것으로 원잠에 있어 부사관은 다양한 기술의 전문가이다. 사진은 전자부품을 수리하는 부사관들.

[왼쪽 위] 잠수함의 출항을 준비하는 당직 상사. 근속 12년 이상의 강인한 자들이다. [오른쪽 위] 해군의 병을 양성하는 각종 학교로 교관을 근무하는 것은 부사관의 중요한 임무이기도 하다. 자신이 지금까지 습득한 지식과 기술을 후배에게 전수한다. [아래] 공격형 원잠의 부사관실. 부사관의 최고 계급은 최선임 주임원사로 미 잠수함에서는 COB(Chief of the Boat)로 부르며 부사관과 병을 통솔한다. 그 권한은 절대적이다.

06 장교와 병사를 대우하는 차이

잠수함에서도 다른 장교와 부사관 및 사병의 대우

군대는 계급이 높을수록 특권이 많아진다. 이 점은 잠수함도 같으며 계급에 따라 대우의 차이가 있다.

일반적으로 잠수함은 전투정보실에 인접한 구역에는 음탐실 등 전투에 필요한 설비가 배치되어 있으며 승조원 거주구역은 그 이외의 곳에 배치된다(예를 들어 어뢰발사관실이나 기관실에 가깝다. 오하이오급 등의 대형함은 미사일발사관 옆에 있음). 기본적으로 장교와 부사관 · 사병의 거주구역은 분리되어 있으며 식사 장소도 다르다.

잠수함 내에서도 계급에 따른 대우의 차이가 가장 큰 것은 함내 개인공간이라 할 수 있다. 미 해군조차도 함내 개인방을 가진 경우는 함장뿐이다. 장교도 장교용 침실의 3단 침대(침대는 개인용이지만 넓이는 부사관 · 병과 동일하다)를 사용하고 사적인 공간은 커튼으로 막은 침대 안 공간이 전부이다. 부사관 · 병은 2개의 침대를 3명이 번갈아 사용하며 개인물건을 두는 공간도 거의 없다. 잠수함학교에서는 '수량이 모자란 것은 동료와 공유하라'라고 반복해서 교육하고 있다.

협소한 잠수함 내에서 개인실을 가질 수 있는 것은 함장만의 특권이다.

[위] 로스엔젤레스급의 부사관 · 사병용 침대. 소수의 상급 부사관을 제외하고 대부분 3명이 2개의 침대를 공유한다. 개인물건을 두는 것도 침대 매트리스 밑의 조그만 공간뿐으로 이조차 동료들과 공유해야한다.

[위] 오하이오급의 부사관 침대. 좁은 잠수함에서는 비어 있는 침대조차 공간의 '낭비'이다. 따라서 당직근무조가 다른 승조원이 침대를 공유하는 방안이 합리적이다.

잠수함에서 동시에 식사가 가능한 인원은 부사관 · 사병의 절반(국가에 따라서는 1/3) 정도로 승조원은 교대로 식사를 한다. 장교는 별도로 전용 식당(식당겸 사관실)에서 식사를 하고 전원이 앉을 수 있다. 위의 사진은 오하이오급의 식당겸 사관실. 오른쪽은 로스엔젤레스급의 사병식당.

07 잠수함 승조원의 하루

근무 편성은 어떻게 되어 있을까?

오늘날의 잠수함은 원잠의 경우 3개월, 재래식 잠수함은 스노클 항해를 하면서 1개월 가까이 잠항한다. 이런 잠수함에서 근무하는 승조원들은 정해진 근무 편성에 따라 행동한다.

미 해군 원자력 잠수함은 승조원이 1일을 18시간주기로 행동한다. 6시간 당직(각각 담당장소에 위치)근무를 하며 남은 12시간은 식사, 수명, 자격증 학습, 취미생활, 때때로 기계 정비, 120일 동안 주방 보조 등을 한다. 즉 6시간 당직은 확실하게 정해진 임무이지만 그 외의 일은 예를 들어 장교이면 행정업무나 부대관리, 함내 편제 이외의 일을 마치는 시간이 남은 12시간이라는 것이다. 당연하겠지만 임무를 겸하고 있는 부장이나 항해장 등의 부서를 담당하는 장교는 바쁘다. 계급이 높을수록 한가롭지 못하다. 또한 계급이 낮은 병사라도 당직 이외의 시간에는 직속 부사관으로부터 무언가 임무를 받거나 진급하기 위해 공부하지 않으면 안 되기 때문에 바쁘다.

미 해군의 원잠은 승조원이 150명 이상이지만 이처럼 교대근무가 계속되기에 주방도 거의 풀가동으로 1일 4회 식사를 제공한다. 참고로 일본 해상자위대 잠수함에서도 미 해군처럼 6시간씩 18시간 주기로 행동하고 6시간 당직, 6시간 자유시간, 6시간 수면이라는 사이클이다. 국가를 막론하고 잠수함 승조원들은 바쁜 하루를 보내고 있는 것이다.

세일을 해상에 내밀고 항해할 때는 함교(세일의 견시구역)에서 항해과 간부가 견시를 보게 된다. 수상 항해 시에는 함교에서 주위를 항해하는 다른 선박에 주의해야 한다.

로스엔젤레스급 공격원잠의 어뢰발사관실로 어뢰를 정비하는 부사관. 어뢰 정비 등은 당직시간 이후의 일이 되는 경우가 많다.

[오른쪽 위] 사병식당은 병의 진급을 위한 학습실로 사용된다. [왼쪽 위] 사병식당에서 트럼프로 시간을 보내는 오하이오급 승조원. 잠수함에서 오락은 트럼프나 게임기가 일반적이다. [아래] 함장이 불시에 실시하는 소화훈련 등도 당직시간 외의 근무이다.

잠수함 병사에게 유일한 사생활 공간인 침대. 침대에서의 독서는 큰 즐거움이지만 일반적으로 다른 병사가 자고 있기 때문에 커튼을 닫는다.

08 U보트 승조원 생활(1)

열악하고 가혹한 함내생활

잠수함이 1개월 이상의 장기간 초계임무를 하게 된 것은 2차 대전부터이다. 그러나 당시의 잠수함은 승조원이 장기간 생활할 수 있도록 건조되지 않았다.

그 대표적인 예가 2차 대전 중의 U보트이다. 좁은 함내에 승조원을 집어넣은 상태였기에 함내는 언제나 찌는 듯이 더웠으며, 세탁을 할 수 없었기 때문에 언제나 기름 냄새에 찌든 옷을 입은 채였다. 또한 청수가 귀중했기 때문에 샤워도 맘대로 할 수 없었다. 여기에 더해 침대도 3명이 2개를 사용하는 등, 불결한 환경에 영양부족까지 겹쳐, 승조원들 사이에는 피부병이 만연해 있었다고 한다.

여기에 더해 U보트는 잠수함이라기보다 가잠함이었기 때문에 대부분 수상항해를 했다. 당연히 바다날씨가 거칠어지면 선체도 크게 흔들리고 악천후라도 함정이 수상에 있는 이상 4시간 교대의 함교 견시를 감내해야만 했다. 아마도 U보트는 우리가 생각할 수 있는 최악의 전투 환경을 갖춘 함정일 것이다.

◀함내 풍경

일러스트는 전방 어뢰발사관실에서 근무하는 수병(왼쪽)과 휴식시간 중 편지를 쓰는 수병. 그들 뒤에는 빵을 적재한 해먹이 걸려 있고 천정에는 소시지가 걸려 있다. 캔 통조림이나 치즈, 빵, 살라미 소시지, 레몬 등 식료품은 사병 침실 등의 장소에 두었으며 승조원은 언제라도 원할 때 먹을 수 있었다.

◀발사관실

그림은 어뢰발사관실 모습. 승조원용 휴게시설은 좌우 양현측에 설치된 접이식 침대와 조립형 테이블이지만 그림처럼 예비 어뢰를 둘 때에는 하단의 침대를 꺼낼 수 없어서 어뢰 위에서 자야하는 수병도 있었다.

정신건강과 식사▶

잠수함 승조원들은 지극히 열악한 환경에서 받는 스트레스로 우울증이나 신경증 등의 정신질환에 노출되기 쉬웠다. 때문에 해군 당국에서는 이를 조금이라도 방지하기 위해 가능한 한 양질이면서 영양가 있는 식사를 승조원들에게 제공하고자 했다. 참고로 U보트에 군의관은 배속되지 않았다.

◀계급의 구별이 없는 평등한 식사 메뉴

수상함과 비교하여 잠수함은 계급에 따른 대우의 차이가 작다고 하지만 그 가운데 식사는 장교, 부사관 · 병이 모두 같은 요리를 먹었다. 다만, 요리 자체는 같지만 장교는 사관실에서 전용의 식기를 사용했고 당번병이 식사를 준비했다.

09 U보트 승조원 생활(2)

U보트 식사는 '잠수함의 맛'

힘든 임무를 하는 병사에게 최대 기쁨은 식사이다. 열악한 생활의 잠수함 승조원에게 있어 식사의 중요성은 두말할 나위 없으며 식사의 질은 사기와 직결된다. 잠수함에는 다양한 식재료가 적재되었으며 칼로리가 높고 맛있는 식사를 제공하는데 많은 노력이 이루어졌다. 이것은 U보트도 마찬가지이며 물자가 부족했던 2차 대전 말기에도 U보

▼U보트 식재료 적재작업

▼U보트에 적재된 식재료

트 승조원들에게는 우선적으로 식재료가 배급되었다.

일반적으로 U보트의 1회 작전기간은 50~60일에 이르렀다. 때문에 어뢰나 함재포의 각종 포탄과 연료 외에 대량의 식재료와 음료수가 적재되며 적재작업은 항해장인 선임 부사관이 검수했다. 이 때 경험이 부족한 항해장이 검수하면 나중에 큰 곤란을 겪곤 했다. 식재료는 저장고 이외에도 함내 곳곳에 보관하는데, 적재방법이 미숙하면 매일 캔 통조림인 콩 요리나 염장 고기 요리만 계속 나오는 비참한 일이 발생할 수도 있었다.

▼U보트의 주방

출항하는 항구의 장소에 따라 다르긴 하지만 일반적으로 아래 그림과 같은 식재로가 적재된다. 채소나 과일 등의 신선식품도 적재되지만 부패하기 쉽기 때문에 출항후 1~2주내로 처분된다. 그 후는 보존성이 좋은 캔 통조림이나 건조된 채소가 주요 식재가 된다. 그러나 긴 항해기간 동안 함 내의 기름 냄새나 곰팡내 등 생활 악취 때문에 무엇을 먹어도 '잠수함의 맛'이 될 수밖에 없었다고 한다.

오른쪽 일러스트는 U보트의 주방 모습. 함 내에서 불을 사용할 수 없기 때문에 조리기기는 전기나 증기를 사용했는데, 주방의 설비는 무척 빈약했다. 장기간의 항해로 신선식품을 소모한 뒤에는 통조림 등의 제한된 식자재로 어떻게 맛있는 요리를 만들어 내는가 하는 것이 조리원의 능력이었다. 때문에 실력이 우수한 조리원은 인기가 많았다.

▼식사 메뉴의 일례

커피

돼지고기와 감자, 채소류 반찬

고기와 채소, 콩을 끓인 수프
(출항 직후, 신선 식품이 풍부한 때 한정)

10 U보트 승조원의 생활(3)

U보트에 적재된 화물은?

U보트의 주력이었던 Type-Ⅶ C형의 작전해역은 북해에서 미국 연안까지로 광범위하여 1회 작전기간은 2개월 정도였다. 때문에 전투항해에 필요한 어뢰나 함포에서 소형화기에 이르기까지 각종 포탄, 연료, 승조원의 식재료, 음료수 등의 물자는 함내 곳곳에 적재되어 U보트 함내는 '물자를 쌓아두고 남은 빈 곳에 승조원이 구겨져 들어간다'라는 말이 나올 정도였다.

항해 중에 물자가 조금씩 소비되면 함 전

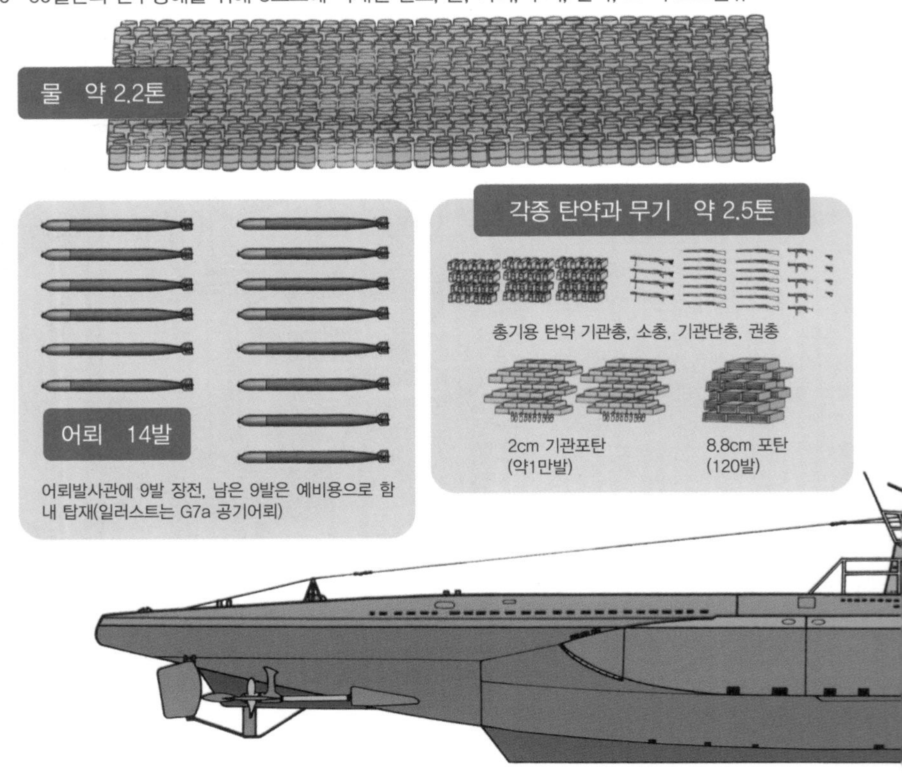

*밀히크(Milchkuh)=보급전용 U보트이기 때문에 어뢰발사관을 설치하지 않았다.

체 중량이 가벼워졌는데, 이렇게 되면 잠항 시나 부상 시에 함체의 요동이 심해지는 등 조함에도 영향을 주었다. 때문에 줄어든 만큼 해수를 부력 탱크로 주수하여 함의 중량이 크게 변화하지 않도록 할 필요가 있었다(단, 해수의 중량도 작전해역의 수온이나 염분 농도에 따라 변화하기 때문에 항상 일정량을 주수한다고 해서 되는 것만은 아니었다)

U보트의 항속거리를 늘려 넓은 해역에서도 장기간 작전을 전개할 수 있도록 보급전용 U보트 Type-XⅣ급도 개발되었다. '*밀히크(젖소)'라는 별칭으로 불린 이 잠수함은 바다에서 디젤기관용 중유 423톤, 어뢰 4발, 식료품 등의 보급을 할 수 있었다. 이 보급 작업은 미리 정해진 접선 지점에서 실시하였으며 잠수함간 무선통신은 제한되었다.

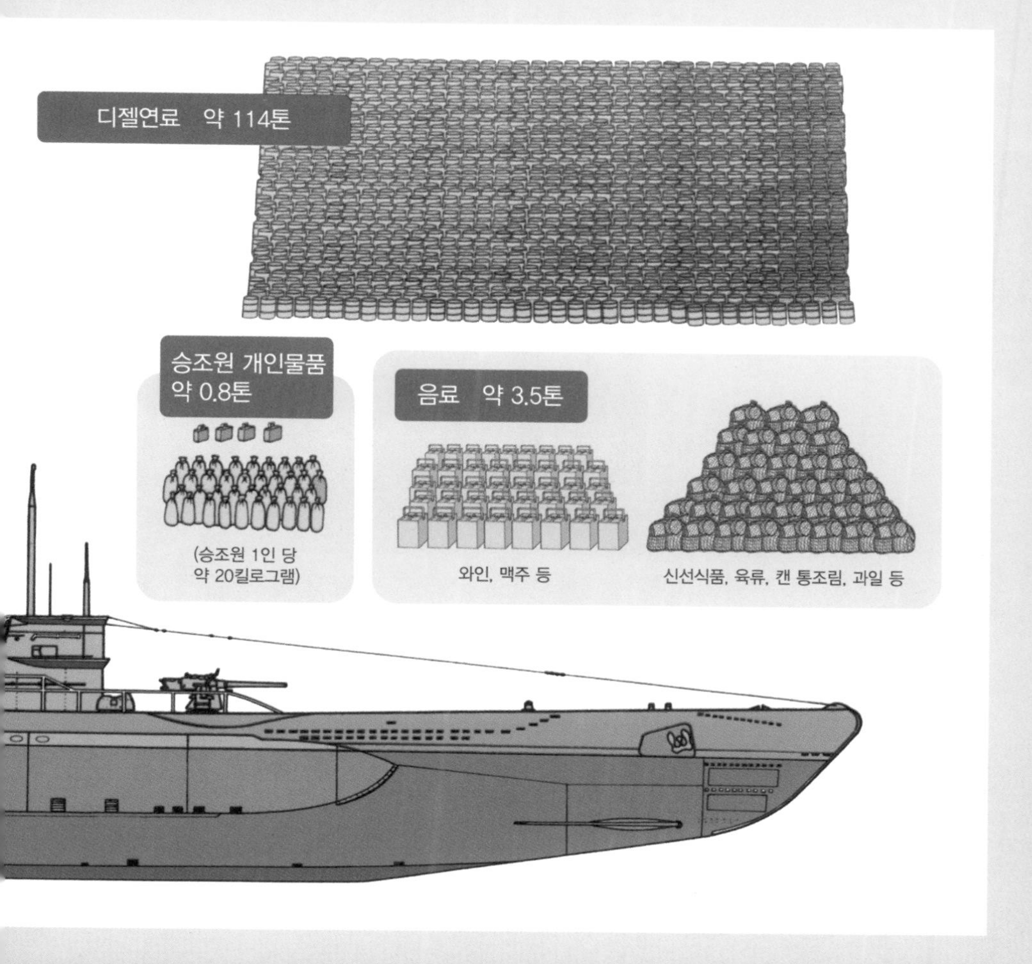

11 잠수함의 거주성

쾌적해진 오늘날의 잠수함 라이프

오늘날의 잠수함은 자동화 기술의 발전으로 승조원수가 줄어들었고 그만큼 1인당 공간도 증가했다. 하지만 승조원은 여전히 사생활도 없이 많은 불편 속에 생활한다. 이점은 거대한 원잠도 마찬가지이다.

때문에 거주구역 그 자체도 각종 기계가 설치되어 있고, 배치나 크기, 형태, 색깔, 기능성 등을 치밀하게 고려한다. 장기간 잠항하는 오늘날의 잠수함은 승조원의 스트레스를 조금씩이나마 줄일 수 있도록 예전 잠수함과 비교했을 때 비약적으로 거주성이 향상되었다.

오늘날의 잠수함은 자동화 기술의 발전으로 승조원수가 줄어들었고 그만큼 1인당 공간도 증가했다. 하지만 승조원은 여전히 사생활도 없이 많은 불편 속에 생활한다. 이 점은 거대한 원잠도 마찬가지이다. 때문에 거주구역 그 자체도 각종 기계가

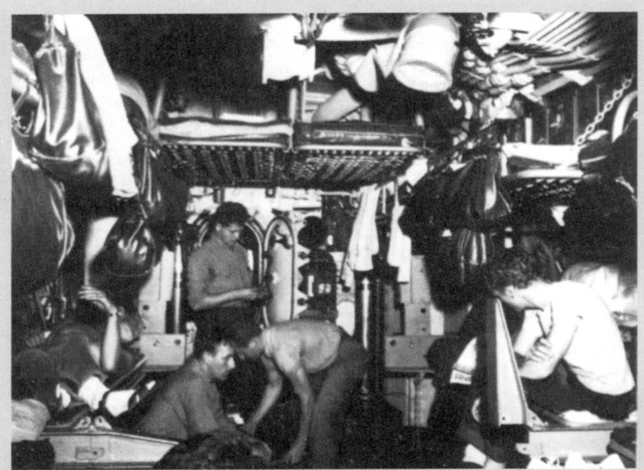

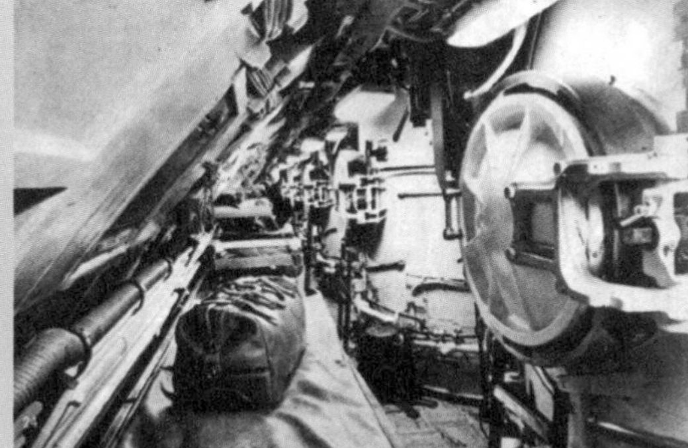

2010년에 1번함이 취역한 영국 해군 아스튜트급 원잠의 사병 식당. 안쪽에 주방이 보인다. 밝고 차분한 실내색으로 여유 있게 만들어져 좁은 함내이면서도 공간이 넓게 보이도록 고안되었다.

[아래] 같은 아스튜트급으로 최신함정이지만 3단 침대라는 것이 잠수함답다. 각각 침대의 간격은 60센티 정도로 몸이 큰 사람에게는 조금 버거울 수도 있다.

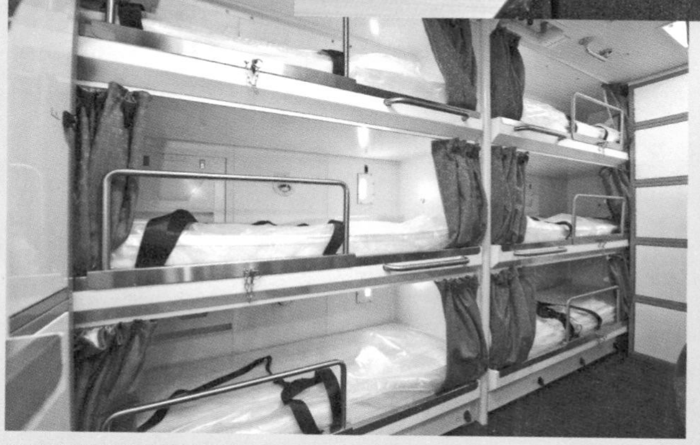

[위] 로스엔젤레스급 원잠의 세탁기. 원자로가 만들어낸 풍부한 전력으로 해수에서 청수를 만들어 내기 때문에 원잠에서는 세탁이나 샤워 등에도 충분하게 물을 사용할 수 있다.

이것도 아스튜트급의 주방. 좁지만 기능적으로 건조되었으며 냉장고, 오븐, 그릴, 설거지 구역 등이 컴팩트하게 만들어져 다양한 종류의 요리를 제공할 수 있다.

12 현대 잠수함의 식사 수준

잠수함의 식사는 해군에서도 최고

가혹한 근무조건으로 힘든 잠수함이지만 다른 함정이나 부대와 비교할 때 무엇보다도 혜택 받은 것은 식사이며 그것은 예나 지금이나 마찬가지이다. 맛있는 식사는 승조원의 사기를 올리고 충분한 영양을 공급해 주어 집중력의 저하를 예방할 수 있다. 잠수함은 사소한 실수 하나가 승조원 전원의 목숨을 앗아갈 수 있는 위험이 도사리고 있기 때문이다.

현재의 미 원잠처럼 시설이 잘 되어있는 잠수함은 해군에서도 최고라 할 정도로 호사스런 식사를 제공한다. 하지만 원잠은 1회 항해가 3개월이나 되고 그 기간 동안에는 보급을 받지 않기 때문에 신선한 식재료는 출항하여 2주간 지나면 귀한 신세가 된다(함내에서 채소를 재배한다거나 가축을 기를 수는 없다). 잠수함의 조리원은 냉동식품이나 캔 통조림을 이용하여 조금이라도 메뉴에 변화를 주는 연구를 거듭한다. 이러한 부분은 예나 지금이나 잠수함의 고민거리다.

로스엔젤레스급 원잠의 식사 풍경. 시찰하러 온 장성이 함께 식사하고 있기 때문에 승조원에게 조금의 긴장감이 보인다. 테이블 위에 둔 콜라는 역시 미국이라는 느낌이다.

고기요리는 일상적으로 제공된다. 특히 항해의 중간쯤에 나오는 '서프 앤드 터프(surf and turf, 스테이크와 게 요리)'는 미 해군 잠수함의 전통적 요리로 알려져 있다. 또한 크리스마스 등의 이벤트에는 고급 요리가 제공된다.

미 해군 잠수함의 필수인 아이스크림과 탄산수 제조기. 이것이 없다는 것은 상상할 수 없을 정도라고 한다.

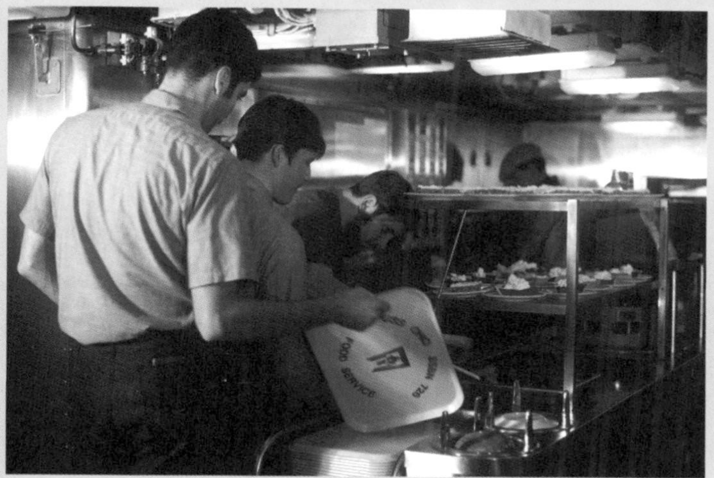

[위] 오하이오급 원잠의 식사 풍경. 승조원이 먹고 있는 것은 파스타 요리로 인기 메뉴 중 하나. 잠수함에서는 1일 4회 식사를 제공하지만 승조원은 서로 다른 당직조로 근무하기 때문에 메뉴는 조식, 중식, 석식 등의 구별 없이 메인요리와 샐러드바 등으로 각자 양을 조절하며 먹는다. [왼쪽] 오하이오급의 식사 배식모습. 배식되는 것은 디저트인 케이크. 케이크 또한 미국인들이 좋아하는 것 중 하나이다.

13 승조원의 사기

승조원의 사기를 어떻게 유지할까?

잠수함 승조원의 사기를 어떻게 유지할 것인가는 예나 지금이나 변함없는 중요한 문제이다. 폐쇄된 공간에 거주하여 임무를 다하는 승조원은 사생활도 없이 자유롭지 못한 단조로운 생활을 반복한다. 2차 대전 당시에도 모든 승조원이 긴장하며 흥분을 감추지 못한 전투는 손에 꼽을 정도로 행해중의 대부분은 지루함과의 싸움이었다고 한다.

하지만 긴장이 느슨해지거나 방심을 하면서 발생하는 실수는 잠수함에서 전원의 목숨과 관련되는 위험한 일이다.

이처럼 긴장이 느슨해지거나 사기가 저하

되는 일을 막고 어떠한 상황에서도 각 승조원이 임무를 확실하게 다할 수 있도록 만드는 것이 함장의 능력이다.

현대 미 해군 원잠에서는 항해 중에 힘든 훈련을 실시하여 사기의 저하를 방지하고 있다. 교전만이 아니라 함내에서 화재가 발생하거나 원자로가 정지된 상황 등 다양한 경우를 상정하여 함장은 승조원을 단련시킨다.

이렇게 하여 승조원의 긴장감이 유지되고 함 전투력 유지에도 이어진다.

신체를 움직이는 것은 운동부족뿐만 아니라 스트레스 해소에도 큰 효과가 있다. 함내 빈 공간에는 사진처럼 트레이닝 머신이 설치되고 오하이오급 같은 대형함에서는 운동장의 역할을 하는 미사일 발사관실 내부에서 런닝을 하는 승조원도 있다.

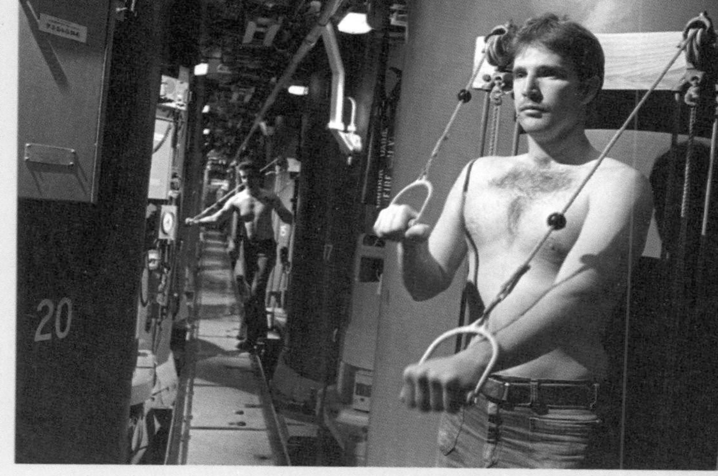

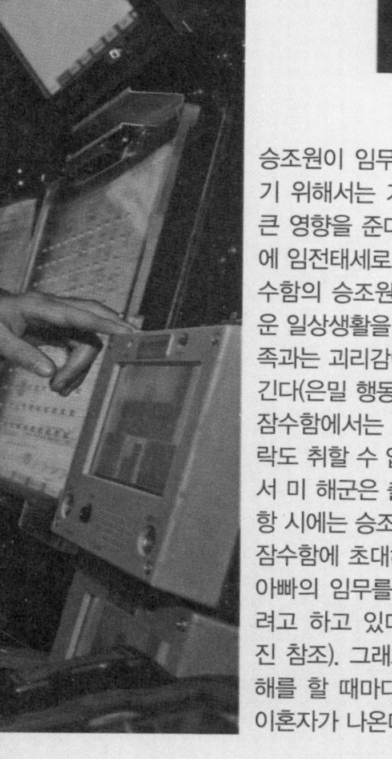

승조원이 임무에 집중하기 위해서는 가정문제도 큰 영향을 준다. 근무 중에 임전태세로 지내는 잠수함의 승조원과 평화로운 일상생활을 보내는 가족과는 괴리감이 많이 생긴다(은밀 행동이 원칙인 잠수함에서는 가족과 연락도 취할 수 없다). 그래서 미 해군은 출동 후 귀항 시에는 승조원 가족을 잠수함에 초대하고 남편, 아빠의 임무를 이해시키려고 하고 있다(왼쪽 사진 참조). 그래도 1회 항해를 할 때마다 1쌍씩은 이혼자가 나온다고 한다.

잠수함 승조원의 연인이나 와이프는 파트너가 그녀들을 잊지 않고 안심시켜 임무를 다할 수 있도록 출항 시에 자신의 내의를 몰래 챙겨주는 사람도 있다고 한다.

14 여성 잠수함 승조원

잠수함은 남자만의 세계인가?

'여성은 협조성이 좋고 매사에 진지하기 때문에 군 업무에 잘 맞는다'라는 평가가 있어 미 해군은 1973년부터 비전투함정에 여성장병의 근무를 인정했다. 1993년부터는 항모나 구축함 등 전투함정에 전투요원으로서 배치한 여성의 수도 증가하였고 함의 중요한 임무를 맡은 이들도 많다.

그런 자유스러운 미 해군조차도 여성이 진출한 것은 수상함정뿐으로 잠수함만큼은 여전히 '남자들의 세계'였다. 그 이유는 원자력 잠수함과 같은 큰 함정조차도 생활거주 공간이 좁고 승조원의 사생활이 없었기 때문이다(3인이 2개의 침대를 공유하는 것이 그 대표적 사례). 그런 폐쇄적인 공간에 3개월이나 남녀가 공동생활을 하면서 임무를 한다면 많은 문제들이 생긴다. 사기를 유지하는 것만으로도 어려운 상황이 예상된다.

하지만 우수한 여군 장병을 획득하려는 목적에서 2009년부터 레이 메이버스 해군장관의 주도 아래 미 해군은 여성의 잠수함 승조를 허가했으며, 승조원 후보자를 선별하여 훈련을 시작했다. 2011년 12월에는 탄도미사일 잠수함 SSBN-742 '와이오밍', SSBN-741 '메인' 등 4척에 여성 장교가 배치되었다.

미 해군은 여성 잠수함승조원 모집을 위해 해군사관학교나 일반대학의 ROTC를 졸업하여 임관한(혹은 예정인) 여성을 원잠에 초대하여 체험탑승을 실시하고 있다.

여성 잠수함 승조원으로 24명의 후보자를 선발(모두 여성 장교 임관자). NSP(원자력학교)와 원자로 프로토타입 학교, SBOC(잠수함 장교 기본 코스)에서 원자력잠수함 장교로 훈련을 1년 이상 시켜서 최종적으로 12명을 정식 배치한다.

여성승조원이 배치된 것은 모두 대형 오하이오급 잠수함. 배치된 여성은 장교이기 때문에 3명당 1실의 사관침실이 배정된다. 남성 장교의 침실 넓이와 배치도 동일하다.

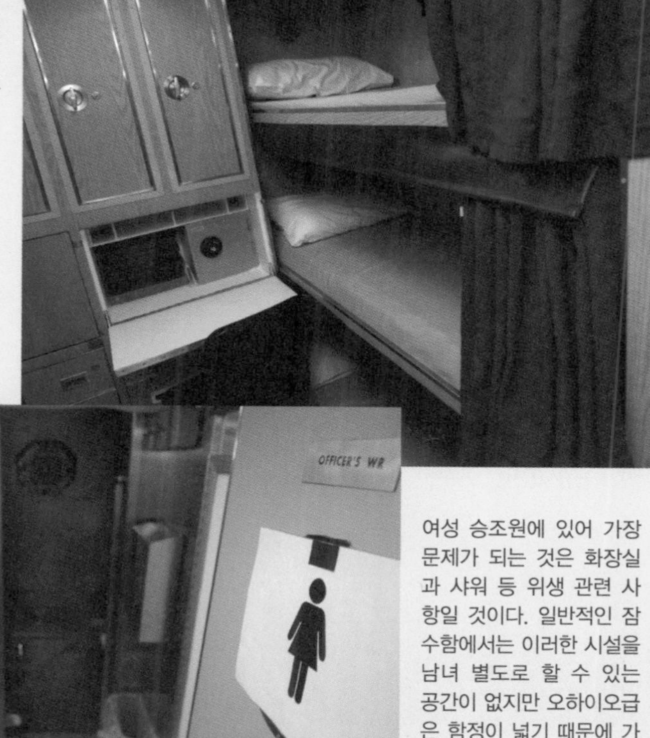

여성 승조원에 있어 가장 문제가 되는 것은 화장실과 샤워 등 위생 관련 사항일 것이다. 일반적인 잠수함에서는 이러한 시설을 남녀 별도로 할 수 있는 공간이 없지만 오하이오급은 함정이 넓기 때문에 가능하게 되었다. 사진은 여성 장교 승조원을 위해 개조된 화장실

15 잠수함 탈출 훈련

모든 잠수함 승조원의 필수 훈련

잠수함이 수중에서 좌초하여 움직일 수 없을 때 승조원을 어떻게 탈출시킬까 하는 것은 전 세계 모든 해군이 높은 관심을 가진 문제이다. 불의의 사고가 발생하더라도 구명법이 확립되어 있다면 승조원도 안심하고 임무에 집중할 수 있기 때문이다.

그래서 각국 잠수함학교에서는 탈출훈련을 필수훈련으로 실시하고 있다. 현대 잠수함학교에서 주로 실시하고 있는 것은 잠수함의 함내와 탈출관의 모의시설에서 잠수탈출 훈련복을 착용하여 실시하는 훈련이다.

그러나 탈출복을 입고 승조원 스스로 잠수함 밖으로 나와 해면으로 올라가는 개인 탈출법은 실제 긴급 상황만의 최후 수단이다.

실제로 침몰한 잠수함에서의 탈출은 레스큐 챔버(Rescue Chamber)나 DSRV(심해 잠수 구조정) 등의 구난시스템을 활용하여 더욱 안전한 방법을 선택하는 것이 일반적이다.

잠수함 탈출복은 착용자의 산소 공급과 저온으로부터의 보호 기능을 지니고 있으며, 심도 150m에서의 부상이 가능하도록 만들어졌다고 한다. 하지만 수압에 대해서는 대처할 수 없다. 기압이 높은 장소에서 단시간에 부상할 경우 급격한 기압 변화로 *잠수병에 걸리기 때문이다.

[위] 미 해군에서 사용되고 있는 잠수함 탈출복 SEIS Mk10. 해면에 부상하여 슈트의 부력으로 떠있다. 이것은 잠수병으로 기절한 경우를 상정한 것이다.

2차 대전 당시, 호흡장치만을 착용하고 실시했던 잠수함 탈출 훈련. 당연히 많은 위험이 따랐다.

*잠수병 = 감압증. 신체의 조직이나 액체 녹아있던 질소가 기압의 저하로 기포가 되어 혈관을 막히게 하는 장해.

[위] 잠수함 탈출복은 해면에 부상하기까지 착용자에게 산소를 공급하고 차가운 바닷물로부터 신체를 보호한다. 부상 이후에는 부레와 같은 기능을 하고 서바이벌 도구도 세트로 되어 있다.
[오른쪽] 탈출훈련시설에서 탈출복을 착용한 훈련생에게 교관이 탈출방법을 설명하고 모의탈출을 체험시킨다.

[왼쪽] 미 해군 잠수함학교의 탈출훈련용 풀. 수심이 30미터 이상이며 다양한 훈련을 할 수 있다.
[아래] 여기는 물을 뺀 풀의 바닥

16 잠수함 승조원의 양성(1)

2차 대전기의 서브마리너 양성

어느 시대에도 잠수함은 그 시대 최첨단 과학을 결집한 무기로 잠수함을 운용하기 위해서는 폭넓은 지식과 경험이 필요하며 무엇보다도 우선적으로 승조원에게 필요한 자격과 자질이 요구된다. 서브마리너(잠수함 승조원)는 세계 모든 국가가 공통적으로 장교, 부사관, 병을 불문하고 지원제를 택하고 있다.

2차 대전 당시 잠수함 승조원이 되기 위해서는 우선 열악한 환경에서 임무를 수행할 수 있는 지 알기 위해 신체 및 정신 테스트를 실시했다. 테스트에 합격하면 잠수함학교에서 기본적인 훈련을 받았는데, 훈련 중에는 잠수함의 부상 원리에 관한 기본적 지식을 학습하고 그 후에 지정된 함정에 승조, 실제 체험을 통해 잠수함 실무를 배웠다.

잠수함 승조원을 지원하는 자는 전단계로서 신병 훈련을 끝낸 후 기관, 전기, 무장 등의 기술학교로 보내져 기본적 지식을 배운 뒤에 수상함에서 2년 정도를 근무하는 것이 일반적이었다. 때문에 잠수함 학교를 갓 수료한 인원이라도 일정 수준 이상 수병으로서의 지식과 경험을 지니고 있었다.

잠수함 승조원의 양성은 시간과 노력, 비용이 걸렸지만 그 가운데에서도 장교, 특히 함정을 책임지는 함장은 최대한의 시간과 공을 들여 양성했다. 이런 현실은 잠수함을 운용하는 모든 국가에 공통적인 것이다.

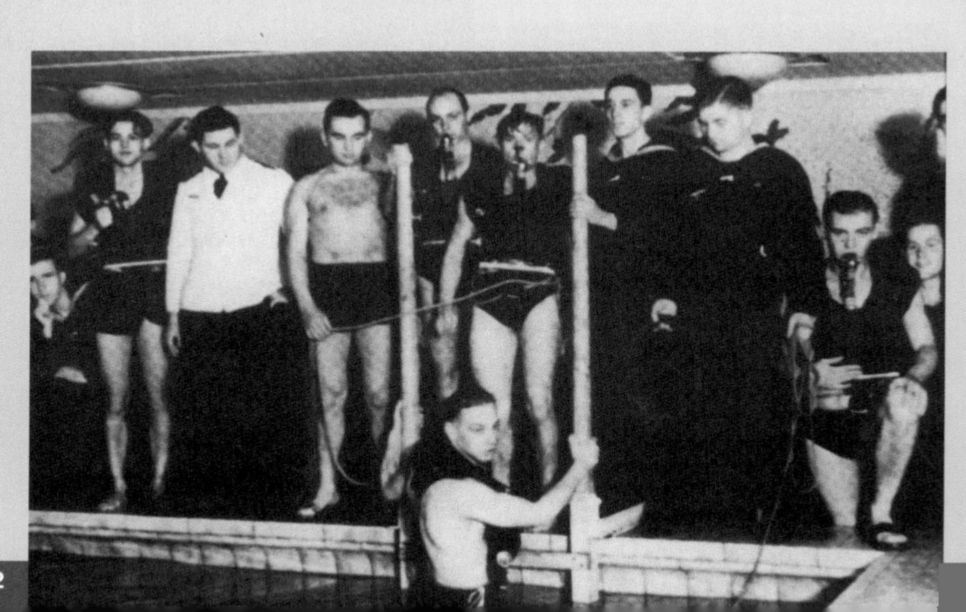

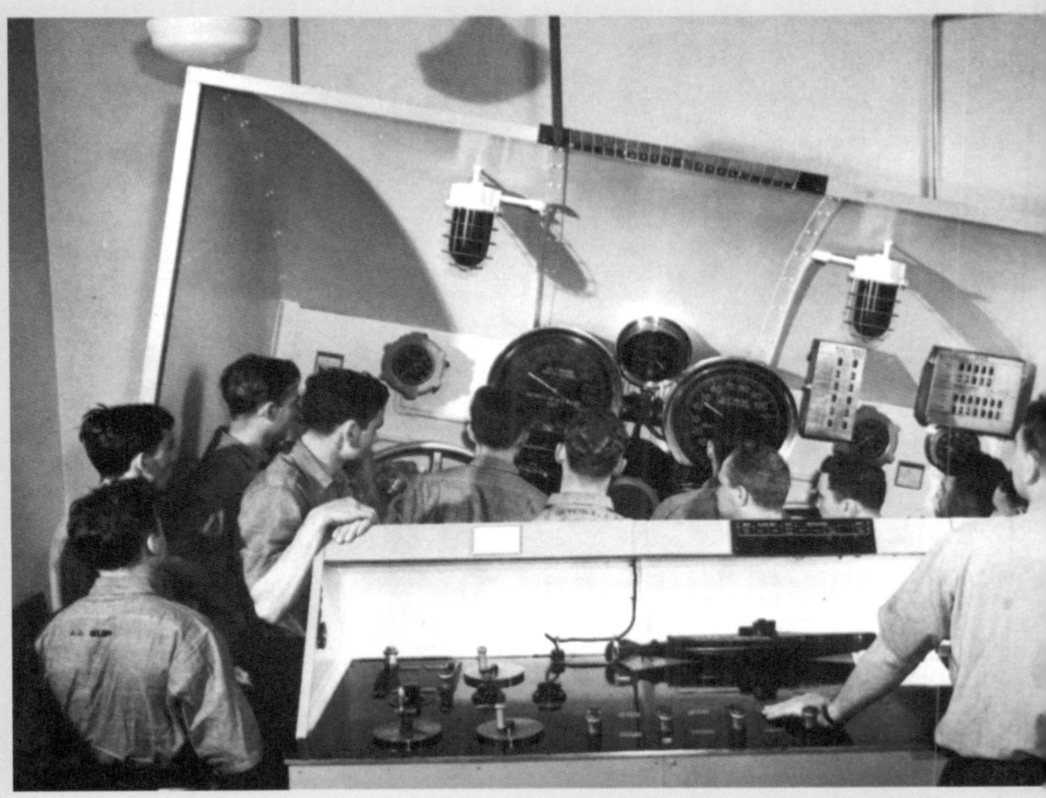

[왼쪽] 2차 대전기의 독일 해군 수상함 학교의 훈련 장면. 잠수함 탈출장치(산소공급장치)의 운용을 배우고 있다. 침몰한 잠수함으로부터의 탈출훈련은 잠수함 승조원에게 있어 필수이다.

[위] 2차 대전시 미 해군의 조종훈련장치(135p 일러스트 참조). 잠수함 학교의 훈련생이 조작하는 것이 잠타와 횡타의 타륜. 타륜의 작동에 맞추어 전 장치가 작동한다.

[오른쪽] 미 해군 기관학교 디젤기관 강의 장면. 이미 기관과원으로 잠수함에 근무하게 된 훈련생이지만 전시 상황에서는 자신의 역할만이 아니라 자신의 부서는 물론 다른 부서의 관련 지식까지 익혀야만 했다.

17 잠수함 승조원의 양성(2)

미 해군의 시뮬레이터 훈련

1940년대 말, 미국 코네티컷 주 뉴런던의 미 해군 잠수함 기지에 획기적인 승조원 훈련시설이 건설되었다.

건물은 3층 구조로 내부의 훈련시설은 컴퓨터(초기 아날로그 계산기 수준)에 의해 제어되는 최초의 훈련 장치로, 훈련생은 실제 잠수함 함교탑과 전투정보실과 똑같이 만들어진 실물 장치로 훈련을 했다.

함교탑내 잠망경을 보면 물 위로 항해하는 적함이 보이고, 훈련생은 적함에 대해 공격을 가한다. 이와 같은 목표가 되는 '적함'은 수레에 태운 소형 모형으로 아날로그 컴퓨터 제어에 따라 별실에서 오퍼레이터가 조작했다. 세로 10.5미터, 가로 17.4미터의 이동수레를 움직여서 모형으로 만든 수송선단이 무리를 지어 항해하거나 대잠수함전을 수행하는 구축함과 같이 기동하도록 했다.

훈련장치의 함교탑 내에서 훈련생이 함정의 침로나 속력을 변화시키는 조작을 하면 목표를 실은 수레의 위치를 컴퓨터가 계산하여 수레를 이동시켰는데, 이런 식으로 하여 잠망경내 현실과 같은 장면을 만들어냈다. 또한 목표의 추적에 소나와 레이더를 사용할 수 있어서 함교탑내 각각의 제어장치에 음향이나 레이더 영상이 나타날 수 있도록 했다. 이를 통해 주간은 물론 야간의 실전상황을 모사할 수 있었다.

이러한 시뮬레이터 장치를 사용하면서 실제 함정을 기동시켰을 때처럼 비용을 들이지 않고 다양한 상황을 상정하여 효율적인 훈련을 할 수 있게 되었다.

2차 대전 중의 미 해군 잠수함(가토 급)의 함교탑 내부. 공격용 잠망경(사진 중앙), SD 대공경계 레이더와 SJ 대수상 경계용 레이더의 표시장치(우측의 인물이 조작한다), Mk 4TDC(좌측 앞 인물이 조작한다)등이 설치되어 전투지휘를 했다.

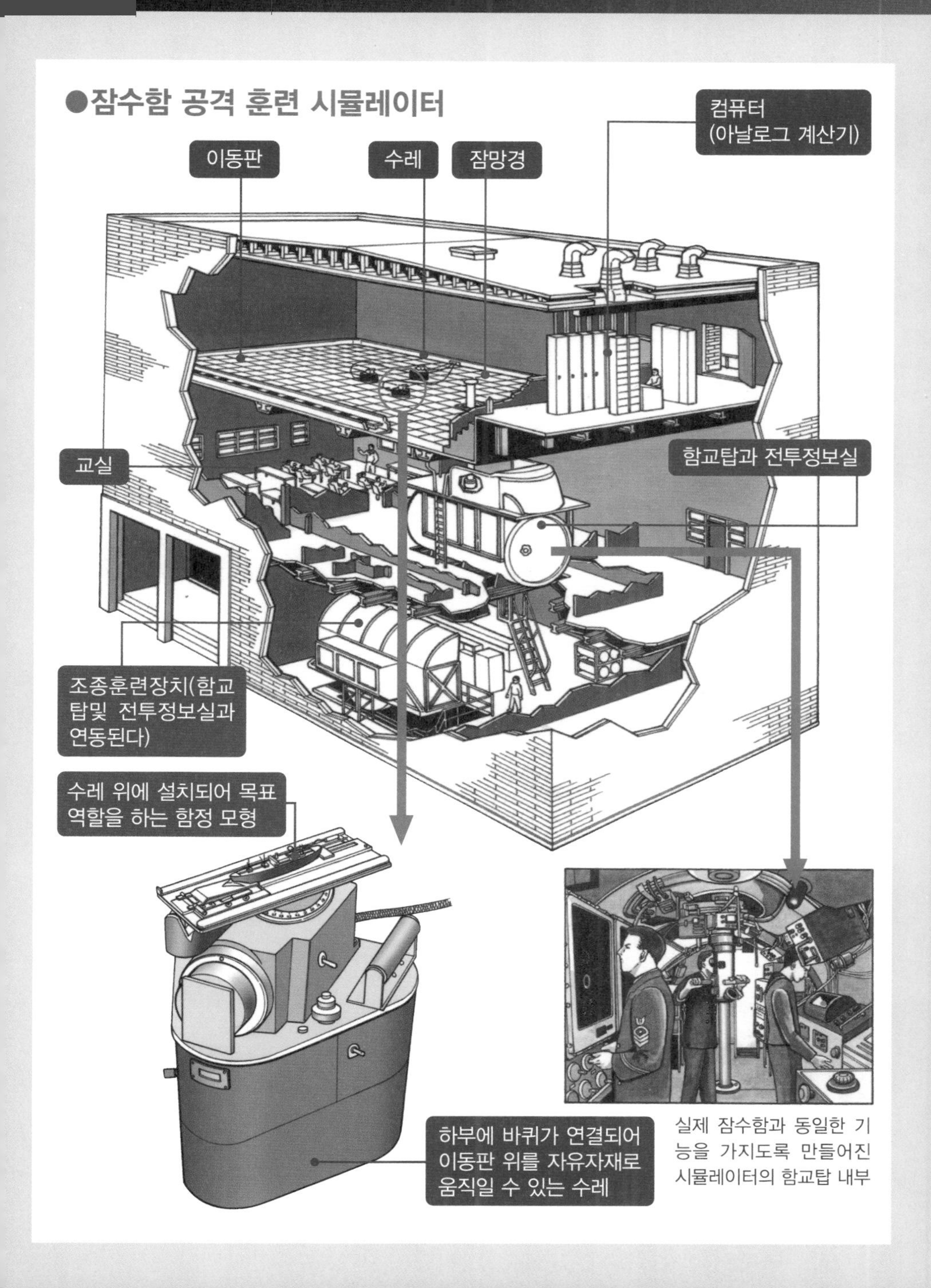

실제 잠수함과 동일한 기능을 가지도록 만들어진 시뮬레이터의 함교탑 내부

18 잠수함 승조원의 양성(3)

현대 미 해군의 서브마리너 양성

현대 잠수함 승조원은 어떻게 양성되고 있을까? 미 해군의 서브마리너(잠수함 승조원)를 예로 들어 보자.

고교를 졸업한 청년이 해군에 입대하면 우선 보충원 양성훈련소에서 기초훈련을 받게 된다. 다음에 그가 해군이라는 전문가 집단의 일원이 되기 위해서 각종 훈련학교에서 교육을 받는다. 원자로, 무장, 전자기기 등 본인이 선택한 분야의 기초를 6개월간 공부하게 된다. 이 시기에 그가 서브마리너를 지원하면 코네컷트 주 글로튼 잠수함기지에 있는 잠수함 학교에 입학하게 된다.

잠수함 학교에서 그는 잠수함승조원으로서 자격을 얻기 위해 다양한 지식을 배우고 훈련을 이수한다. 목적은 훈련생이 과혹한 환경, 임무를 극복하고 동료와 협력할 수 있는가를 확인하는 것이다(적성이 맞지 않는 자는 제외된다).

기간은 약 3개월로 훈련생은 단기간에 많은 지식을 소화해야만 하며, 하고자 하는 의지가 없는 자는 졸업할 수 없다. 잠수함 학교에서 훈련을 수료하면 실제로 잠수함에 배치되지만 이때도 그 신분은 훈련생이다. 서브마리너로서의 진짜 훈련은 이제부터가 시작인 것이다.

실제로 잠수함에서 근무하면서 훈련을 계속하고 상사로부터 능력을 인정받으면 '*잠수함 자격장'을 수여받으며, 이를 통해 비로소 진정한 서브마리너의 일원으로 인정을 받게 된다.

하지만 해군 최첨단 기술의 결정체인 원잠에서 근무하기 위해서는 다양한 자격이 필요하다. 더욱 중요한 임무를 맡기 원한다면 더 많은 경험을 쌓고 기술습득에 정진하지 않으면 안 되는 것이다.

사진은 잠수함에 침수가 일어났을 때 대처법을 배우는 훈련 장면. 침수장면을 재현시킨다. 훈련생들은 함의 기관부 모형의 거대한 침수장치 안에 들어간다. 최대 수압으로 매분 4,500리터나 되는 물이 넘쳐흐르면 장치 내부는 금새 물바다가 되고 만다. 훈련생은 흠뻑 젖어가면서도 침수 부위를 찾아내고 팀워크를 발휘하여 대처해야만 한다.

잠수함 학교에서 잠수함 조타는 필수이다. 훈련에는 실제 잠수함과 동일하게 만들어진 조타 시뮬레이터 장치가 이용된다(위). 항공기의 비행 시뮬레이터처럼 조종간 조작에 맞추어 장치 전체가 상하, 좌우로 유압작동에 의해 움직이고 계기류가 움직임에 반응한다. 왼쪽의 사진은 시뮬레이터 장치의 외관.

잠수함에 있어 화재는 작은 것이라도 치명적인 위험을 가져온다. 그래서 소화훈련은 매우 중시되고 공격형 원잠의 기관실을 모형으로 한 전용 시설이 사용된다. 훈련에서는 초기 소화의 중요성과 불씨를 한시라도 빨리 발견하여 효과적으로 불을 끄는 방법 등 훈련생에게 구체적으로 체험시켜 교육시킨다.

*잠수함 자격장=돌고래와 잠수함을 모티브로 하고 있어 일명 '돌핀장'이라고도 불린다.

19 잠수함 승조원의 양성(4)

일본 해자대의 잠수함 승조원 양성 과정

《조사급 잠수함 승조원》

이 페이지에서는 일본 해상자위대에서 잠수함 승조원이 되는 전형적 코스를 조사(曹士, 부사관 및 사병)와 간부(사관)으로 나누어 도표로 설명하고 있다. 한 사람 몫의 승조원이 되기 위해서는 상당히 긴 시간이 걸린다는 것을 알 수 있는데, 이는 일본 자위대에서도 잠수함 승조원의 양성에 막대한 돈과 시간을 투자하고 있다는 것을 의미한다.

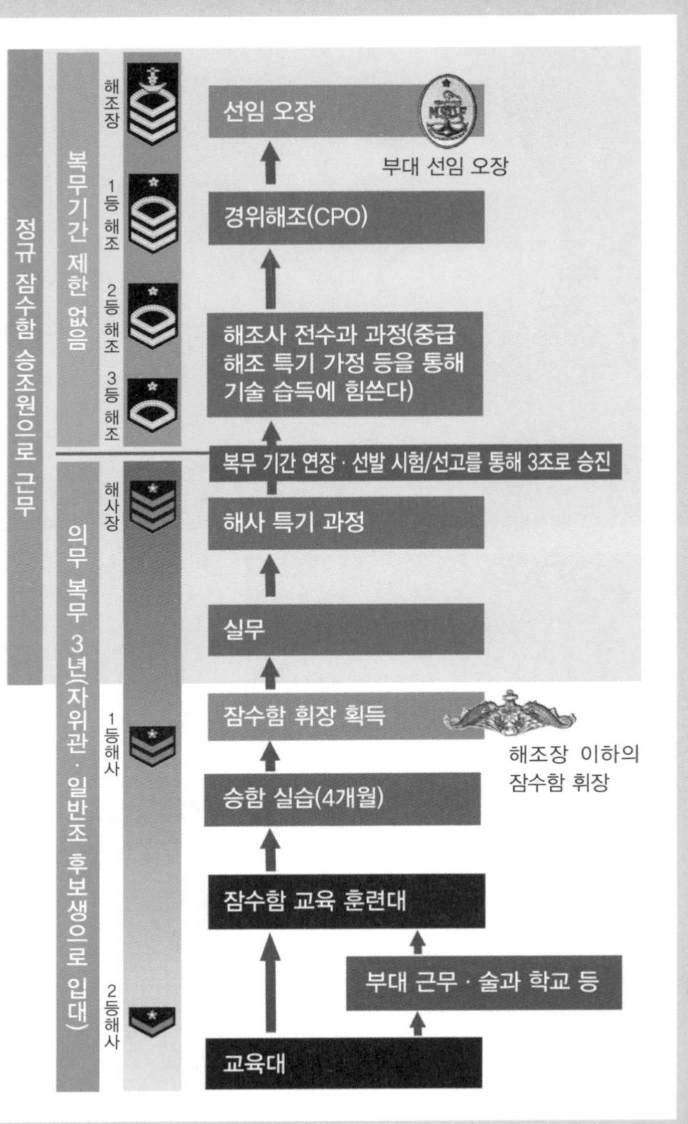

《간부급 잠수함 승조원》

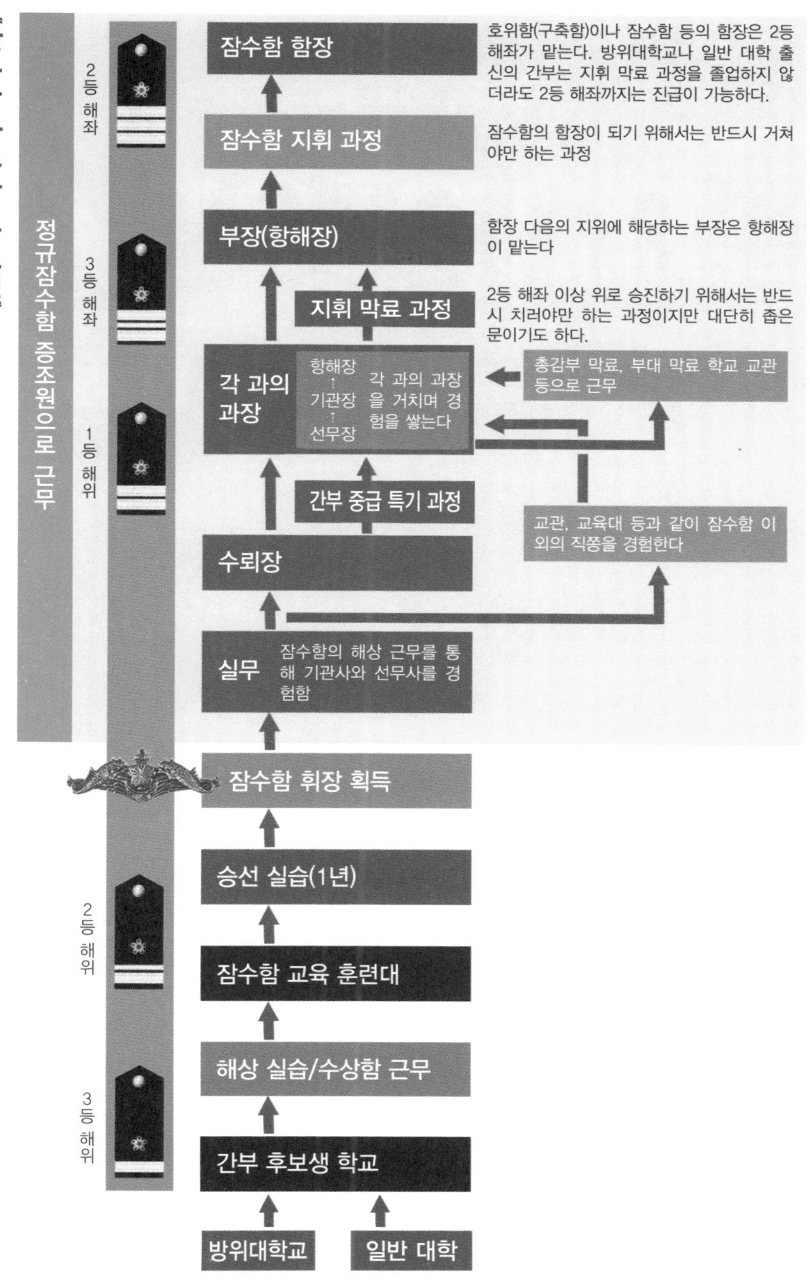

정규잠수함 승조원으로 근무
2등 해좌
3등 해좌
1등 해위
2등 해위
3등 해위
잠수함 함장
호위함(구축함)이나 잠수함 등의 함장은 2등 해좌가 맡는다. 방위대학교나 일반 대학 출신의 간부는 지휘 막료 과정을 졸업하지 않더라도 2등 해좌까지는 진급이 가능하다.
잠수함 지휘 과정
잠수함의 함장이 되기 위해서는 반드시 거쳐야만 하는 과정
부장(항해장)
함장 다음의 지위에 해당하는 부장은 항해장이 맡는다
지휘 막료 과정
2등 해좌 이상 위로 승진하기 위해서는 반드시 치러야만 하는 과정이지만 대단히 좁은 문이기도 하다.
각 과의 과장
항해장 ↑ 기관장 ↑ 선무장
각 과의 과장을 거치며 경험을 쌓는다
총감부 막료, 부대 막료 학교 교관 등으로 근무
간부 중급 특기 과정
교관, 교육대 등과 같이 잠수함 이외의 직쫑을 경험한다
수뢰장
실무
잠수함의 해상 근무를 통해 기관사와 선무사를 경험함
잠수함 휘장 획득
승선 실습(1년)
잠수함 교육 훈련대
해상 실습/수상함 근무
간부 후보생 학교
방위대학교
일반 대학

Chapter 4
Weapons & Tactics

제 4 장
잠수함의 전투

'어뢰 이외에 어떤 무기가 있을까?'

'잠수함의 적이란?'

'침몰한 잠수함에서 탈출할 수 있을까?'

이번 장에서는 비정하고도 가혹한 잠수함전의 실태를 살펴보도록 하자.

01 잠수함 무장의 진화

잠수함 무장은 어떻게 발전되어 왔는가?

무기로서 잠수함의 존재 의의는 스텔스성(수중에 숨는 것이 가능)을 활용하여 공격하는 것으로 이것은 최초부터 지금까지 변함이 없다.

초기 잠수함은 수면 아래에서 은밀하게 적함에 다가가 선저에 구멍을 뚫는다던지 폭약을 설치하는 등의 공격을 했다.

이후 1800년대 후반에 개발된 '*어뢰'와 급속하게 발달하기 시작한 잠수함이 조합되면서 잠수함에 의한 뇌격(雷擊)이라는 새로운 전술이 탄생한다. 그 선두주자가 1900년대 초 개발된 홀란드정이다. 그리고 그 후 1차 대전에서 U보트가 실시했던 통상파괴작전을 통해 잠수함의 전술이 확립되었다고 할 수 있다. 또한 잠수함을 이용하여 '*기뢰'를 부설, 일정 해역을 봉쇄하는 전술도 개발되었다.

2차 대전기까지 잠수함은 수상 항해 위주의 가잠함이었다. 이 시대에는 어뢰 이외에도 함포 사격도도 유효했으며, 비무장 상선과 무장이 빈약한 적 함정에 대해서는 급부상하여 포격하는 전술이 구사되기도 했다.

하지만 대잠 전투 기술이 크게 발전하면서 잠수함이 수중에서 부상하는 것은 더더욱 위험한 일이 되었고, 이에 따라 더욱 오래 잠항할 수 있도록 수중항해에 적합한 함형과 스노클 장치가 개발되었다.

2차 대전 이후, 원자력 잠수함(원잠)의 등장에 따라 잠수함의 잠항시간은 거의 무한이 되었다. 더욱이 '탄도미사일'을 탑재하게 되어 원잠에는 억지력이 되는 새로운 임무가 부여되었다(이것은 1950년대 말에서 1980년대 말 후반까지 냉전기에 있어 잠수함의 중요한 임무였다).

냉전 이후 세계 정세의 변화에 따라 잠수함의 임무도 다양화되었다. 예를 들어 미 해군의 로스엔젤레스급의 경우 대지공격용으로 '순항미사일'이 탑재되는 가 하면 특수부대 지원용 설비가 설치되기도 했다.

그렇다고는 해도 적함을 격침할 수 있는 것은 잠수함의 중요한 능력의 하나로 지금도 어뢰와 그 발사관이 주무기인 것은 변함이 없다.

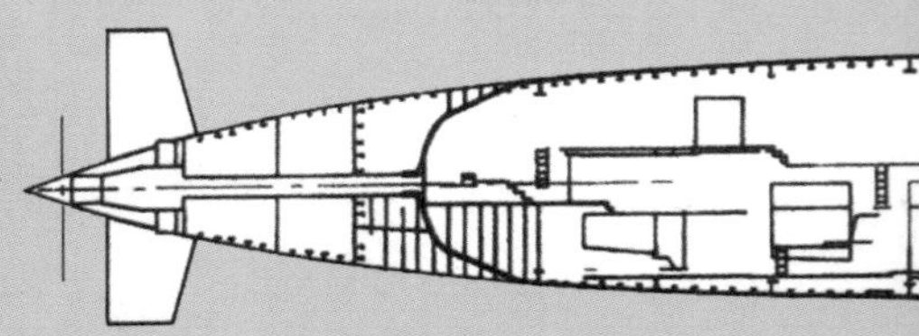

*어뢰=어(魚)형 수뢰의 약자. 수중에서 자력 추진하여 적 함선을 직격하고 폭발하는 해전무기.
*기뢰=기계수뢰의 약자. 수중에 부설하여 함선이 가까이 오면 폭발하는 해전무기

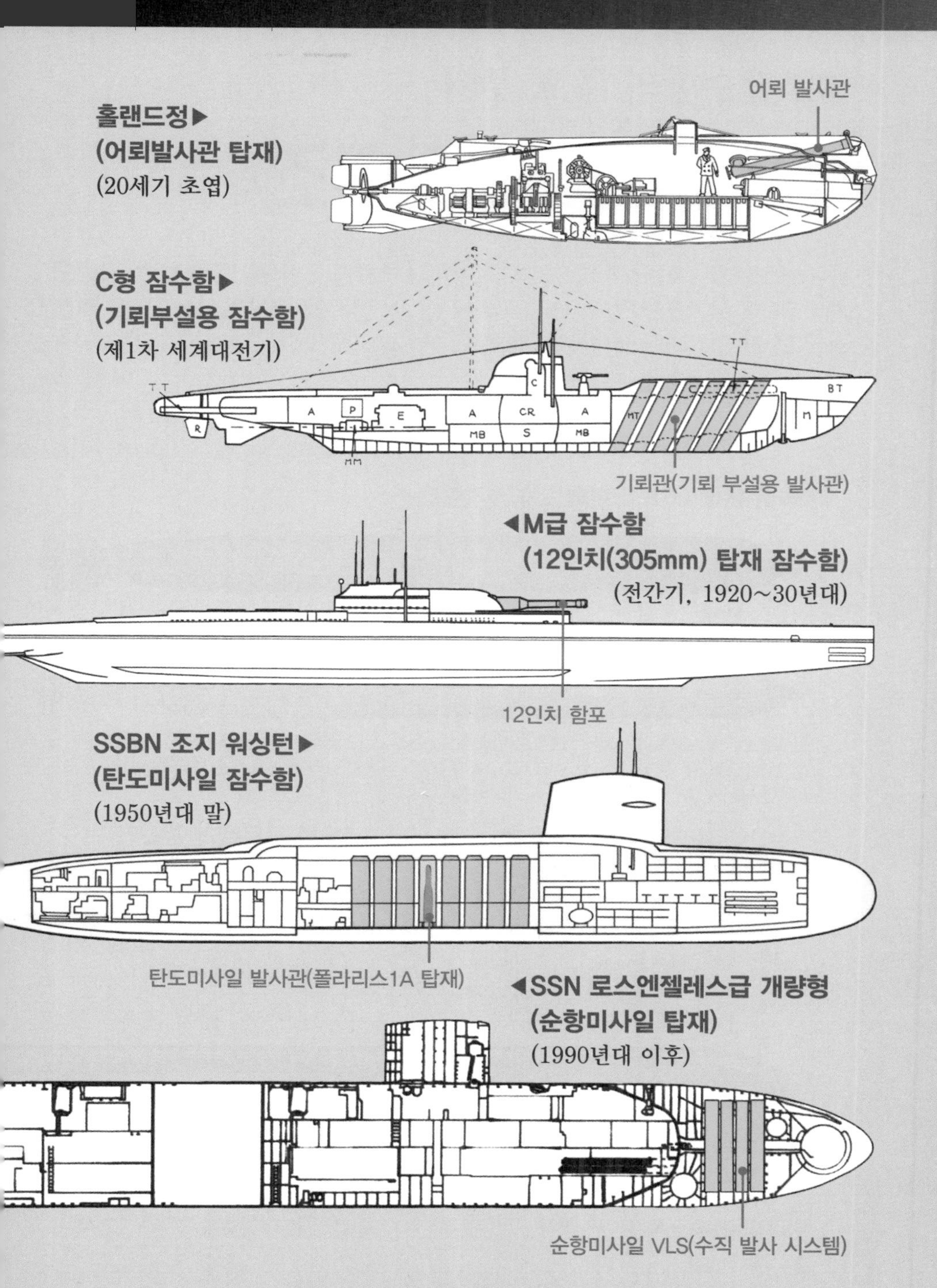
홀랜드정▶
(어뢰발사관 탑재)
(20세기 초엽)
어뢰 발사관
C형 잠수함▶
(기뢰부설용 잠수함)
(제1차 세계대전기)
기뢰관(기뢰 부설용 발사관)
◀M급 잠수함
(12인치(305mm) 탑재 잠수함)
(전간기, 1920~30년대)
12인치 함포
SSBN 조지 워싱턴▶
(탄도미사일 잠수함)
(1950년대 말)
탄도미사일 발사관(폴라리스1A 탑재)
◀SSN 로스엔젤레스급 개량형
(순항미사일 탑재)
(1990년대 이후)
순항미사일 VLS(수직 발사 시스템)

02 잠수함의 주요 무기

2차 대전기의 어뢰 구조

이번에는 2차 대전 당시에 사용되었던 어뢰에 관하여 살펴보도록 하자. 이 시대의 어뢰는 특별한 전자 부품 없이 단순한 구조였으며, 이하와 같은 부분으로 구성되어 있었다.

◆탄두부……신관과 작약(폭약)이 장전된다. 보통의 어뢰에 사용되는 신관은 명중 접촉하면 기폭되는 접촉식과 목표의 선저를 통과하는 동안 자기를 감지하여 기폭되는

▼독일 해군 G7a형 어뢰(압축공기식)

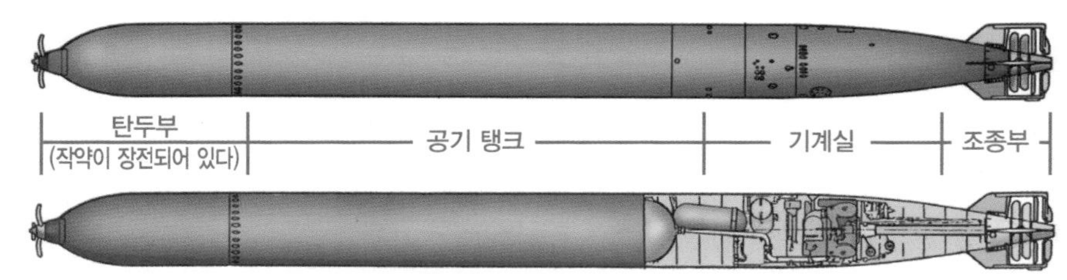

2차 대전 중에 U보트에서 사용했던 열기관 어뢰. 전장 7.12미터, 직경 53.3센티미터, 중량 1535킬로그램. 사정거리는 속력 30노트로 14000미터. 어뢰의 크기에 비해 원동기를 가동시키기 위한 공기가 충전되어 있는 공기 탱크의 비율이 높다.

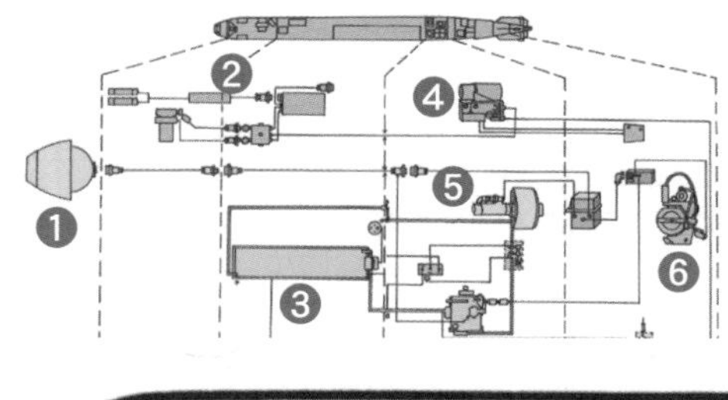

▼하이드로폰과 증폭기

자왜진동자(磁歪振動子)를 병렬 배치한 한 하이드로폰(수중마이크)을 통해 좌우의 음압차를 비교하여 음압이 큰 쪽으로 어뢰를 지향시키는 구조이다. ①하이드로폰 ②증폭기 ③배터리 ④배전기 ⑤전동모터 ⑥조타장치

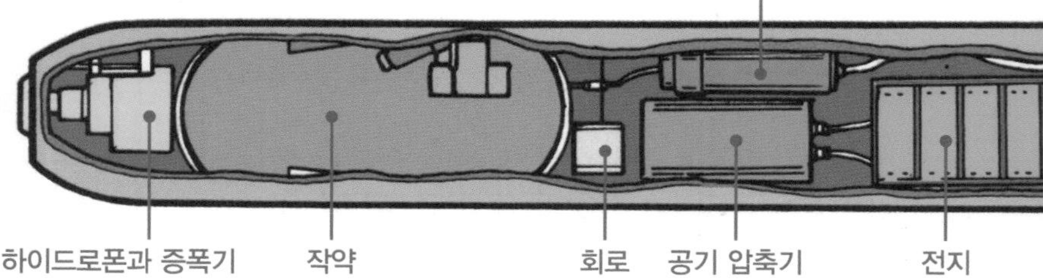

*신관=폭약을 기폭하기 위한 장치. 기계실 =왕복기관 외에 터빈을 탑재한 타입도 있다

자기식의 2가지 종류가 있다.

◆공기 탱크……엔진을 가동시키기 위한 산화제인 공기가 충전되어 있다

◆기계실……어뢰를 가동시키는 원동기(레시프로 기관), 연료탱크, 냉각제(청수) 탱크, 가열장치 등을 수납한다. 압축공기와 알콜의 연소가스에 물을 분사시켜 만들어지는 증기의 혼합물에 의해 원동기가 구동된다.

이런 방식의 어뢰를 압축공기어뢰라고 한다. 압축공기어뢰는 어뢰의 항적을 그리기 때문에 발견되기 쉬운 결점이 있어 원동기에 전동모터를 사용한 전기어뢰가 개발되었다.

◆조종부……어뢰의 심도와 항해방향을 조정하는 조타장치와 그것을 구동 조정하는 장치, 각 장치를 가동시키기 위한 압축공기 펌프 등이 수납되어 있다.

▼독일해군 G7e형 어뢰(전기추진식)

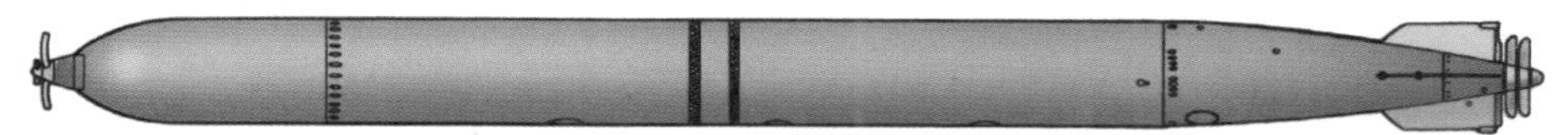

항적을 남기지 않는 이점을 가진 전기어뢰 G7e. 전원이 되는 배터리는 납축전지로 전동모터를 회전시켜 추진한다. 전장 7.21미터, 직경 53.3센티미터. 사정거리는 44노트로 약 6000미터.

오른쪽 그림은 G7e형의 기관부 ①전동모터 ②조타장치 ③자이로와 어뢰조종기구 ④추진축 ⑤압축공기펌프. 어뢰 추진에는 전동모터를 사용하고 조종기구와 조타장치는 공기압을 이용했다.

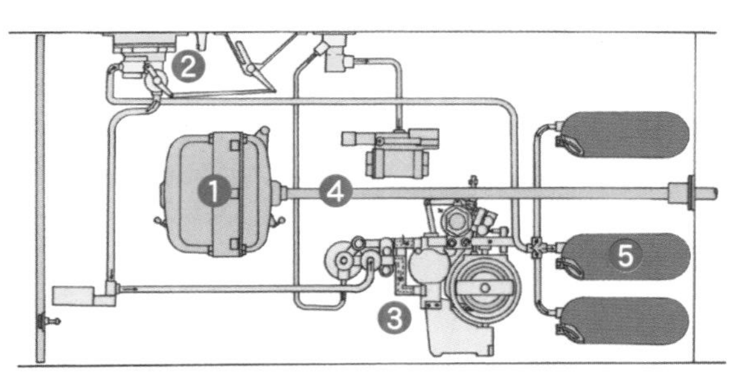

↓적함이 회피행동을 취했을 경우, 어뢰를 명중시키는 것은 어렵다. 그래서 발사된 어뢰가 목표가 내는 소리를 자동적으로 따라가는 호밍(Homing, 유도) 어뢰가 개발되었다. 자왜진동자와 지연회로에 의해 스스로 발진원(發振源)을 탐지하여 추적한다.

▼독일 해군 유도 어뢰 T-5형

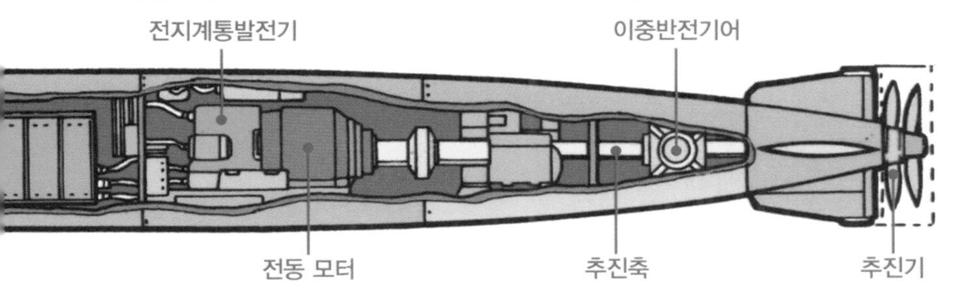

03 어뢰발사관(1)

공기압축식과 수압식

어뢰발사관은 발사관의 관체(管體)와 발사를 위한 장치로 구성된다. 관체란 어뢰를 장전하여 발사하는 튜브로 주선체가 되는 내압각을 관통하여 장치된 것이다. 장치란 관체 전방에서 전방도어폐쇄장치, 어뢰유지장치, 조타기 발동장치, 경사각 조정장치, 발사장치 등이다. 주위에는 각 장치를 연결하는 배관과 각종 밸브 등도 설치되어 어뢰발사관은 뒤죽박죽으로 얽힌 관들로 가득했다.

어뢰의 발사방식에는 압축공기로 어뢰를 발사하는 공기압식과 수압으로 발사하는 수압식이 있지만 2차 대전 당시는 공기압식이 사용되었다. 당시의 어뢰는 수상함을 공격하기 위한 무기로 깊은 곳에서 발사하더라도 라도 30미터 정도의 수심이 고작이었기 때문이다.

전후에는 잠수함의 성능이 향상되면서 잠수함 간의 수중 전투까지 상정, 높은 수압하에서도 발사 가능한 수압식 어뢰발사관이 주류가 되었다.

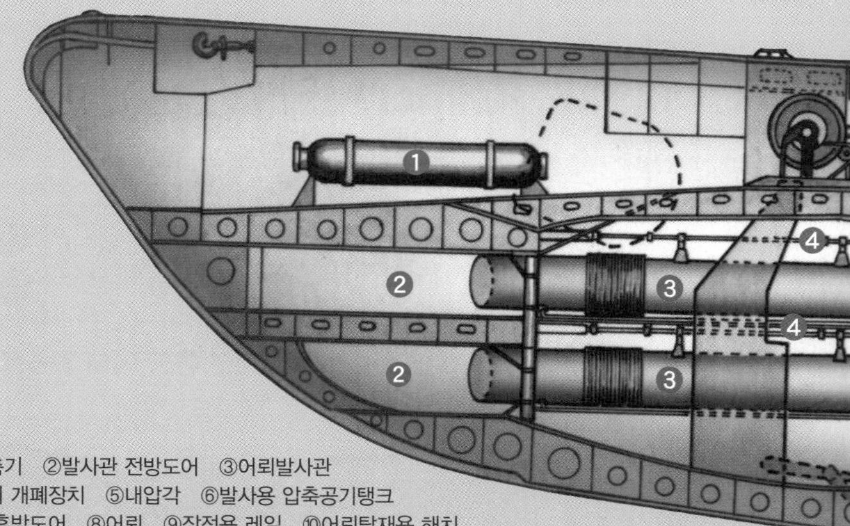

①공기압축기 ②발사관 전방도어 ③어뢰발사관
④전방도어 개폐장치 ⑤내압각 ⑥발사용 압축공기탱크
⑦발사관 후방도어 ⑧어뢰 ⑨장전용 레일 ⑩어뢰탑재용 해치
⑪예비탄약 ⑫WRT(어뢰보충수) 탱크 공기압식은 어뢰를 장전하고 어뢰발사관내를 WRT 탱크내의 해수로 채운 후에 발사관 전방 도어를 열고 압축공기를 사용하여 어뢰를 발사관에서 밀어낸다. 어뢰는 전방 도어를 개방한 시점에서 가동시킨다. 일러스트는 U보트Type-Ⅶ C형.

▲공기압식 어뢰발사관

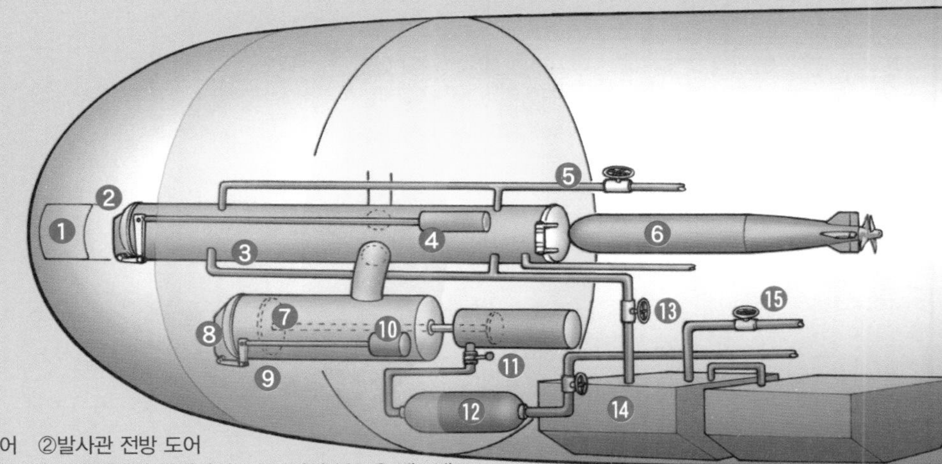

①외부도어 ②발사관 전방 도어
③어뢰발사관 ④전방도어 개폐장치 ⑤발사관 블로우 벤트밸브
⑥어뢰 ⑦수압관 ⑧수압관 전방 도어 ⑨자유 주배수 구역 ⑩수압관 전방 도어 개폐장치 ⑪발사 밸브 ⑫발사용 압축공기탱크 ⑬WRT탱크 블로우 밸브 ⑭WRT(어뢰용 보충수) 탱크 ⑮WRT탱크 블로우 밸브 이 방식의 경우, 발사관내에 어뢰를 장전시킨 후 WRT탱크의 해수로 발사관과 수압관내를 완전히 채운 후 발사용 압축공기탱크의 압축공기로 수압관내 해수를 발사관내로 한 번에 밀어내어 어뢰를 발사했다. 발사할 때에는 수압관 전방 도어를 열고 발사관 내부와 외부의 해수압력을 균일하게 해야 한다.

▲수압식 어뢰발사관(개념도)

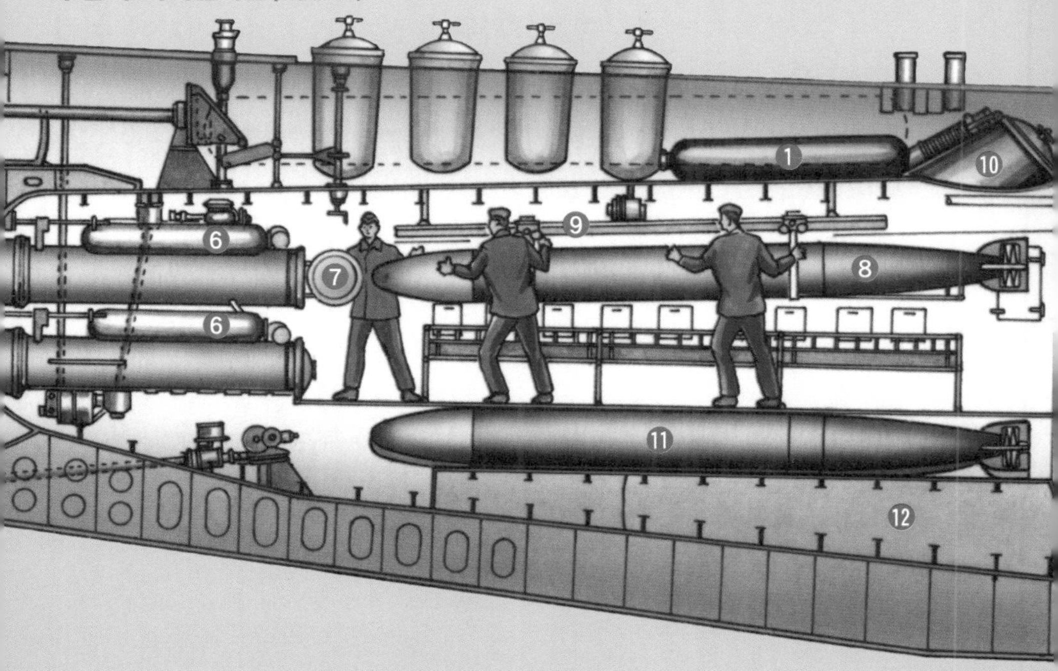

04 어뢰발사관(2)

어뢰발사관의 배치

*현대 잠수함의 어뢰발사관 방향은 2가지 패턴이다. 첫 번째 선체 앞부분에 함수미선(위에서 볼 때 함의 중심선)에 대해 평행으로 배치하는 방법(러시아나 유럽 잠수함에 많다). 두 번째는 함수부보다 약간 후방(전투정보실의 하부)에 바깥쪽으로 각도를 틀어서 경사지게 배치하는 방법(미국이나 일본 해상자위대 잠수함의 방식).

전자는 발사관을 최대 8기까지 장착 가능하지만 소나를 분할하거나 소형으로 설치할 수밖에 없기 때문에 탐지능력이 떨어지게 된다. 후자는 함수부분에 거대한 소나가 있기 때문에 어뢰발사관을 그 뒤에 배치할 수밖에 없어 발사관은 4기 정도만 장착할 수 있다.

어느 방법을 채택하는가는 운용구상의 차이에 따른다. 예를 들어 유럽 해군처럼 근접전투를 중시하면 소나의 원거리 탐지능력보다도 어뢰발사관의 수가 우선적으로 고려될 것이다.

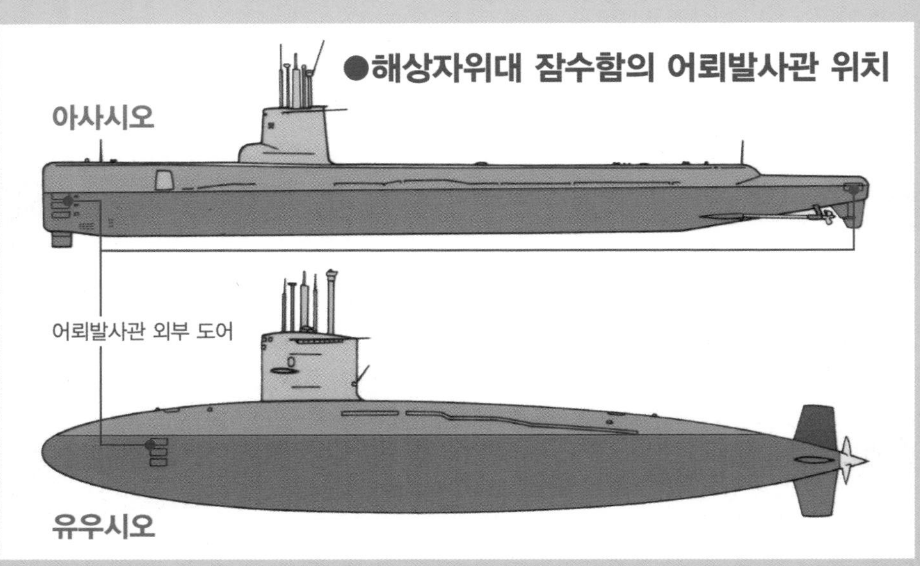

그림의 '아사시오'는 재래식 선형으로 전방에 4문, 후항에 2문의 발사관을 보유하고 있다. '유우시오'는 물방울형 선체로 함수에서 약간 뒤쪽, 전투정보실의 전방 하부에 6문의 발사관을 보유하고 있다. 어뢰를 발사하는 점에서 보면 발사관을 함수미선에 대해 평행하게 배치하는 '아사시오'의 배치 쪽이 좋다. 그러나 함수부에 수동 소나를 설치하기 때문에 '유우시오'는 발사관을 소나 후방에 배치하고 있다.

*현대 잠수함의 어뢰발사관 = 대부분 수압식으로 직경 53.3센티미터가 표준이다.

현대의 어뢰발사관에서 발사 가능한 병기는 다종 다양하기 때문에 유럽제 잠수함은 다른 직경의 발사관을 복수 장비하기도 한다. 사진은 스웨덴의 고틀란드급의 53.3센티미터 어뢰발사관(4문)과 그 밑에 설치된 40센티미터 어뢰발사관(2문)

[왼쪽] 건조 중인 독일 해군 잠수함. 내압각 앞부분에 설치된 상하 2단 튜브 모양이 발사관으로 내압각을 뚫어서 설치하는 것을 알 수 있다.
[아래] 이탈리아 해군의 212A급 잠수함. 연료전지를 사용한 AIP 재래식 추진함으로 53.3센티미터 어뢰발사관을 6문 장착하고 있다.

05 어뢰발사관(3)

진화된 수압식 어뢰발사관

2차 대전 당시 주류를 차지했던 공기압식 어뢰발사관은 심도가 깊어질수록 고압의 공기가 대량으로 필요하게 된다. 때문에 현재의 잠수함 어뢰발사관은 수압을 이용한 발사방식이 일반적이다.

수압식이란 미 해군의 Mk.58로 대표되는 수압관을 사용한 방식이다. 이런 방식이 더욱 진화하여 1990년대 경에는 고압공기로 회전하는 해수압 터빈을 이용하여 수압관에 해수를 넣어 그 수압으로 발사관내 어뢰를 발사하게 되었다.

하지만 이 방식은 터빈의 회전음을 적이 탐지하고 회피행동을 취하게 된다는 사실이 밝혀졌다. 따라서 1990년대 초반에 미 해군 연구본부의 수중센터의 연구개발 결과, 오른쪽 그림처럼 발사음을 최소화하는 어뢰발사관을 잠수함에 장착하게 되었다.

미 해군 시울프급에서 발사된 Mk.48 ADCAP어뢰. 최신형은 Mod.7으로 유선유도방식에 더하여 최종 단계에서 어뢰 자체가 호밍으로 목표를 포착하는 기능이 있어 명중률이 큰 폭으로 상승했다.

●발사음이 훨씬 작은 신형 어뢰발사관

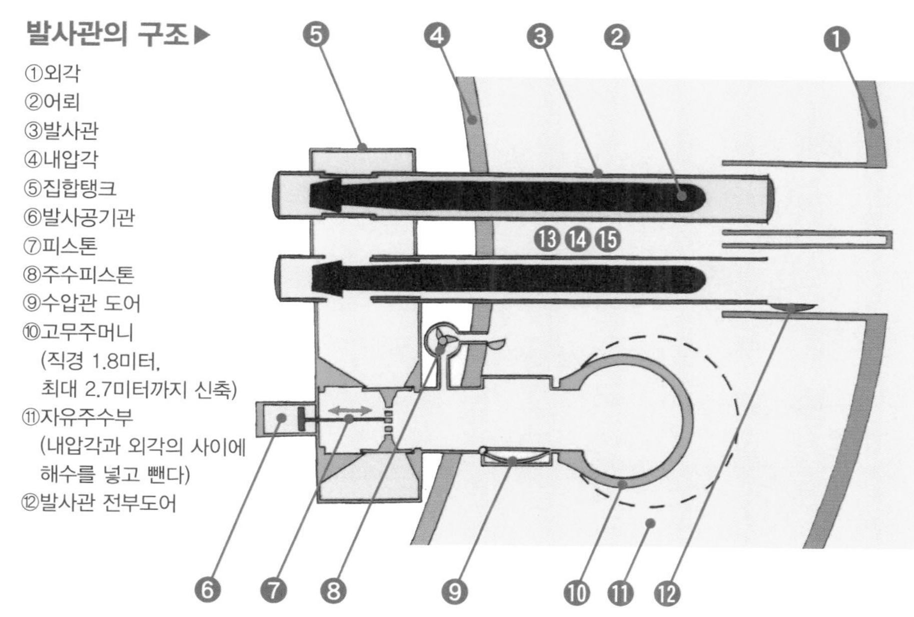

발사관의 구조▶

①외각
②어뢰
③발사관
④내압각
⑤집합탱크
⑥발사공기관
⑦피스톤
⑧주수피스톤
⑨수압관 도어
⑩고무주머니
(직경 1.8미터,
최대 2.7미터까지 신축)
⑪자유주수부
(내압각과 외각의 사이에
해수를 넣고 뺀다)
⑫발사관 전부도어

이 방식은 수압관에 직경 1.8미터인 고무주머니를 설치하여 미리 고무주머니 내에 천천히 해수를 넣고 발사할 때에는 고무주머니에서 한 번에 발사관에 가압된 해수를 내보내도록 되어 있는데, 이전처럼 터빈을 이용해 발사관의 해수에 압력을 넣을 필요가 없기 때문에 터빈의 회전음도 작다. 이런 방식의 발사관은 1990년 이후에 건조된 미국의 공격 원잠에 도입되었다고 한다.

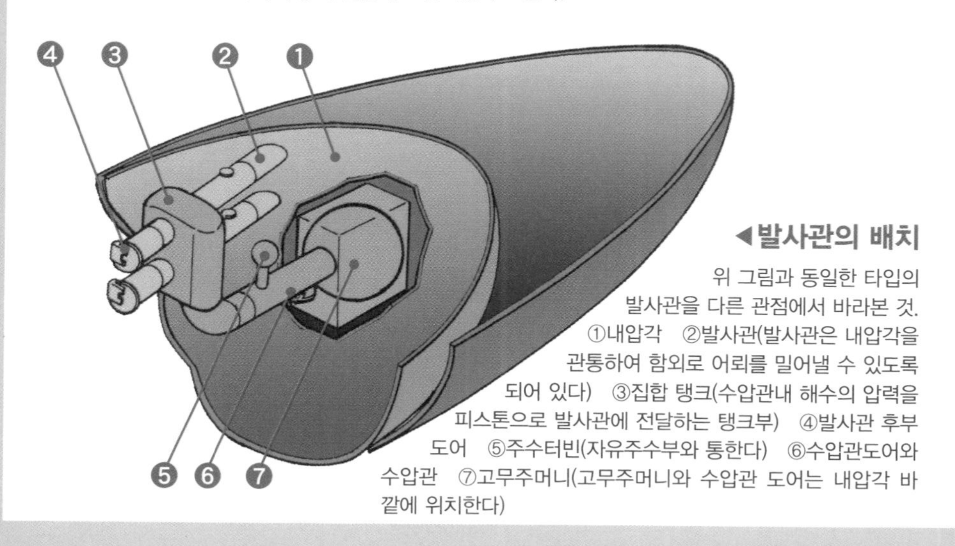

◀발사관의 배치

위 그림과 동일한 타입의 발사관을 다른 관점에서 바라본 것. ①내압각 ②발사관(발사관은 내압각을 관통하여 함외로 어뢰를 밀어낼 수 있도록 되어 있다) ③집합 탱크(수압관내 해수의 압력을 피스톤으로 발사관에 전달하는 탱크부) ④발사관 후부 도어 ⑤주수터빈(자유주수부와 통한다) ⑥수압관도어와 수압관 ⑦고무주머니(고무주머니와 수압관 도어는 내압각 바깥에 위치한다)

06 어뢰 반입방법

잠수함에는 어떻게 어뢰가 탑재되는가?

잠수함이 탑재하는 어뢰는 평균적으로 길이가 7미터 이상이다. 그러나 잠수함의 해치는 한사람이 출입할 정도의 크기이다. 과연 7미터가 넘는 길이의 어뢰를 어떻게 잠수함에 넣을 수 있는 것일까? 정답은 바로 별도의 어뢰 탑재구가 설치되어 있기 때문이다.

어뢰 탑재구는 내압각에 구멍을 내지 않으면 안 되기 때문에 통상적으로 탈출관을 관통하도록 뚫려 있으며, 입구와 탈출관의 부분에 압력을 견딜 수 있는 덮개가 설치되어 있다. 이것은 내압각의 강도를 약하게 하는 구멍의 수를 줄이는 것과 어뢰 탑재구에서 침수가 발생하더라도 탈출관 부분에서 방어할 수 있기 때문이다. 이러한 탑재구를 통해 어뢰를 반입하는 방법은 2차 대전기의 잠수함과 현대의 잠수함사이에 큰 차이가 없다. 잠수함의 구조상 달리 바꿀 방법이 없기 때문이다.

잠수함의 어뢰 반입은 탑재구를 통해 실시되며 전용 장치를 사용하여 어뢰를 세워서 내부에 넣는다. 전용 장치를 사용하는 점도 2차 대전 당시와 차이가 없다. [왼쪽 위] 로스엔젤레스급 원잠에 반입하기 위해서 크레인에 매단 어뢰 [위] 오하이오급 원잠의 어뢰 반입. 어뢰 아래에 레일처럼 반입용 장치를 설치한다. [왼쪽] 그림은 2차 대전 중의 U보트에 어뢰를 반입하기 위한 장치. 어뢰를 내려주는 크레인과 어뢰를 미끄러뜨려 넣는 레일로 구성되어 있다. 당연하겠지만 조립식이다.

로스엔젤레스급의 어뢰탑재구. 위에 보이는 구멍이 그것으로 아래는 어뢰발사관실. 내압각에 구멍을 내어 각 갑판을 관통하여 설치한 것을 알 수 있다.

07 어뢰의 발사방법

명중을 위해 필요한 데이터는?

어뢰 발사방법은 아래의 그림과 같다. 이런 기본적인 방법은 세계 공통으로 미국이나 독일, 일본 모두가 동일하다. 어뢰를 명중시키기 위해서는 목표의 속력과 침로, 방위각, 그리고 자함의 침로 등 다양한 데이터를 측정 · 계산하여 어뢰의 발사각도, 사정거리, 속도 등을 조정할 필요가 있다. 지금도 이런 기본원칙은 변함이 없다.

●어뢰 발사법

표적침로 : 적함의 침로
표적속도 : 적함의 속력
표적길이 : 적함의 길이
자 침 : 자함의 침로
자 속 : 자함의 속력
조 준 선 : 자함의 방위각에서 적함의 중앙을 바라보는 선
방 위 각 : 조준선과 적의 침로가 이루는 각(=발사각과 같음)
발 사 각 : 조준선과 어뢰를 발사하는 발사선과 이루는 각
발 사 점 : 발사시 적에 대한 자함의 상대적 위치
어 뢰 속 : 어뢰의 속도

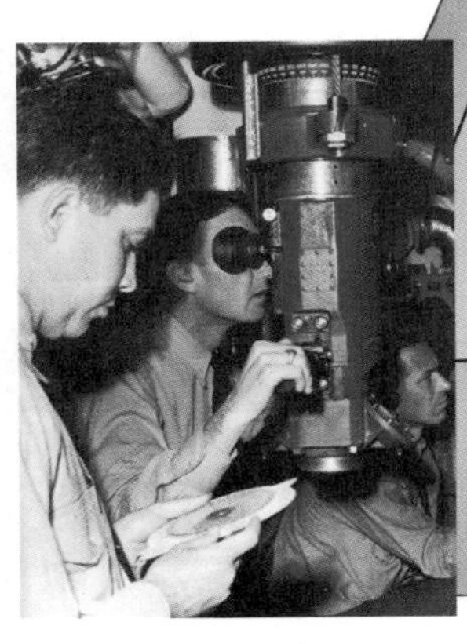

위 그림은 잠수함이 목표를 발견하여 공격을 결정하고 어뢰를 발사하여 명중시킬 때까지의 방법을 나타낸 것. 어뢰공격을 하는 경우 목표와 자함과의 상대적 위치관계나 어뢰의 속도 등을 고려하고 가장 좋은 발사점에 위치하는 것이 명중의 중요한 요소이다.

t : 어뢰발사에서 명중까지 소요되는 시간

St : 시간 t 동안에 적함이 움직인 거리

Vt : 시간 t 동안에 어뢰가 움직인 거리 = 사정거리

Vt sin A = St sin B

(관계속력)

적함에 공격은 적의 속력, 침로, 방위각, 자함침로 등 삼각으로 불리는 공격을 위한 삼각형을 상정하여 발사하는 어뢰의 발사각, 속력을 결정한 후 발사한다.

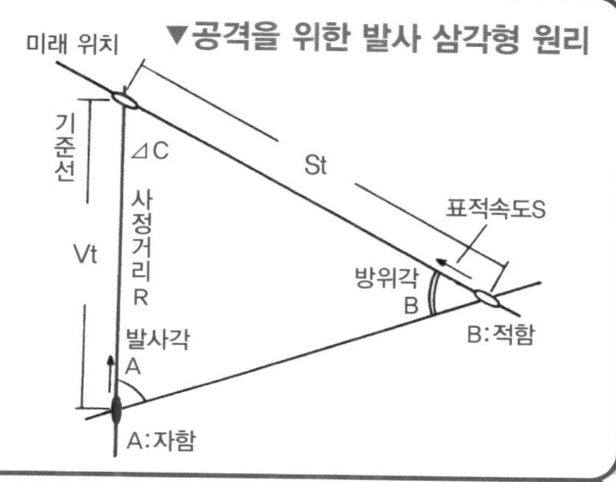

▼공격을 위한 발사 삼각형 원리

②일정시간 동안 목표가 움직인 거리로 표적속도를 알아낸다

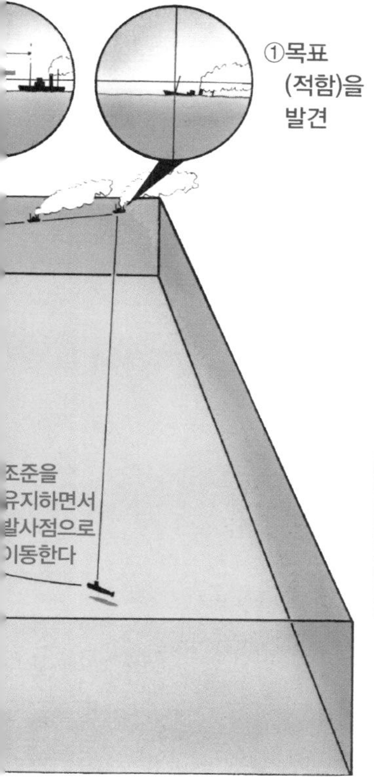

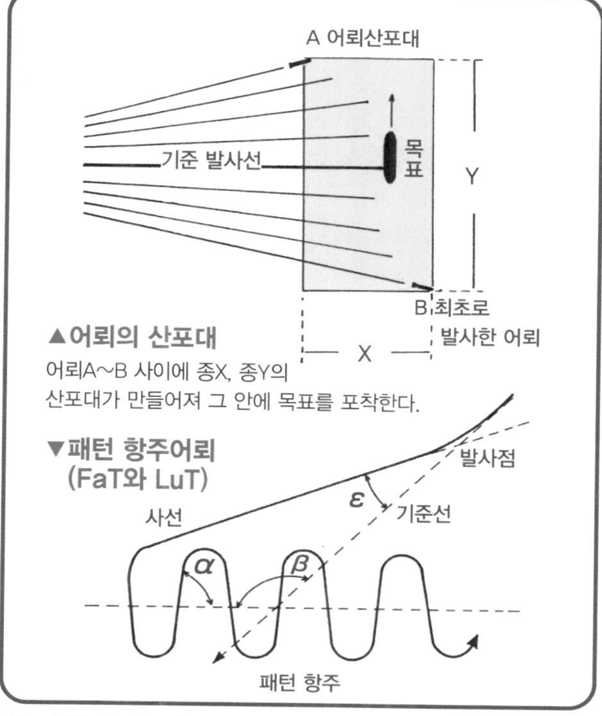

▲어뢰의 산포대

어뢰A~B 사이에 종X, 종Y의 산포대가 만들어져 그 안에 목표를 포착한다.

▼패턴 항주어뢰 (FaT와 LuT)

위 그림은 회피운동을 하는 적함에 대해 발사하는 어뢰의 발사각을 조금씩 바꾸어 복수로 발사. 산포대를 만들어 명중률을 향상시키는 방법. 또한 목표에 대해 발사각을 정해 발사한 후 명중하지 않더라도 일정 각도를 정하여 지그재그로 항주하는 FaT(Flächenabsuchender Torpedo, 스프링장치 작동어뢰)와 LuT(Lagenunabhängiger Torpedo 침로독립어뢰)와 같은 패턴항주 어뢰도 사용되었다.

08 2차 대전기 U보트의 전투(1)

늑대 떼 전술과 호송선단의 대형

2차 대전시 대서양의 독일해군 잠수함과 연합군의 대잠수함부대의 전투는 쌍방의 지혜를 끝까지 짜낸 싸움이었다.

2차 대전 전반기에는 U보트 부대가 연합군의 대잠수함부대의 약점을 공격하는 '*늑대 떼 전술'(Wolf pack)을 채택하여 맹위를 떨쳤다.

영국과 소련을 향한 연합군의 수송선은 선단을 지어 항해했지만 그야말로 황야에서 먹잇감을 찾는 늑대의 무리처럼 U보트 부대는 선단을 추적하여 집단공격을 했다.

주간에는 발견되지 않도록 잠항하여 추적하거나 습격을 하고, 야간에는 수상항해로 적 수송선단에 접근(선단의 주위를 경계하는 호위함의 경계선을 돌파, 때로는 선단 깊숙이까지 침입)하여 어뢰를 발사했다. 또한 적 수송선단을 습격할 때에는 수색용 U보트를 배치하여 통신을 감청하고 집합점이나 기준침로를 알아내어 공격계획을 수립했다. U보트의 늑대 떼 전술은 조직화된 대규모 전투법이며 그 기본이 되는 것이 무선통신에 의한 사령부와 각 함정, 그리고 각 함정 사이의 밀접한 커뮤니케이션이었다.

함교의 UZO(수뢰방위반) 위에서 쌍안경을 들고 주위를 경계하는 U보트 승조원들. 항법을 위한 관측 이외에도 수상함정과 비교해서 시계 확보가 어려운 잠수함은 항해 중에 항상 견시를 세워서 주위를 경계할 필요가 있었다.

*늑대 떼 전술= 독일어 'Wolfsrudeltaktik'을 그대로 영역한 것.

[위] 수송선단에 대한 공격은 무자비했다. U보트 활약의 전성기에는 수송선단 승무원 3명당 1명이 사망할 정도였다고 한다. [오른쪽] U보트 함내 어뢰발사관의 어뢰장전 작업. 인력으로 이뤄지는 중노동이었다. [아래] U보트의 늑대전술에 대처하기 위해 연합국 측에서는 1942년 봄부터 U보트의 공격을 막기 위해 아래의 그림과 같은 호송선단 대형을 구성했다.

▼호송선단의 대형

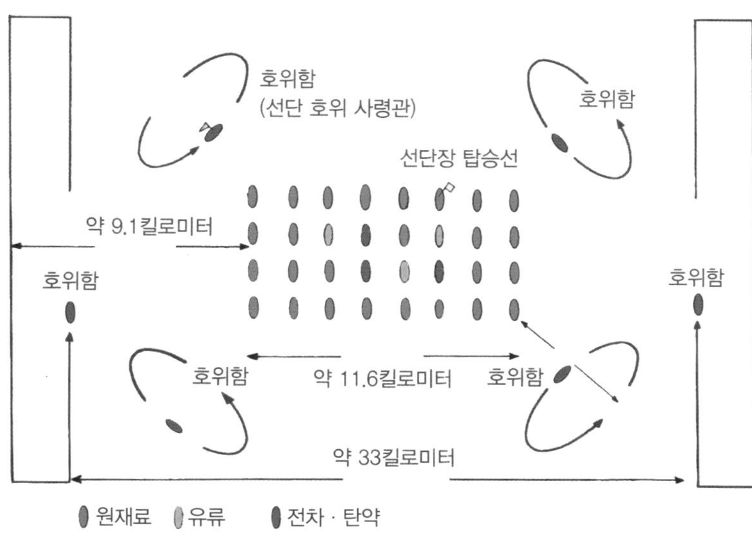

유조선이나 병기 · 탄약 등 귀중한 물자를 수송하는 선박은 선단 안쪽에 배치하고 주위를 광석 등 원재료를 운반하는 선박으로 둘러쌌다. 종으로 구성되는 배의 수를 최대 5척으로 하여 측면에서 공격을 최소한으로 막았다.

09 2차 대전기 U보트의 전투(2)

잠수함 vs 대잠수함부대의 사투

1942년부터 연합국 측에서는 U보트의 기습에 대응하기 위해 호송선단 대형을 구성하고 미국의 지원을 받아 대잠능력이 우수한 호위함정을 건조, 대잠용 구축함과 호위항모로 편성된 대잠부대를 투입하고 장거리 대잠초계기를 증강하는 등의 대항책을 수립했다. 이에 따라 U보트의 늑대 떼 전술은 효과를 상실했으며, U보트는 쫓는 쪽에서 쫓기는 쪽으로 몰리게 되었다.

이와 같이 전쟁의 판세가 전환되는 데는 오퍼레이션 리서치(통칭 OR)의 공헌이 컸다. OR이란 영국과 미국의 과학자들이 개발한 응용수학을 활용한 분석법으로 전쟁에 통계분석을 이용한 전술 · 과학적인 분석방법이었다. U보트의 늑대전술도 OR으로 철저히 분석되어 대항책을 찾을 수 있었다.

U보트에 대해 효과를 높인 것은 레이더와 소나, HF/DF(High-frequency direction finding, 고주파 방향탐지기)에 추가하여 폭뢰, 기만기(U보트의 음향어뢰를 유도하는 예인표적) 등이 있었다. 이것을 장착한 대잠함정은 수송선단 주위에 출몰하는 U보트는 물론, 충전이나 환기를 위해 밤에 수상항해를 하는 U보트까지 탐지했으며, 대잠초계기가 공격을 가했다.

이렇게 하여 U보트 잠항시간은 1941년에 행동시간 전체를 보았을 때 10퍼센트 정도였지만 43년에는 60퍼센트, 45년에는 80퍼센트까지 늘어나게 되면서 공격은커녕 도망치는데 급급한 지경에 빠지고 말았다.

[위] 오른쪽의 사진은 전방투사식 대잠무기인 헷지호그(Hedgehog). 24발이 발사되며 1발이라도 적 잠수함과 접촉하면 24발 모두가 폭발했다. 왼쪽은 U보트를 경계하는 연합국의 호위함.

●효과적이었던 대 U보트전술

◀HF/DF를 이용한 U보트 탐지

레이더만큼 복잡하진 않지만 HF/DF로 불리는 고주파 방향탐지기는 효과가 있었다. 이것은 항해용 전방탐지기를 독일군의 단파 암호 송신에 동조할 수 있도록 만든 것으로,. 이를 이용하여 U보트와 사령부 사이의 교신을 감청, 위치를 산출하여 선단이 U보트의 기습을 회피함과 동시에 호위 함정이 U보트를 공격했다.

헌터킬러팀의 대잠공격▼

당시의 소나로는 잠수함이 소나운용 함정의 밑에 숨어 있을 경우, 탐지할 수 없었다. 여기에 영국 해군은 호위함 2척을 1조로 편성한 헌터킬러팀으로 대응했다. 소나를 운용하는 호위함(헌터)이 U보트를 탐지 · 추적하면 1500~2000미터 떨어진 곳에 있는 공격함(킬러)에 무선으로 지시를 내려 공격을 가했다.

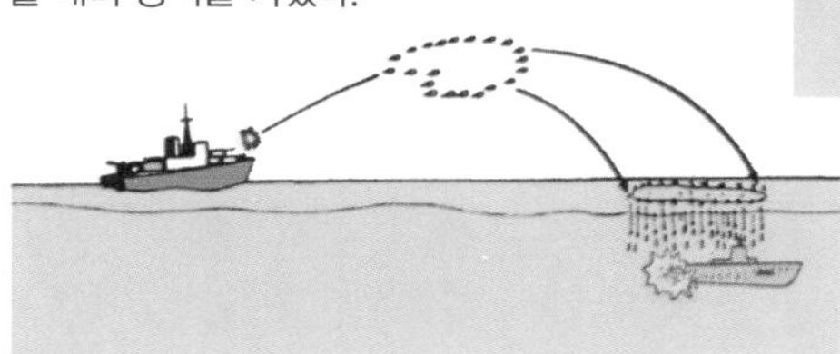

◀헷지호그를 이용한 공격

폭뢰는 사거리가 짧고 매초 3미터 정도 속도로 해중에 침하하여 설정된 심도에서 폭발한다. 이 때문에 적 잠수함을 소나로 추적, 공격하더라도 쉽사리 빠져나가는 경우가 많았다. 그래서 신속하게 전방에 발사 가능한 긴 사정거리의 대잠무기 헷지호그가 개발되었다.

▼장거리 초계기를 통한 U보트 공격법

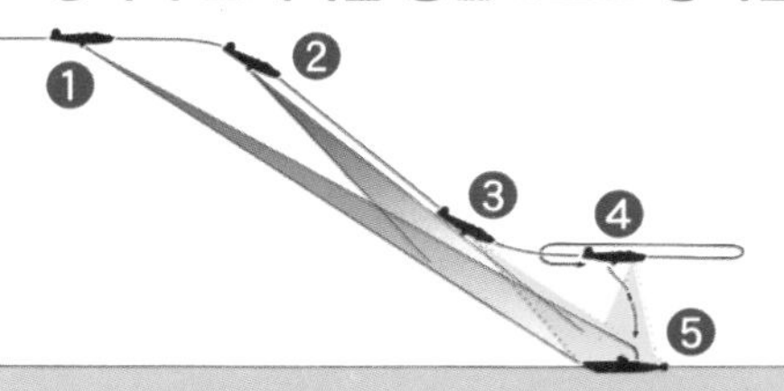

①레이더에서 해상으로 부상하고 있는 U보트를 탐지 ②피탐 되지 않도록 엔진을 정지하여 활공강하로 잠수함에 접근 ③접근하면 강력한 서치라이트를 비추어 목표를 추적 ④상공을 선회하면서 고도 40~50미터로 대잠폭탄과 기뢰를 투하하여 공격 ⑤이에 대항하기 위해 U보트에도 오른쪽 그림과 같이 역탐지장치나 대공기관포가 설치되었지만 그리 효과적이지는 못했다.

10 어뢰의 유도방식

다양한 어뢰의 유도방식

현대의 어뢰는 탐지한 목표에 대해 스스로 침로를 변경하며 항진하는 호밍방식이다. 어뢰는 대수상함정용과 대잠수함용이 있는데, 유도방식으로 분류하면 대수상함용은 항적 추적(wake homing) 어뢰와 추적어뢰, 대잠수함용은 추적어뢰와 유선유도어뢰이다.

또한, 대수상함정용 병기에는 어뢰발사관에서 발사 가능한 서브 하푼(잠수함 발사 대함미사일)도 있다.

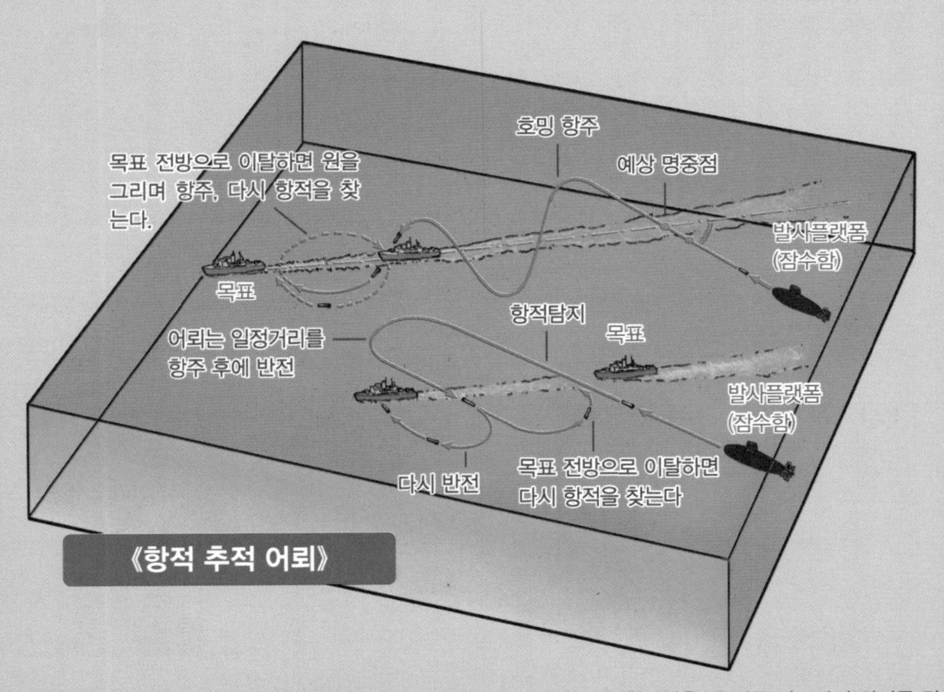

항적 추적(wake homing) 어뢰 ; 발사된 어뢰가 목표가 일으킨 항적을 횡단했을 때 기존 파도와의 차이를 탐지하여 반전, 다시 횡단하여 반전하고 목표의 항적(wake)을 좌우로 횡단하면서 발생원을 추적 · 명중시킨다. 수상함정용으로만 사용할 수밖에 없지만 사정거리가 길다.
수동 추적(passive homing) 어뢰 : 목표가 내는 소리를 어뢰의 호밍 헤드가 탐지하여 추적 · 명중시킨다. 어뢰 자체가 신호식별 능력을 가진다면 목표가 디코이(decoy)를 방출하더라도 대응이 가능하며 목표가 눈치 챌 가능성은 낮다. 수상함과 잠수함 양쪽에 사용할 수 있다.
능동 추적(active homing) 어뢰 : 잠수함의 정숙성 향상에 대응하기 위한 방법으로 어뢰가 목표에 음파를 발신하여 반사음파를 수신하여 추적한다. 일정주기로 발신하는 음파를 변화시키는 주파수변조 방식의 호밍헤드가 장착되어 소음이 작은 잠수함도 식별 가능하다.

●현대의 대표적인 어뢰

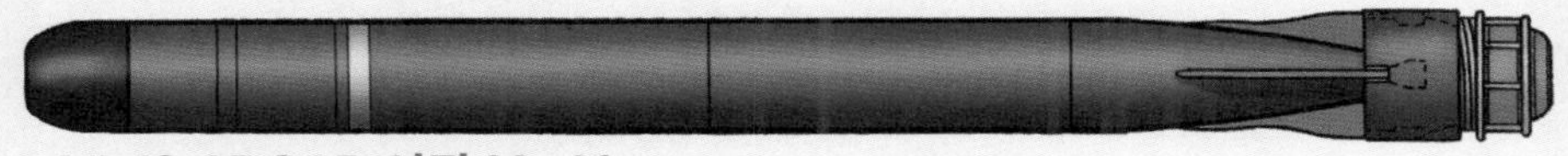

▲Mk48 ADCAP 어뢰 Mod4

미 해군 잠수함용 유선유도식 어뢰. 개발은 1970년대였지만 전자장치의 디지털화 등의 개선으로 사정거리가 약 45.5킬로미터까지 연장되었다. 전장 5.79미터, 중량 1662.75킬로그램, 워터제트 추진방식으로 탄두는 자기신관이 달린 고성능작약

스피어피쉬(Spearfish)▶

1992년부터 영국해군이 사용하는 대수상함정/대잠수함용의 어뢰. 유도방식은 추적식(음향유도식)이지만 유선 유도도 가능. 전장 7미터, 중량 1850킬로그램, 최대사정거리 약 54킬로미터. 성형작약탄두를 사용하고 있어 잠수함의 2중 선각을 관통할 수 있도록 만들어졌다.

반능동 추적 어뢰 : 어뢰발사 플랫폼인 잠수함 자체가 음파를 발신하여 목표의 반사음파를 어뢰가 탐지하여 추적하는 방식.
유선유도식 어뢰 : 발사한 어뢰를 잠수함이 전선으로 전기신호를 보내어 유도한다. 전선은 어뢰와 발사관내 양쪽 릴에서 나오며 최신 어뢰는 전선이 절단되어도 자율 유도장치로 목표를 추적하거나 어뢰의 시커헤드(목표탐지 센서)가 취합한 데이터를 잠수함으로 송신하는 기능이 있다.

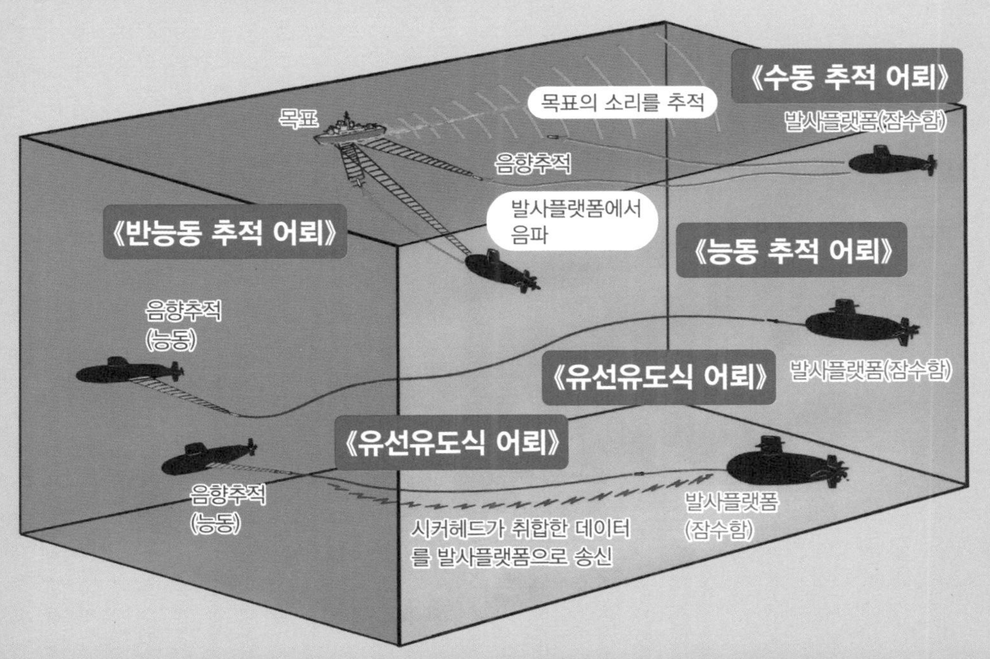

11 목표기동분석

어뢰를 명중시키기 위한 작업

발사된 어뢰가 목표에 명중하기 위해서는 목표의 속도와 침로 등의 정보가 필요하다. 목표의 움직임을 알고 그것을 기초로 어뢰를 조정하여 발사하지 않는다면, 예를 들어 발사 후에 유도가 가능한 유선유도어뢰라 하더라도 명중은 어렵다. 목표의 예정위치를 향해 어뢰를 발사하여 최종적으로 목표의 항정과 일치시키지 않으면 명중시킬 수 없다.

수상함이나 잠수함을 공격하기 위해 목표의 움직임을 분석하는 작업을 *TMA(표적기동분석)이라고 한다. 대수상함 공격의 경우에는 잠망경이나 ESM의 레이더파 탐지를 사용할 수 있지만 대잠수함 전투에서는 소나밖에는 사용할 수 없다. 이 단계에서 목표를 탐지 · 추적하기 위해 사용할 수 있는 것은 수동 소나로 능동 소나만큼 정확하게 거리나 방위를 탐지할 수는 없다. 그러나 탑재하고 있는 수동 소나를 전부 동원한다면 어느 정도의 방위나 목표가 어느 정도의 속도로 변화하고 있는가(방위율), 멀어지는가 가까워지는가(도플러 변위) 등의 데이터를 얻을 수 있다.

TMA는 이런 소나로 측정 가능한 데이터값에 음탐사의 경험을 더하여 계산하고 목표의 추정방위와 자함의 위치를 작도대에 플로트 해 가는 작업이다.

이 때 잠수함은 목표와의 상대관계의 정확성을 위해 지그재그로 변침하거나 속도를 변화시키면서 항해, 추적한다.

도상에 플로트 된 점을 연결하여 목표의 운동을 나타내는 곡선을 그려 가지만 이때에 단순하게 점을 연결하는 것이 아니라 TMA용의 특수한 스케일과 컴퓨터에 프로그램된 자료를 기초로 계산을 하여 곡선을 결정한다(예전에는 곡선을 그리는 것을 작도하는 인간의 경험에 의존했기 때문에 오차가 컸다). 이렇게 작도된 목표의 운동곡선을 기초로 어뢰발사관제 제원(사정거리, 항적, 속력 등)이 결정된다. 현재 TMA는 컴퓨터가 계산하는 자동해석시스템만을 사용하는 국가도 있지만 미국의 원잠은 수동과 자동의 2가지를 병행하여 사용하고 있다. 미묘한 변화에는 자동으로 대응이 불가하여 오차가 크게 되는 경우가 있기 때문이다.

컴퓨터 성능향상으로 계산에 필요한 시간은 단축되었지만 TMA 작성 작업에는 상당한 시간이 걸린다. 이것은 잠수함의 정숙화가 진전되고 수동 소나로의 탐지추적이 어렵게 되었기 때문이다.

*TMA = Target Motion Analysis. 표적기동분석.

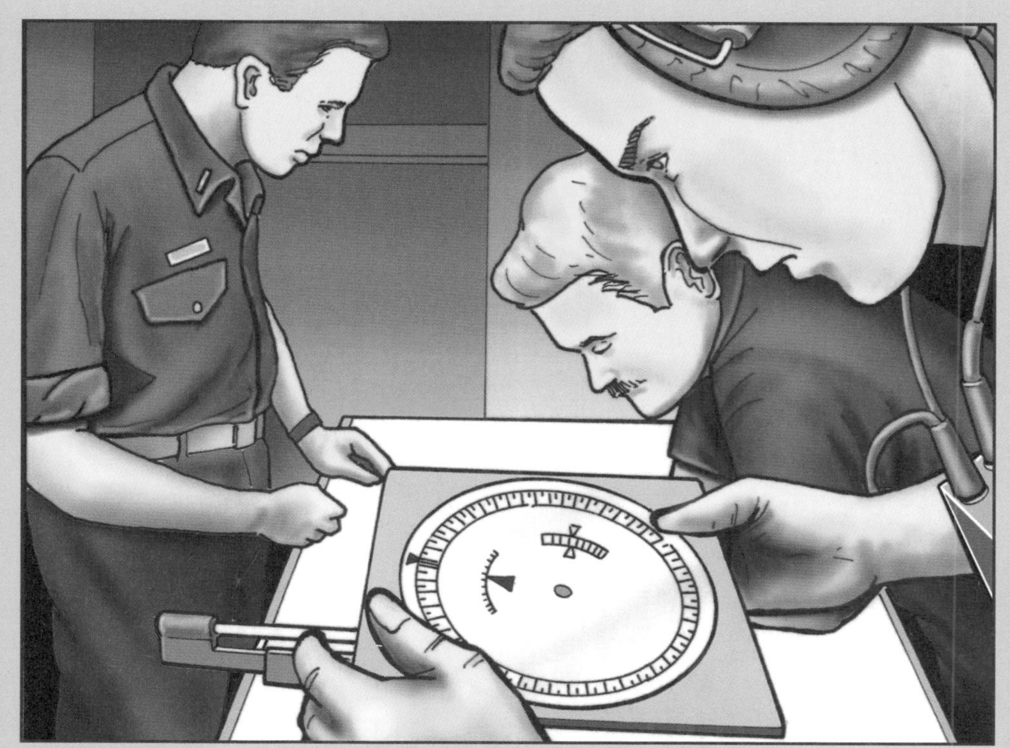

특수한 스케일을 사용하여 수작업으로 곡선을 그려서 분석하는 TMA 작업. 소나로 얻어진 방위정보를 기초로 목표의 침로(진행방향), 거리(위치), 표적속도(속도)의 3요소의 예상치를 산출한다. 근거리라면 목표의 속도는 추진축의 회전수를 세는 것으로도 구할 수 있는 경우가 있다.

계속하여 목표의 방위에 대하여 예상치를 산출한 3요소에서 일정시간후의 방위를 예측하고 실제로 시간이 경과한 후의 측정값의 양자를 비교한다. 그래서 예측이 일치한다면 방위변화량이 결정되고 예상치의 3요소가 맞는 것으로 확인되지만 실제로는 그렇게 잘 되지는 않는다. 최근에는 수상함에도 가변피치(variable pitch)식 스크루가 사용되는 등, 회전수를 셀 수 없게 되어 속도를 산출하는 것이 어렵게 되고 가스터빈으로 정숙성이 향상 되는 등 소나로 탐지하는 것 또한 어려워졌기 때문에 해석에도 시간이 걸린다.

12 잠수함 발사식 순항미사일

내륙의 적을 공격할 수 있는 토마호크

본래 전략미사일 원잠과 대척점에 있는 공격원잠의 임무는 적의 전략미사일원잠과 수상함정을 공격하는 것이었다. 미 해군의 공격원잠에는 어뢰발사관에서 발사 가능한 하푼(Harpoon) 대함 미사일 등이 탑재되었다.

그러나 사정거리가 길고 대잠공격/육상공격이 가능한 '토마호크' 순항 미사일(재래식 탄두는 물론 핵탄두도 탑재 가능하다)을 탑재하여 전략 공격을 수행할 수 있게 되었다. 순항미사일을 탑재하면서 공격원잠의 임무

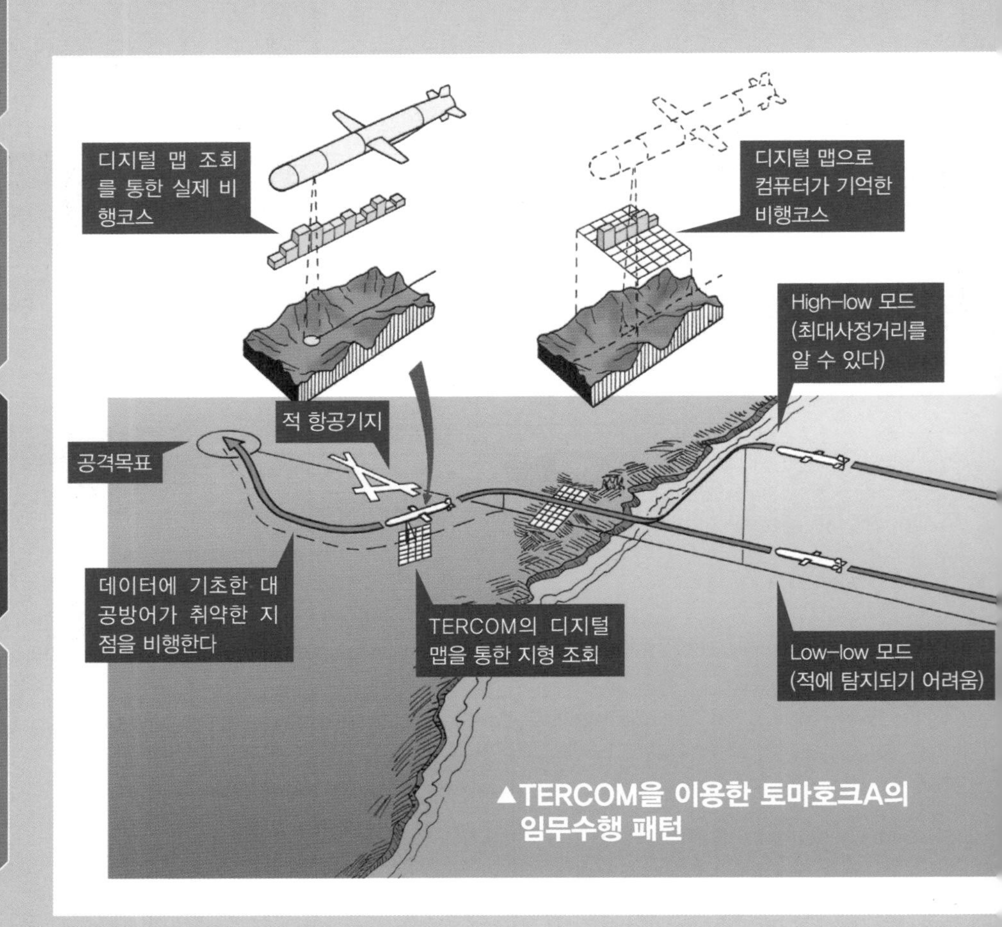

▲TERCOM을 이용한 토마호크A의 임무수행 패턴

영역이 확대된 것이다.

한편, 소련군 공격원잠은 오랫동안 대형으로 사정거리가 긴 대함미사일(순항미사일에 가까운 능력을 보유)을 탑재했다. 하지만 소련 또한 1980년대 이후, 소형이면서 미군의 토마호크에 필적하는 순항미사일을 탑재하게 되었다.

●BGM-109 토마호크 순항 미사일

그림은 지상공격 재래식 탄두형인 토마호크. 미 원잠은 이 미사일로 해안선부터 내륙의 목표를 공격할 수 있다. ①유도장치부 ②연료탱크부 ③페이로드부 ④주날개 ⑤주날개수납부 ⑥엔진부 ⑦꼬리날개 ⑧로켓 부스터부 ⑨공기흡입구

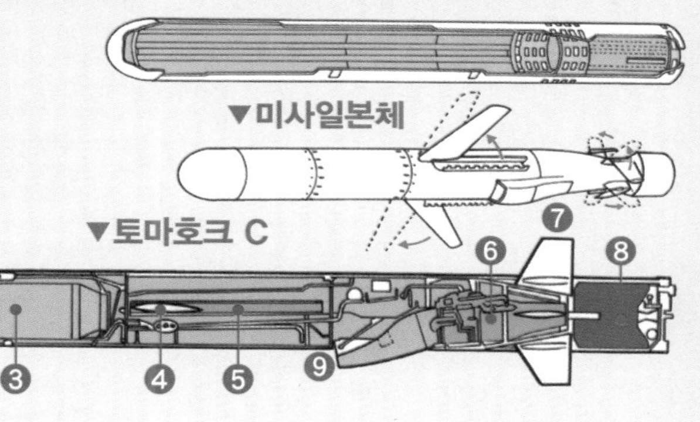

[오른쪽 그림] 사막 등 지형이 변화하기 쉬운 지역으로 사전에 컴퓨터에 기억된 디지털 맵과 실제의 지형이 바뀌어 TERCOM을 사용할 수 없는 경우에는 지형과 관계없이 정확한 위치보정을 할 수 있는 GPS가 도입되고 있다.

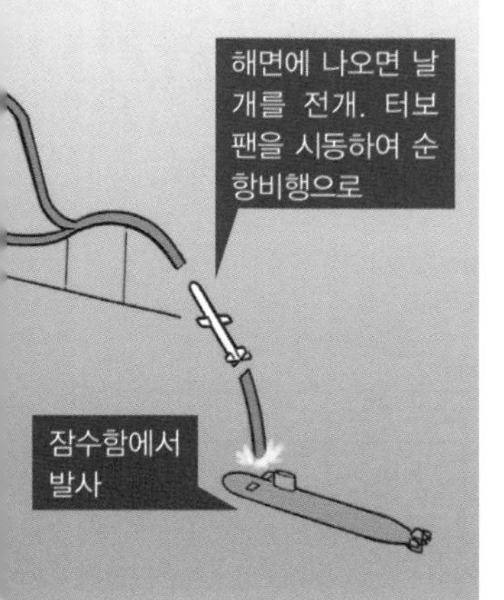

●B순항미사일 BGM-109 토마호크의 임무수행

토마호크의 유도시스템은 관성유도방식과 TERCOM(지형등고선 조회방식)이 겸용되고 있다. TERCOM은 관성유도의 오차를 줄이고 명중도를 향상시키기 위함. 이것은 예정 비행코스가 되는 지역의 100미터 사방을 1개 단위로 하는 구역으로 나누고, 그 평균고도를 수치로 바꾸어 숫자배열지도(디지털 맵)상의 숫자로 예정 비행코스를 컴퓨터에 기억시켜 둔다. 이것과 미사일이 실제 비행하고 있는 코스를 디지털 맵 상의 숫자로 변환하여 대조하는 것으로 스스로 비행코스를 보정하여 정확한 코스로 비행한다.

*DSMAC(Digital Scene-Mapping Area Correlator) : 디지털 영상 대조 항법

13 잠수함의 미사일

다양한 잠수함 발사 미사일

현대의 잠수함은 다양한 미사일을 발사할 수 있다. 1970년대 미국에서 개발된 순항미사일 '토마호크'는 잠수함에서 효율적으로 운용할 수 있도록 *VLS(수직발사시스템)에서 발사되도록 만들어졌으며 걸프 전쟁과 이라크 전쟁에서 위력을 발휘한 바가 있다.

한편으로 잠수함에서 발사 가능한 '하푼'과 '엑조세' 등의 대함미사일도 건재하지만 최근에는 오른쪽 페이지처럼 잠수함의 천적인 대잠헬리콥터를 공격할 수 있는 대공미사일의 개발도 이루어지고 있다.

참고로, 잠수함에서 운용되는 미사일의 대

●잠수함 발사 대함미사일

▼RGM/UGM-84A 하푼

대함미사일 '하푼'에는 공중발사형과 함정발사형이 있는데, 잠수함 발사형이 UGM-84A이다. 터보 팬 엔진에 의해 비행하며 발사에서 목표 획득까지의 중간유도에는 관성항법장치(INS, Inertial Navigation System)를 사용하고 목표획득에서 추적 · 명중까지의 종말유도는 능동 레이더 호밍으로 이루어진다.

▼하푼 미사일 구조(블록II)

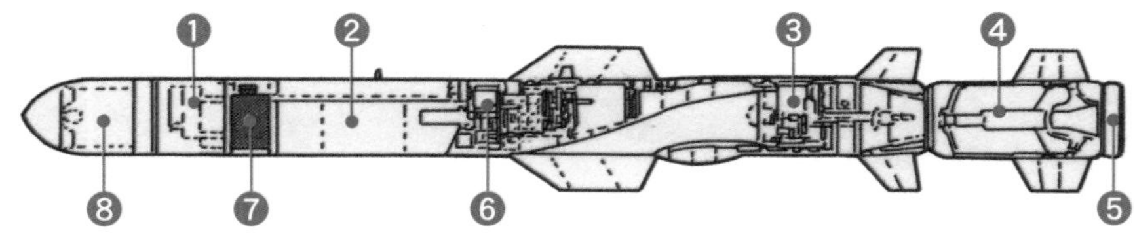

GPS를 항법장치에 추가, INS와 병용함으로써 명중도를 향상시킨 것이 블록II. ①유도장치부 ②탄두부 ③터보 제트 엔진 ④로켓 모터 ⑤추력방향제어기(TVC, Thrust Vector Control) ⑥비행관제부 ⑦GPS항법장치 ⑧레이더 시커부

▼엑조세 SM39

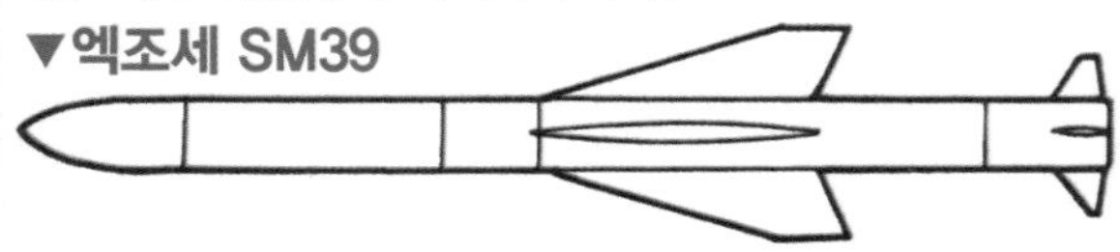

엑조세는 프랑스의 대함미사일로 기본형인 MM38, 공중발사형인 MM40, 잠수함발사형인 SM39가 있다. 사정거리는 약 5킬로미터. 관성유도로 비행하며 종말유도는 능동 레이더 호밍이다.

*VLS=Vertical Launchins System의 약어.

부분은 어뢰발사관에서 발사하도록 되어 있는데, 미국 이외 국가의 잠수함에는 VLS가 장비되어 있지 않기 때문이다.

●잠수함에서 발사되는 대공/대함미사일 "*IDAS"

잠수함에 가장 위협적인 적은 디핑소나와 대잠어뢰를 장착한 대잠헬리콥터이다. 공중에서 공격하여 오는 적에 대해 효과적인 공격수단을 가지고 있지 않은 잠수함은 피탐되지 않도록 수중에 숨는 방법밖에 없었다. 독일의 딜(Diehl)사를 중심으로 개발을 진행하고 있는 IDAS는 이런 잠수함의 약점을 해결할 무기로 주목받고 있다. IDAS는 해중에서 잠수함의 어뢰발사관으로부터 발사가 가능하여 발사된 미사일은 적외선 화상시커에 의해 공중과 해상의 목표를 감지하여 명중한다. 또한 미사일에는 광섬유 케이블이 접속되어 있어 유선 매뉴얼 유도도 가능하다. 최대 비행거리는 20킬로미터 정도.

●러시아의 잠수함 발사 순항미사일

구 소련이 미국의 '토마호크'에 대항하여 개발한 잠수함 발사 순항미사일인 SS-N-21. 200킬로톤 위력의 핵탄두가 탑재되었다. 고체로켓으로 발사된 후 터보팬으로 순항비행에 진입하며 사정거리는 3000킬로미터, 유도는 INS와 지형조회방식이 사용되었다. 어뢰발사관에서 발사할 수 있다.

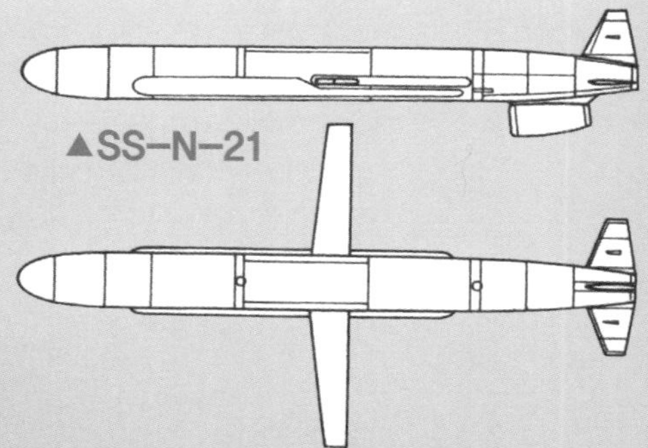

▲SS-N-21

▲SS-N-27

러시아의 최신형 수상함/잠수함 발사 순항미사일인 SS-N-27로 대함, 대잠, 대지의 3가지 타입이 있다. 잠수함에서는 어뢰발사관을 사용하여 최대 150미터 정도의 심도에서 발사가 가능. 중간유도는 INS와 러시아판 GPS. 종말유도는 능동과 수동의 복합 시커를 사용한다. 사정거리는 200~300킬로미터 정도.

*IDAS=Interactive Defense and Attack System for Submarine의 약어.

14 현대 잠수함의 전투

잠수함 vs 잠수함의 보이지 않는 싸움

해중으로 잠항하는 잠수함을 동일한 물속 공간에서 공격하는 것은 오직 잠수함만이 가능하다.. 서로 소리를 내지 않고 은밀하게 항해하면서 상대의 소리를 조금이라도 더 탐지하여 정보를 수집하고 유리한 위치를 확보하여 공격을 시도한다.

해중에서 잠수함이 사용할 수 있는 탐지장치는 소나뿐으로 그것도 상대방의 소리를 듣는 것만 되는 수동뿐이다. 아무리 기술이 발달하고 우수한 장비를 갖추더라도 정보의 소스가 소리뿐이라면 상대의 방위나 거리를 파악하는 것은 음탐사의 경험에 의존할 수밖에 없다(때문에 능동식 소나를 사용할 수는 없다. 소리를 내지 않는 것이 잠수함이 살아남는 유일한 방법이기 때문이다).

따라서 잠수함은 적 잠수함의 위치나 방위, 항적을 예측하여 공격에 유리한 위치에 있으려고 한다. 이것은 적을 직접적으로 볼 수 없는 잠수함만의 독특한 전투이다.

전투태세를 갖춘 상태에서 자함의 음탐사가 적 잠수함의 소리를 탐지했다고 치자. 이때 그 선박에 대한 공격 여부를 결정하는 것

[오른쪽] 예전에는 계산과 작도가 인간의 손만으로 이루어졌기에 TMA를 실시하는 인간의 기량과 경험이 정확성을 좌우했다. 현재는 TMA 계산과 작도에 컴퓨터와 자동해석장치를 사용하여 정밀도가 향상되었다. [아래] 잠수함 끼리의 전투에서 상대에게 탐지되지 않도록 자신은 가능한 한 소리를 내지 않고 상대가 내는 소리를 탐지, 정보를 수집하여 분석한다. 그리고 들키지 않도록 접근하여 강렬한 일격으로 격멸하는 것이다. 하지만 잠수함끼리의 전투는 상호간에 3차원 운동을 하기 때문에 상대의 기동을 예측하는 것은 매우 어렵다. 일러스트는 미 해군의 시울프급

은 함장의 결단에 달려있다. 만일 공격하는 것으로 결정했다면 음탐사가 조작하는 소나로 수집되는 다양한 정보를 기초로 상대의 기동을 파악해야만 한다. 그렇게 하기 위해 실시하는 것이 TMA(표적기동분석)으로 이것에 따라 추정 값이지만 상대의 항정을 알 수 있다. TMA로 얻어진 표적의 침로, 거리, 속도 등의 데이터는 발사관제원에 보내져 어뢰에 입력된다.

예전에는 이런 작업의 대부분을 인간의 손으로 직접 했지만 통합전투시스템이 도입된 현재는 소나 정보 등 모든 정보는 전투정보실에 있는 다기능디스플레이 상에 표시된다. 함장과 발사 관제원은 시시각각 변화하는 상황을 눈으로 직접 볼 수 있게 되었다. 데이터의 입력도 키보드로 할 수 있다. 또한 무기의 원격조작도 가능하다.

이러는 동안 무장 조작원은 함장이 선택한 무장을 언제라도 사용할 수 있도록 준비하게 된다. 예를 들어 어뢰를 선택했다 하면 필요한 어뢰를 발사관에 장전하며(일반적으로 발사관내에 어뢰를 장전한 상태로 한다) 발사할 어뢰가 장전된 발사관을 선택하여 어뢰발사에 필요한 조건이 전부 충족되면 발사한다.

15 통합전투시스템

컴퓨터가 변화시킨 잠수함의 전투

현재 잠수함에 탑재된 각종 센서나 무장은 성능이 크게 향상되었으며 전투방법도 복잡화 되고 있다. 이미 인간의 능력만으로는 다양한 정보를 정확하게 판단하고 대처하는 것이 불가능한 시대가 온 것이다(이를테면 소나만으로도 수 종류나 장착하고 있기 때문에). 그렇기 때문에 지금까지 인간이 조작하였던 각종 장치나 준비를 컴퓨터에 의해 통합관리하고 효율적으로 운용하고자 하는 아이디어가 나오는 것이 당연했다.

통합전투시스템은 상황에 가장 적합한 장치와 장비를 사용하여 정보를 수집, 지휘관

호주 해군의 콜린스급 잠수함에 탑재된 통합전투시스템의 디스플레이

아래 일러스트는 통합전투시스템의 개념을 보여준다. ①능동 소나 ②수동 소나 ③수동 거리측정 소나 ④하이드로폰 ⑤잠망경과 각종 안테나 ⑥데이터베이스 ⑦컨포멀 소나 ⑧중앙관제유닛 ⑨각종센서 관제 유닛 ⑩다기능 디스플레이 ⑪데이터베이스 ⑫무장통제유닛 ⑬무장
각 센서나 무장은 각각의 관제 유닛에 의해 제어되고 그것을 중앙관제 유닛과 각종 센서관제 유닛을 통해 다기능 디스플레이로 조작원이 컨트롤한다.

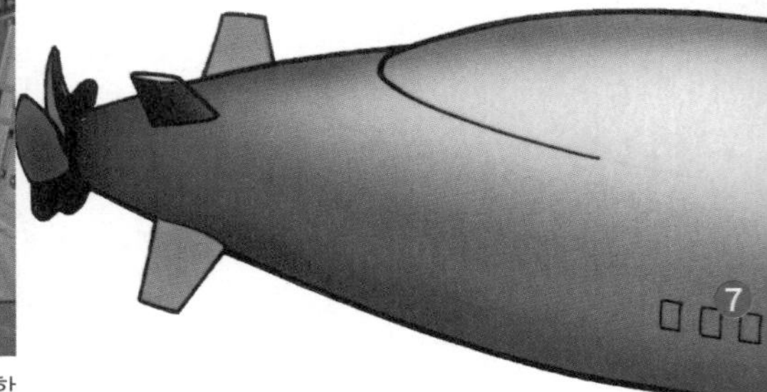

인 함장이 필요로 하는 정보를 제공하고 함장이 결단하여 대처할 때에는 가장 효과적인 무기를 선택하여 사용할 수 있게 한다. 현대의 무장은 컴퓨터와 전자장비 없이는 존립할 수 없으며 이는 잠수함도 마찬가지이다. 그러나 컴퓨터는 결코 만능이 아니며 특히 애매한 상황에 대해서는 스스로 판단할 수 없다. 함장과 승조원은 컴퓨터의 지시에 따르는 것이 아니다. 최종적인 판단은 인간의 몫이라는 점은 변하지 않는다.

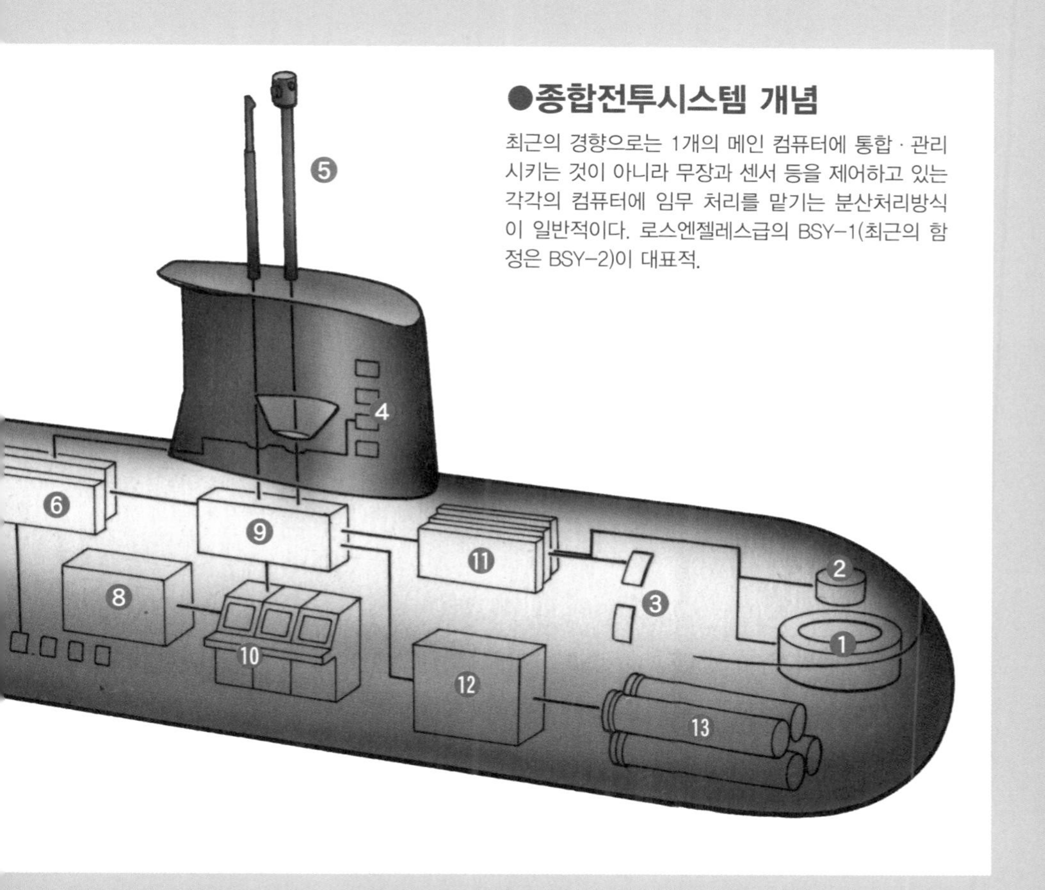

●종합전투시스템 개념

최근의 경향으로는 1개의 메인 컴퓨터에 통합 · 관리시키는 것이 아니라 무장과 센서 등을 제어하고 있는 각각의 컴퓨터에 임무 처리를 맡기는 분산처리방식이 일반적이다. 로스엔젤레스급의 BSY-1(최근의 함정은 BSY-2)이 대표적.

16 잠수함 발사 탄도미사일(1)

원형은 U보트에서 발사했던 로켓

잠수함에서 로켓탄을 발사하는 실험은 이미 2차 대전 중에 독일 해군이 수차례 실시했다. ICBM(대륙간 탄도탄)의 원형이 되는 *V-2 로켓을 보관한 컨테이너를 U보트로 예인하여 해상에서 발사하는 방안도 기획되었는데(이것을 이용한 뉴욕 공격도 구상되었다) 이런 독일군의 계획은 실현되지 못했지만 2차 대전 후에 V-2의 기술을 입수한 미국과 소련은 양국 모두 잠수함에서의 로켓 발사 실험을 실시했다.

이것은 후에 개발된 SLBM(잠수함발사탄도미사일)의 원형이 되었다.

●러시아의 잠수함 발사 탄도미사일

러시아(구 소련)의 SLBM은 IRBM(중거리탄도미사일)의 개량형에서 시작되었다. ①SS-N-6 사브 : 제3세대 SLBM으로 공격목표는 비행장 등의 목표 ②SS-N-8 소플라이 : 천문항법유도기능을 가진 관성유도시스템을 이용한 소련 최초의 SLBM.

①
②
③
④
⑤
⑥

③SS-N-17 스나이프 : 고체연료 사용 ④SS-N-18 스팅레이 : 제5세대 SLBM으로 소련 최초의 MIRV 방식의 탄두(3~7개의 핵탄두를 장착)를 탑재했다. ⑤SS-N-20 스터전 : 타이푼급에 탑재된 제6세대 SLBM ⑥SS-N-23 스키프 : 소련 최초의 3단 액체식 SLBM으로 1985년부터 배치. 탄두는 MIRV 방식.

*V-2=나치스 시대 독일이 개발한 장거리 탄도 로켓 A-4. V-2는 '보복병기 2호'의 의미

●미국의 잠수함 발사 탄도 미사일

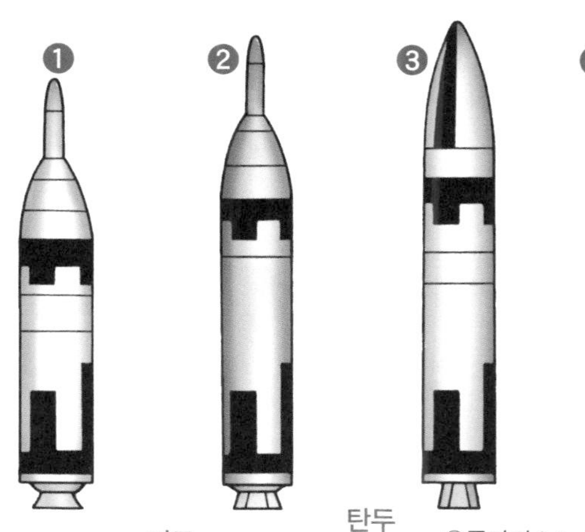

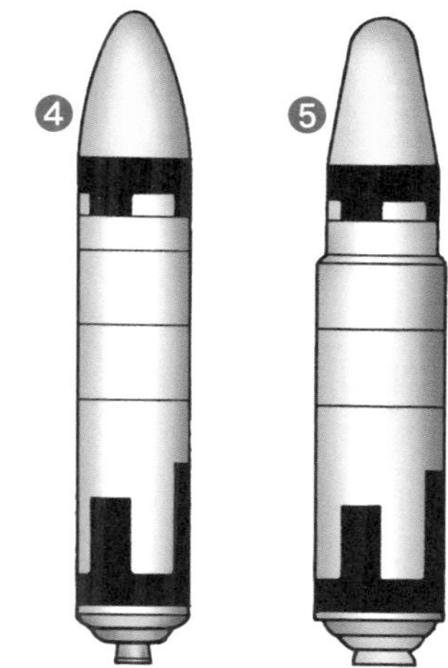

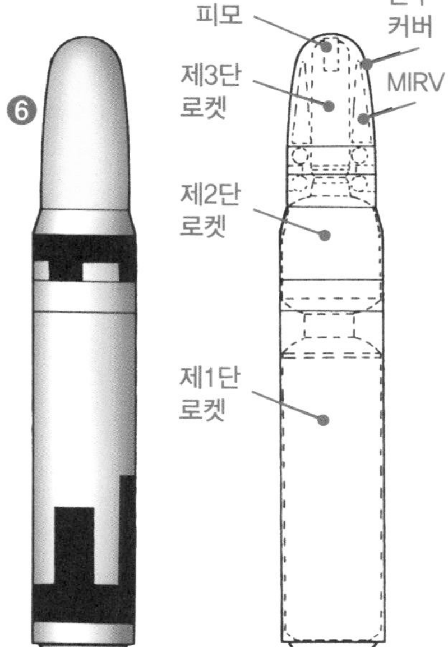

①폴라리스A-1 : 1960년대 세계최초의 SLBM으로 실전 배치되었다. 탄두는 1메가톤의 수폭. 조지 워싱턴급 원잠 5척에 탑재되었지만 배치기간은 짧았다. ②폴라리스A-2 : 최초부터 전략미사일 원잠으로서 개발된 이선 앨런급 5척과 라파예트급 8척에 탑재되었다. ③폴라리스A-3 : 소형으로 정밀도가 높은 관성항법장치를 탑재하였기 때문에 전체 중량은 A-2와 동일하지만 페이로드(탄두중량)가 증가했으며 사정거리도 훨씬 연장되었다. ④포세이돈 C-3 : 탄두는 MIRV(Multiple Independently targetable Reentry Vehicle) 방식. 라파예트급, 이선 앨런급 등에 탑재되었다. ⑤트라이던트 C-4 : 천문항법유도기능을 지닌 관성유도장치를 탑재. 포세이돈 C-3보다 사정거리가 크게 증가되었다. ⑥트라이던트 D-5 : 1990년부터 실전 배치된 신형 SLBM. 475킬로톤 위력의 핵탄두 8~12기 탑재.

원잠에서 발사되어 해상에 나온 순간에 로켓 모터를 점화시킨 잠수함 발사 탄도 미사일.
발사된 미사일은 불과 몇 분 만에 연료를 전부 연소시켜 최대추력으로 대기권까지 한 번에 올라가며. 이후에는 관성으로 탄도를 그리며 비행한다.

*SLBM=Submarine Launched Ballistic Missile

17 잠수함 발사 탄도미사일(2)

잠수함 X 탄도미사일 = 최강무기

원자력잠수함을 발사플랫폼으로 하는 탄도미사일이 바로 SLBM(잠수함 발사 탄도미사일)이다. 해중에 장기간 잠항할 수 있으며 이동까지 가능한 원잠을 탐지하는 것은 매우 어려우며 육지의 *지하식 사일로보다 생존성이 높다.

오른쪽 그림은 1990년대 초반부터 오하이오급 원잠에 탑재되기 시작한 SLBM 트라이던트 D-5의 비행경로. D-5는 3단 고체연료식 미사일로 탄두부는 MIRV 방식(8개의 핵탄두를 장착). 미사일은 관성유도방식으로 비행하지만 탑재 시스템은 천체에 관측을 통해 위치를 확인하는 '천문항법유도기능'을 가지고 있다.

부스트 단계 : 미사일이 발사되어 엔진이 연소를 종료할 때까지의 단계를 말한다. 통상 3~5분으로 이 사이에 미사일은 대기권외에 도달하여 계산된 궤도에 진입한다.

포스트 부스트 단계 : 부스터의 연소를 끝낸 미사일에서 탄두가 완전히 방출되기까지의 시간이다.

미드 코스 단계 : 궤도에 진입하여 재돌입체를 방출, 탄도비행하면서 대기권에 재진입할 때까지이다. 전 항정 중 이 단계가 가장 길다.

종말 단계 : 대기권으로 재진입부터 목표에 명중할 때까지이다.

*지하 사일로 = 수직으로깊게 파낸 지하 미사일 격납고 겸 발사관.

파괴력이 큰 핵탄두를 탑재한 탄도미사일은 사정거리가 길고 대기권외에 도달하여 재돌입하는 탄두부는 최대 마하 20이상의 초고속으로 낙하하기 때문에 격추는 거의 불가능에 가깝다.

이런 원잠과 탄도미사일을 조합한 SLBM은 미 해군이 1960년에 실용화 한 폴라리스 A-1이 세계 최초이다. 이후 구 소련에서도 비슷한 무기를 배치하여 SLBM은 20세기 후반 미소 핵전략의 한 축을 맡게 되었다. 이후 성능이 향상되면서 현재 SLBM은 강대국 핵전력의 주력을 차지하고 있다.

●잠수함 발사 탄도미사일 (MIRV 방식)의 비행경로

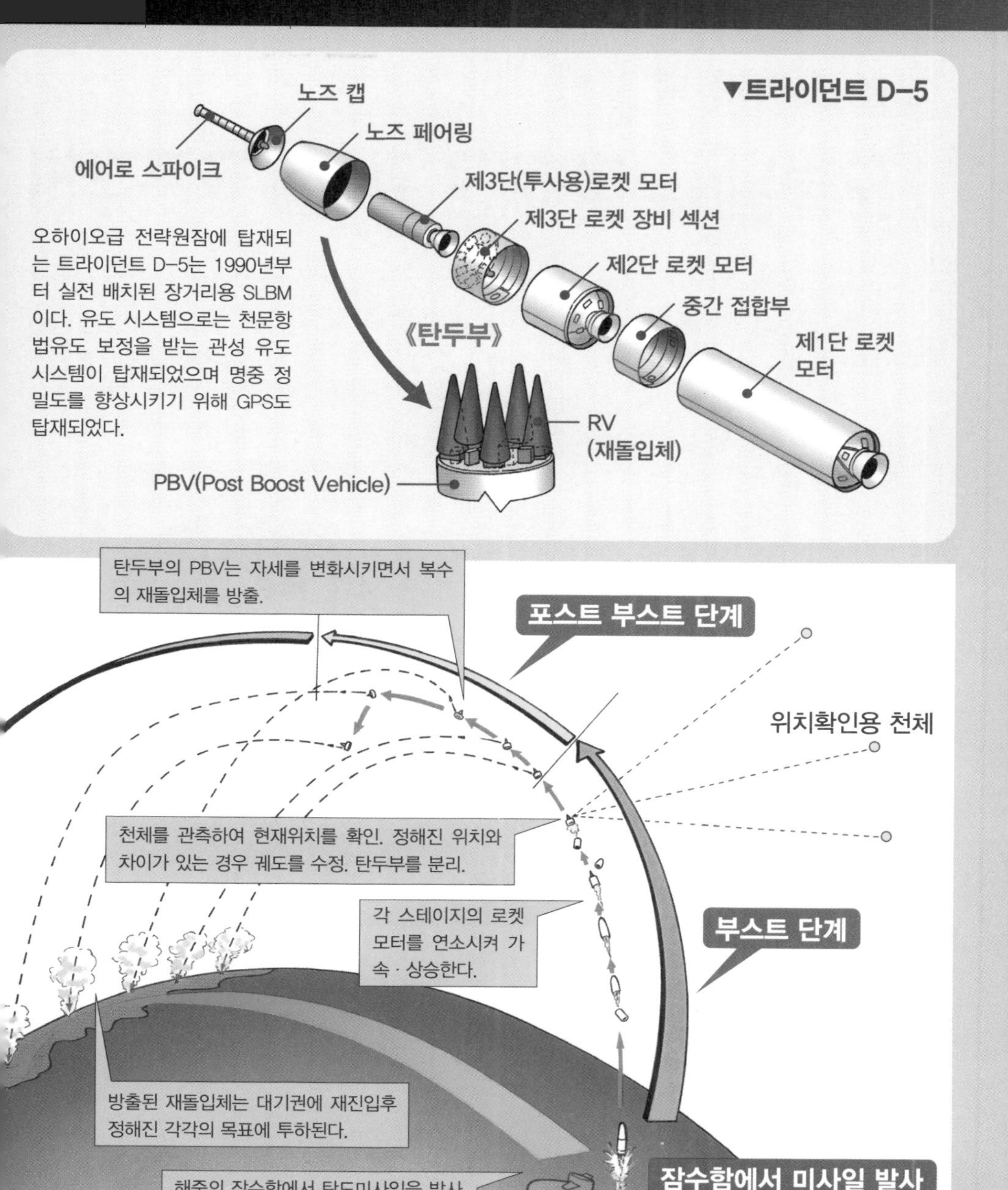
▼트라이던트 D-5
노즈 캡
노즈 페어링
에어로 스파이크
제3단(투사용)로켓 모터
제3단 로켓 장비 섹션
오하이오급 전략원잠에 탑재되는 트라이던트 D-5는 1990년부터 실전 배치된 장거리용 SLBM이다. 유도 시스템으로는 천문항법유도 보정을 받는 관성 유도 시스템이 탑재되었으며 명중 정밀도를 향상시키기 위해 GPS도 탑재되었다.
제2단 로켓 모터
중간 접합부
《탄두부》
제1단 로켓 모터
RV (재돌입체)
PBV(Post Boost Vehicle)
탄두부의 PBV는 자세를 변화시키면서 복수의 재돌입체를 방출.
포스트 부스트 단계
위치확인용 천체
천체를 관측하여 현재위치를 확인. 정해진 위치와 차이가 있는 경우 궤도를 수정. 탄두부를 분리.
각 스테이지의 로켓 모터를 연소시켜 가속 · 상승한다.
부스트 단계
방출된 재돌입체는 대기권에 재진입후 정해진 각각의 목표에 투하된다.
해중의 잠수함에서 탄도미사일을 발사. 미사일은 해상에 나온 시점에서 부스터를 점화하여 비행을 개시한다.
잠수함에서 미사일 발사

18 드라이 덱 셸터

오늘날에는 미 해군 원잠의 표준장비

미 해군이 1980년대 초반에 개발한 드라이 덱 셸터는 에어록 기능을 가진 격납고라고 할 수 있는 것으로, 잠수함의 갑판 위에 탑재하여 운용한다. 드라이 덱 셸터에는 해군특수부대(*SEALs) 대원을 운송하는 *SDV(수송용 소형 잠수정)를 탑재할 수 있다. 또한 다이버가 장비를 가지고 잠항중인 잠수함에서 나와 작업하는 경우, 작업을 쉽게 할 수 있는 장점이 있다.

당초에, 드라이 덱 셸터는 라파예트급 등과 같은 원잠에 한정적으로 장비되었다. 하지만 특수부대 지원이 잠수함의 중요 임무 가운데 하나가 된 오늘날에는 로스엔젤레스급이나 버지니아급 등 미 해군의 많은 원잠에 탑재되고 있다.

▼이선 앨런급(미국)

드라이 덱 셸터

드라이 덱 셸터가 도입되면서 전략미사일 원잠이던 이튼 앨런급의 경우, 미사일을 철거하고 발사관실에 거주구역(65명)과 장비수납고를 설치하는 등의 개량이 이루어졌다.
①감압실 ②행거내 접속 도어 ③잠수원 ④SDV(수송용 소형 잠수정) ⑤행거 ⑥행거폐쇄도어 ⑦잠수함갑판 고정용 받침대 ⑧SDV탑재용 팔레트 ⑨스커트(잠수함 연결부 통로) ⑩접속실 ⑪감압실 조작 패널

드라이 덱 셸터에 탑재된 SDV. SDV가 탑재용 팔레트에 적재되어 있는 것이 보인다.

*SEALs=미 해군특수부대 네이비 실즈. SE는 바다, A는 하늘, L은 육지를 의미한다.

드라이 덱 셸터의 내부. 다이버를 태운 판 양 측면에 설치된 것은 SDV 탑재용 팔레트를 셸터에서 출입시키는데 쓰이는 레일.

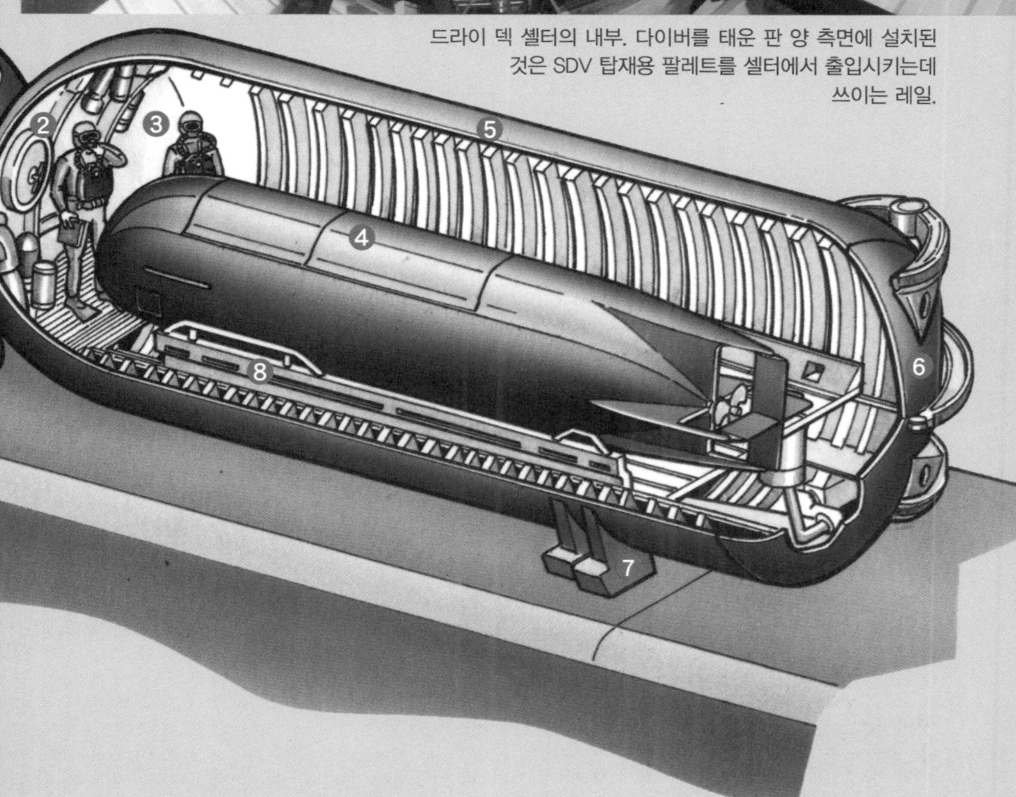

*SDV=SEAL Delivery Vehicle의 약어.

제1장 잠수함의 기본
제2장 잠수함의 구조
제3장 잠수함 승조원
제4장 잠수함의 전투
세계 잠수함 파일

19 개조된 탄도미사일 잠수함

오하이오급 개량형의 새로운 임무는?

2001년 미 해군은 세계정세의 큰 변화에 따라 SLBM 발사 플랫폼인 전략원잠 전력을 삭감했다.

그 결과 오하이오급 1번함부터 4번함까지 4척이 순항미사일 잠수함(*SSGN)으로 개조되었으며, 재래식탄두 탑재 토마호크 미사일을 통한 지상목표 공격과 해군특수부대 SEALs의 작전지원이라는 새로운 임무가 부여되었다.

이렇게 개조된 함정은 '오하이오급 개량형'으로 불리며 2006년에 1번함 '오하이오'가 개조를 마쳤으며 '미시간', '플로리다', '조지아'의 개조도 완료되었다. 또한 운용 개시와 더불어 함장은 중령에서 대령으로 변경되었다.

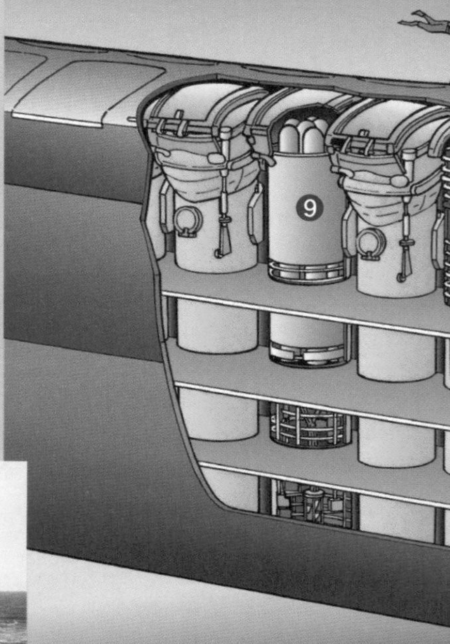

오하이오급 개량형에는 오른쪽 일러스트와 같은 개조가 이루어졌다. ①*ASDS(로킹 시스템을 통해 모함과 접합되어 있으며 승무원은 직접 ASDS에 탑승 가능하다) ②감압실 ③접속부(모함에서 드라이 덱 셀터로 직접 들어갈 수 있다) ④SDV(소형 잠수정), ⑤드라이 덱 셸터, ⑥미사일 발사관(미사일 발사관은 드라이 덱 셸터로의 이동통로로 쓰이고 있다) ⑦무기 및 탄약 수납고(미사일이 들어 있지 않은 발사관은 무기나 탄약 수납고로 사용된다) ⑧출동을 위해 드라이 덱 셸터로 이동 중인 SEALs 대원들 ⑨순항미사일이 탑재된 발사관(토마호크 및 발사 시스템을 수납)

개조된 USS '조지아'(SSGN-729). 상갑판에 드라이덱 셸터가 설치된 것을 알 수 있다.

*SSGN=SS는 잠수함, G는 유도미사일(순항미사일), N은 원자력 추진을 나타낸다.

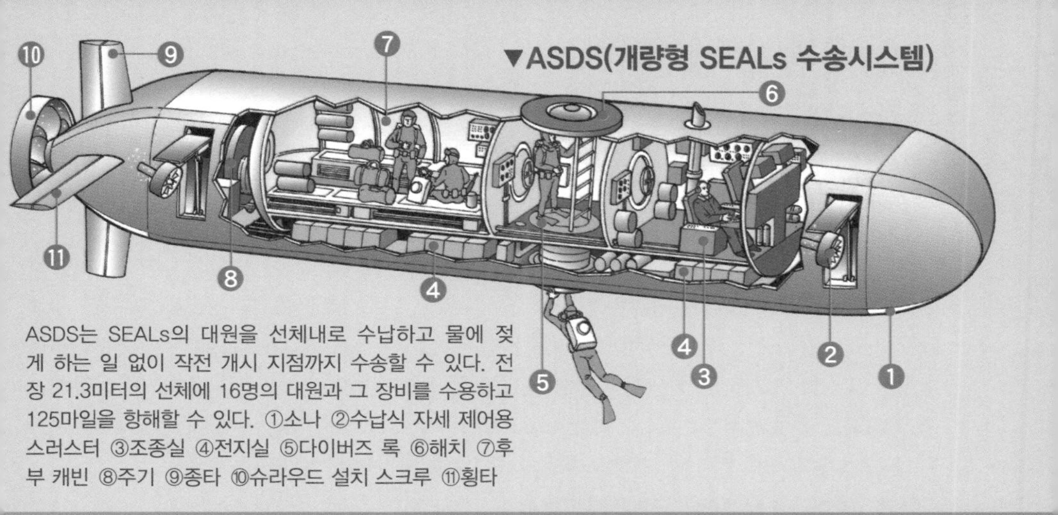

▼ASDS(개량형 SEALs 수송시스템)

ASDS는 SEALs의 대원을 선체내로 수납하고 물에 젖게 하는 일 없이 작전 개시 지점까지 수송할 수 있다. 전장 21.3미터의 선체에 16명의 대원과 그 장비를 수용하고 125마일을 항해할 수 있다. ①소나 ②수납식 자세 제어용 스러스터 ③조종실 ④전지실 ⑤다이버즈 록 ⑥해치 ⑦후부 캐빈 ⑧주기 ⑨종타 ⑩슈라우드 설치 스크루 ⑪횡타

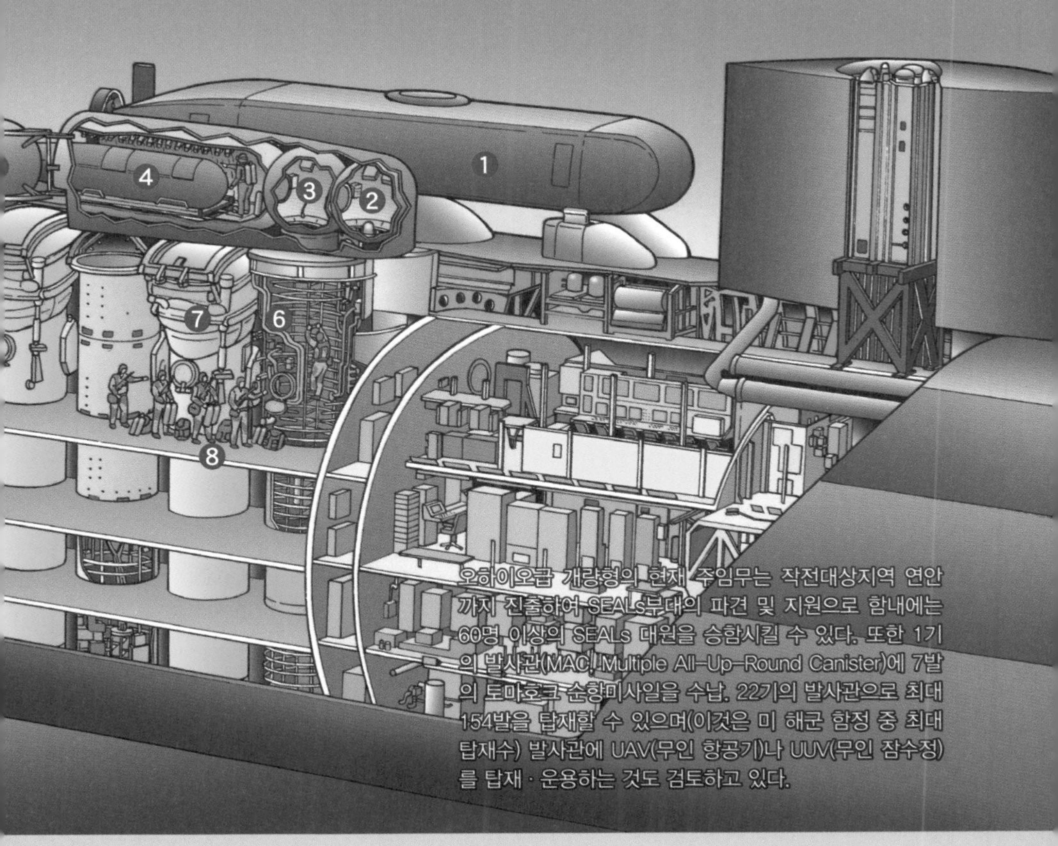

오하이오급 개량형의 현재 주임무는 작전대상지역 연안까지 진출하여 SEALs부대의 파견 및 지원으로 함내에는 60명 이상의 SEALs 대원을 승함시킬 수 있다. 또한 1기의 발사관(MAC, Multiple All-Up-Round Canister)에 7발의 토마호크 순항미사일을 수납. 22기의 발사관으로 최대 154발을 탑재할 수 있으며(이것은 미 해군 함정 중 최대 탑재수) 발사관에 UAV(무인 항공기)나 UUV(무인 잠수정)를 탑재 · 운용하는 것도 검토하고 있다.

*ASDS=Advanced SEALs Delivery System의 약어. SDV의 개량형이다.

20 대잠수함전투

하늘에서 사냥하는 잠수함의 강적

장기간 잠항이 가능한 원잠이 출현하자 수상함의 소나로는 탐지가 곤란하게 되었다. 그래서 개발된 것이 대잠초계기이다. 대잠초계기는 잠수함 탐지장치와 대잠무기를 탑재한 항공기로 하늘에서 잠수함을 탐지·공격한다. 대잠초계기에 탑재된 대잠탐지장치는 다음과 같다. ①레이더와 전파탐지장치(해면상의 잠망경 등을 탐지) ②소노부이 시스템(수동으로 잠수함 소리를 탐지) ③능동식 소노부이 시스템(음파를 발생시켜 잠수함의 반사파를 탐지) ④자기이상탐지장치인 *MAD(강철제 선체인 잠수함에 의한 자기장 변화를 탐지)

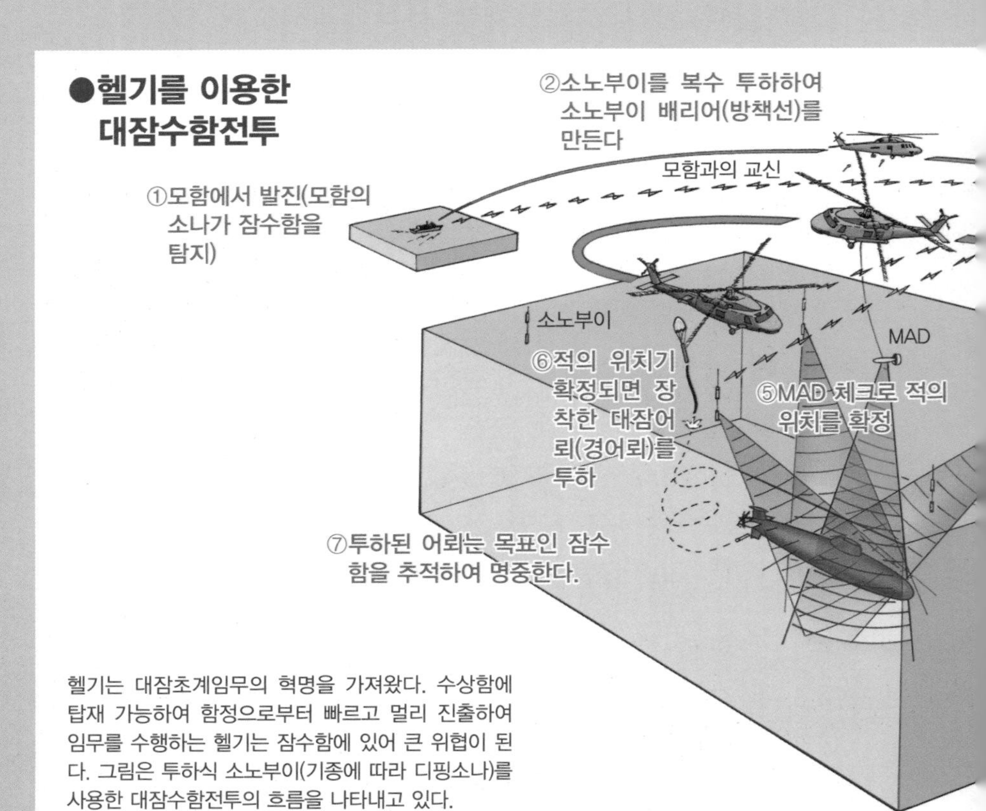

헬기는 대잠초계임무의 혁명을 가져왔다. 수상함에 탑재 가능하여 함정으로부터 빠르고 멀리 진출하여 임무를 수행하는 헬기는 잠수함에 있어 큰 위협이 된다. 그림은 투하식 소노부이(기종에 따라 디핑소나)를 사용한 대잠수함전투의 흐름을 나타내고 있다.

*MAD=Magnetic Anomaly Detector의 약자 *LAMP=Light Airborne Multi-Purpose System의 약자

다양한 대잠탐색/공격용 무기와 컴퓨터 등의 전자장비를 탑재하여 장기간의 초계임무를 할 수 있도록 개발된 대형 장거리 대잠초계기 P-3C

1970년대 최초의 LAMPS(공중 다목적 경항공 시스템)로 개발된 것이 SH-2D(왼쪽 아래)였다. 하지만 운용상의 한계로 LAMPSⅢ가 개발되었다. 현재는 성능이 더욱 향상되어 다목적으로 사용

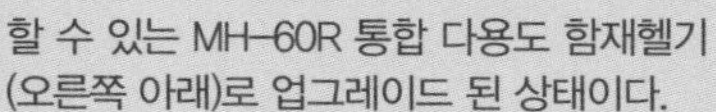

할 수 있는 MH-60R 통합 다용도 함재헬기(오른쪽 아래)로 업그레이드 된 상태이다.

④소노부이의 수중마이크로 수신한 신호가 헬기에 수집된다(수신정보는 모함에 송신되어 분석되며 헬기내 분석도 가능)

소노부이로부터 신호

③소노부이는 능동과 수동의 탐지 가능. 1기의 탐지 거리는 최대 50킬로미터. 목표를 탐지하면 신호를 발신한다.

LAMPS는 미 해군에서 수상전투함정에 탑재된 헬기를 모함과 데이터링크로 일체화하여 무장시스템의 일부로서 다기능 · 다목적으로 사용하고자 하는 아이디어로 개발된 기체. LAMPSⅢ는 현재 운용중인 SH-60B이지만 LAMPSⅢ 블록Ⅱ로서 MH-60R이 새로이 도입되었다. ①전자장치 ②해석탐지장치 ③조종석 ④데이터링크용 안테나 ⑤전술사관석 ⑥센서조작원석 ⑦소노부이투하기 ⑧대잠어뢰

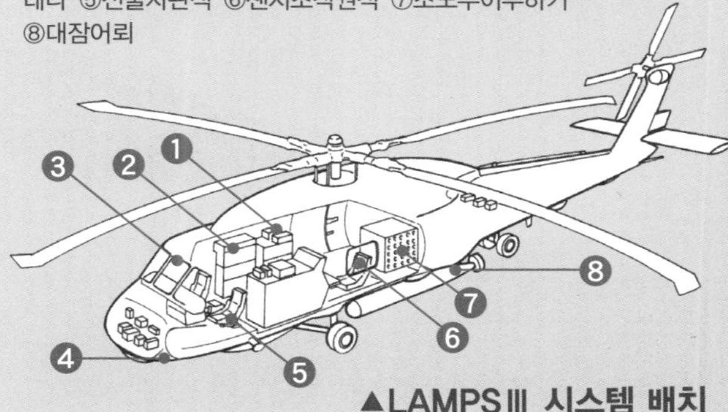

▲LAMPSⅢ 시스템 배치

21 잠수함의 방어수단

적의 탐지를 어떻게 회피하는가?

잠수함의 방어수단으로는 ①어떻게 하면 적에게 탐지되지 않도록 할 것인가 ②적에 탐지 된다면 어떻게 할 것인가 라고 하는 2단계가 있다.

적의 소나에 탐지되지 않기 위해서는 가능한 소음을 내지 않도록 하는(정숙화 대책) 것밖에 없다. 현대 잠수함은 수중항해가 기본으로 선체는 매끄럽게 가공되며 표면을 흐르는 물이 와류를 발생시키지 않도록 하고 있다. 또한 함내 기관과 펌프류 등의 장치는 완충재를 붙인 받침대위에 설치되었으며 선체표면에 고무타일과 같은 특수 흡음재를 부착하여 가동시의 소음이 밖에 흘러 나가지 않도록 하고 있다.

하지만 조타 방법에 따라서도 소음이 발생할 수 있기 때문에 특히 교전이 예상되는 작전행동 중에는 주의가 필요하다.

여러 주의를 기울였음에도 탐지된 경우 적 소나를 무력화 할 수 있는 수단이 있다. 음향(함내 소음 등)의 통과를 방해하는 기포를 발생시키는 마스커 장치나 일부러 소음을 내어 소나를 방해하는 노이즈 메이커 같은 장치로 적을 속이고 소리의 전달 방향이 변화하는 해중 변온층으로 도망치는 것이다. 어뢰발사관에서 발사되어 가짜 스크루 음을 내는 미끼 어뢰 등도 개발되고 있다.

선체의 몇 개 소에서 압축공기로 기포를 발생시키는 마스커 장치는 현대의 많은 잠수함이 장착하고 있다. 기포는 음향을 통과시킬 수 없기 때문에 기포로 선체를 덮어 함내 소음을 차단하는 것이다. 스크루의 끝단에서 기포를 발생시켜서 후방 소음 전달을 막는 프레어리 마스커(Prairie Masker)도 있다.

현대 잠수함은 타일 모양의 흡음재를 선체표면에 접착제로 붙이지만 굴곡이 있으면 잡음을 발생시키는 원인이 되기 때문에 선체표면은 매끄럽게 하지 않으면 안 된다. 때문에 흡음재를 도료 상태로 가공하여 스프레이처럼 뿌리는 방법도 사용되고 있다.

●수중항해를 원칙으로 한 잠수함의 선체형태

항해 중에 잠수함이 받는 저항은 조파저항, 점성저항이 있다. 조파저항은 수상항해 중에 받는 것으로 현대 잠수함의 경우에는 점성저항이 중요하다. 수중항해 중에 선체표면을 흐르는 물의 점성에 따라 발생하는 점성저항은 이것이 적을수록 선체표면을 물이 매끄럽게 흐르고 소음의 원인이 되는 와류를 발생시키지 않게 된다. 수중항해가 원칙인 잠수함의 대부분은 선체형태를 '눈물방울형 선형(tear drop type)' 또는 '엽권형' 선체를 통해 점성저항을 줄이도록 설계되었다.

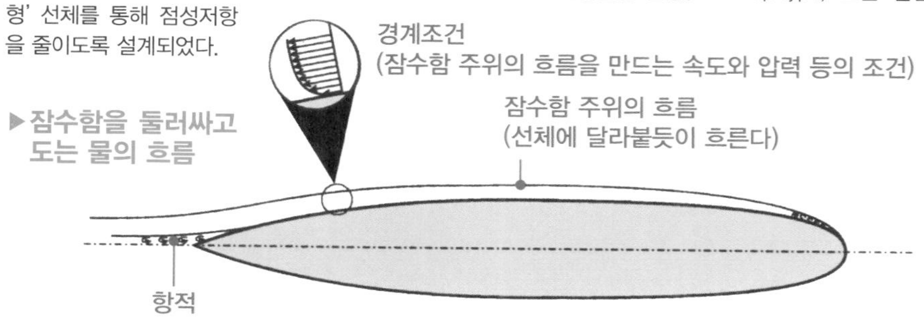

▶잠수함을 둘러싸고 도는 물의 흐름

22 잠수함 구난(救難) 시스템

잠수함 침몰시 승조원을 구조하는 방법

전투나 사고로 침몰한 잠수함에서 승조원을 어떻게 구출할 것인가는 중요한 문제이다. 사기에도 큰 영향을 미치기 때문이다.

해저에 좌초된 잠수함에서 승조원을 구출하는 방법으로서 옛날부터 사용되고 있는 것이 레스큐 챔버(Rescue Chamber)이다. 이것은 종(鐘)모양의 내압 캡슐로 해상의 구난함에서 케이블에 매달린 채 해중에 투하하고 잠수함의 탈출관(탈출구)에 장착하여 승조원을 이송시킨 후에 올려내는 것이다. 그러나 레스큐 챔버는 아무리 조건이 좋은 경우라도 심도 250미터가 한계이다.

때문에 심해구조잠수정(DSRV, Deep Submergence Rescue Vehicle)과 같은 소형 심해잠수정의 구난시스템이 개발되었다. 이것은 해중을 자력 항해할 수 있는 것으로 레스큐 챔버 보다 유연하고 효율적으로 구조활동을 할 수 있다.

현재 가장 안전하면서도 신속한 잠수함 구난시스템이라 할 수 있는 DSRV는 미 해군 외에도 대한민국 해군과 일본 해자대 등에서 운용하고 있으며 그 외 다른 국가에서도 비슷한 시스템을 채용하고 있다.

[오른쪽] 미 해군의 레스큐 챔버. 탈출탑(아래 그림)에 장착하여 사용한다. 하지만 케이블 길이에 한계가 있어 조류가 강하거나 잠수함이 기울어진 상태에서는 사용할 수 없었다. 이 때문에 개발된 것이 바로 DSRV로 1500미터 심도까지 잠항 가능하도록 만들어졌다. 한 번에 구출할 수 있는 인원은 25명 정도이지만 반복해서 사용이 가능하다. [오른쪽 아래] 프랑스 해군의 신형 잠수함 구조 시스템. DSRV와 거의 같은 기능을 지닌다.

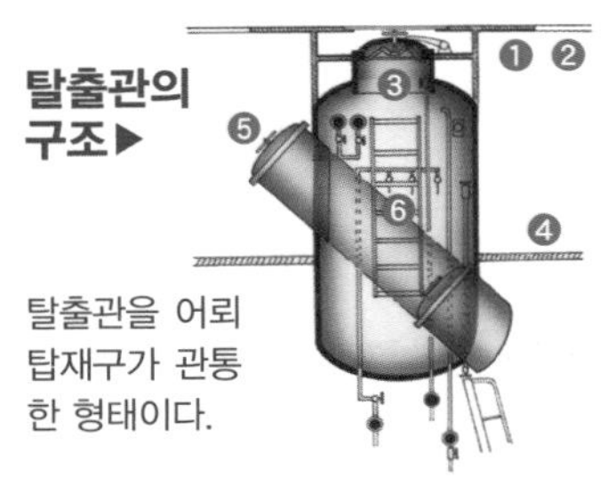

①레스큐 챔버 장착부 ②상갑판 ③탈출관 ④내압각 ⑤어뢰탑재구 ⑥사다리

*DSRV=Deep Submarine Rescue Vehicle

●잠수장치에 따른 잠수작업 가능 심도
(조난 잠수함의 구출작업 가능 심도)

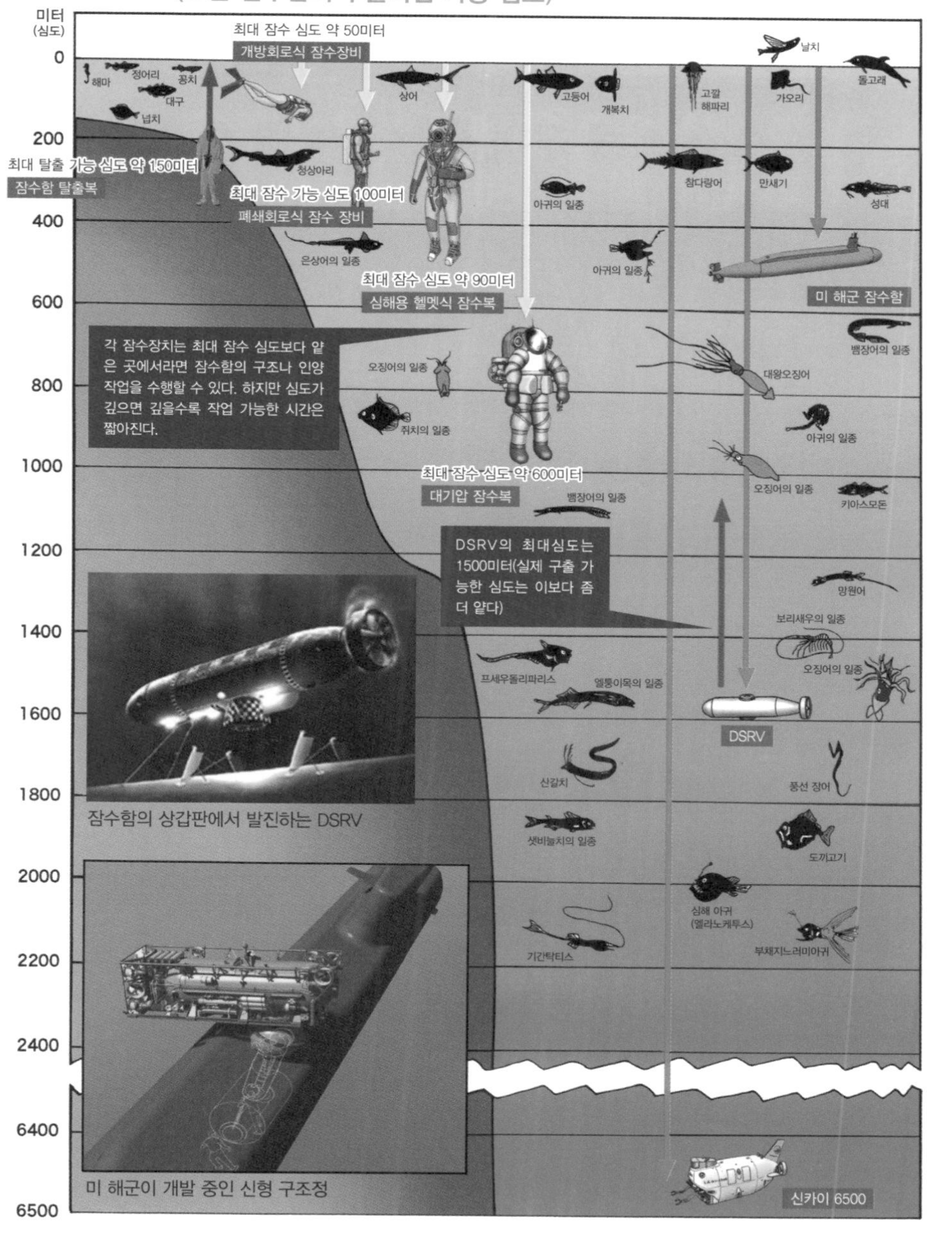

잠수함의 상갑판에서 발진하는 DSRV

미 해군이 개발 중인 신형 구조정

Submarines of the World

세계 잠수함 파일

최초의 잠수함은 어떤 것이었나?

가장 많이 건조된 잠수함은 무엇일까?

세계 최대의 잠수함은?

이번 장에서는 잠수함의 여명기에서 현대의 잠수함까지 상세히 알아보자!

FILE01 미국 독립전쟁에서 데뷔한 세계 최초의 군용 잠수정

터틀호

(미국)

●**배수량** : – ●**전장** : 2.4미터 ●**전폭** : 0.9미터 ●**전고** : 1.8미터
●**최대잠항심도** : 알수없음 ●**최대속력** : 2.6노트 ●**기관** : 인력
●**무장** : 화약 59킬로그램(시한신관) ●**승조원 정원** : 1명

1776년 미국인 데이비드 부시넬이 개발한 '터틀'호는 세계 최초로 실전에 투입된 잠수정으로 알려져 있다.

선체는 목제의 외벽에 타르를 칠하여 방수하고 철제 테를 둘러 보강한 술통 모양으로 건조되었다. 그림처럼 추진기는 승조원이 페달을 돌려 프로펠러를 추진시키는 것으로 조작은 전부 승조원의 인력으로 이루어졌다.

그러나 '터틀'호를 흥미롭게 보는 이유는 부력 탱크를 보유하여 수동펌프에 의한 해수의 주입·배출을 통해 잠항과 부상을 했다는 점이다. 매우 원시적이지만 '터틀호'의 수중행동 원리는 현대의 잠수함과도 통한다고 할 수 있다.

'터틀'호의 데뷔전은 미국 독립전쟁이었다. 수중에 잠항하다가 적군인 영국 군함에 은밀하게 접근하여 선저에 송곳으로 구멍을 만들어 폭약을 장착하고 이탈하여 시한장치로 폭발시키는 작전이었다.

공기의 공급 장치 등도 없었던 시대이었기에 호흡용 공기는 함내의 공기뿐이었다(그래도 30분 정도는 잠수할 수 있었다고 한다). 하지만 수면 가까이에서 함의 머리를 내민 채 적함에 접근하고 선저에 폭약을 설치할 때 잠수할 뿐이었기 때문에 공기의 양은 별달리 문제되지 않았다고 한다.

터틀호는 1776년 9월, 깁스만의 전투에 참가하여 맨해튼 남부의 거버너즈 섬에 계류되어 있던 영국군함 이글(HMS Eagle)에 대해 공격을 실시했다. 조종한 것은 에즈라 리 육군 상사로, 도중까지는 보트로 예인되어 공격목표에 근접했다. 터틀호는 이글의 선저에 도달하였지만 선체가 동판이었기 때문에 송곳으로 뚫을 수가 없어서 공격은 실패했다고 전해진다.

얼마 되지 않아 영국군에 발각된 터틀호는 영국군의 소형 보트의 추적을 받게 되었으며 리 상사는 폭약 설치를 중단하고 도주하여 간신히 위기를 벗어날 수 있었다.

1778년 8월, 터틀호는 다시 실전에 투입되었다. 이번에는 영국 군함 '셀빌러스(Celvelas)' 함에 어뢰 유사품의 무기로 습격하였으나 결국 실패했다고 한다. 부시넬의 잠수정 터틀은 결과다운 결과를 남기지 못했다.

그러나, 강대한 영국해군에 대해 수중에서 기습공격을 시도한 발상은 참신하였으며 세계 최초의 잠수함전(잠수정에 의한 함선습격)을 실시한 함정으로서 터틀은 역사에 남게 되었다.

●'터틀'호 도해

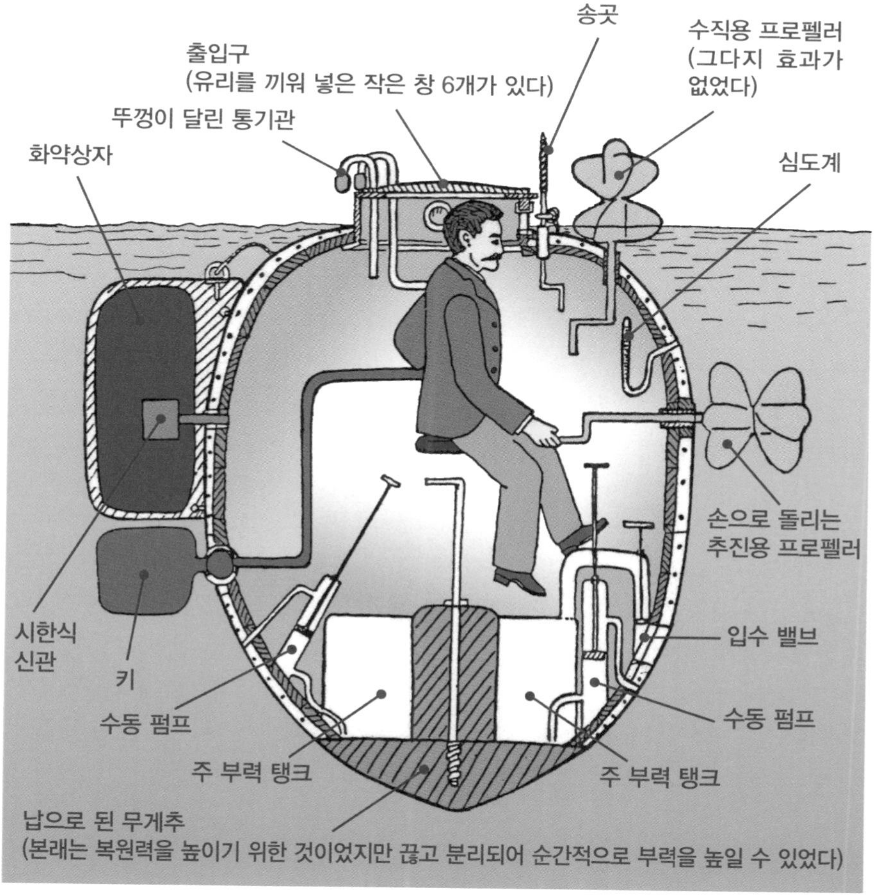

송곳
수직용 프로펠러 (그다지 효과가 없었다)
출입구 (유리를 끼워 넣은 작은 창 6개가 있다)
뚜껑이 달린 통기관
화약상자
심도계
손으로 돌리는 추진용 프로펠러
입수 밸브
수동 펌프
시한식 신관
키
수동 펌프
주 부력 탱크
주 부력 탱크
납으로 된 무게추 (본래는 복원력을 높이기 위한 것이었지만 끊고 분리되어 순간적으로 부력을 높일 수 있었다)

참고로 터틀의 개발자 부시넬은 하천의 상류에서 화약을 집어넣은 통을 방류하여 하구에 정박한 영국군함을 공격하는 아이디어를 내기도 했다.

Submarines of the World

FILE02 나폴레옹이 자금을 지원하였지만 채용되지는 않았다

노틸러스(Nautilus)

(프랑스)

●**배수량** : - ●**전장** : 6.4미터 ●**전폭** : 2.1미터
●**출수** : - ●**최대잠항심도** : 8미터 ●**최대속력** : 3노트(수상)
●**기관** : 풍력(수상) / 인력(수중) ●**무장** : 폭약(시한신관) ●**승조원 정원** : -

증기선을 처음으로 실용화한 로버트 풀턴(Robert Fulton)이 만든 잠수정이 '노틸러스'호이다. 전장 6.4미터, 직경 2.1미터의 원통형 선체에 수동으로 작동하는 스크루를 부착하고 있다. 부시넬의 '터틀'과 비슷하게 잠수정이라고 해도 선체가 해면하에 잠기는 반침몰식으로 완전한 잠항이 가능했을지는 알 수 없다. 그래도 잠수정 등이 존재하지 않던 시절이었기 때문에 활용가치는 있었던 것 같다.

그림처럼 수상을 항해할 때는 접이식 돛대에 돛을 펼쳤다. 무기는 터틀호와 동일하게 폭약이지만 폭약을 채운 구리 캡슐을 예인하며 잠항, 목표 선박을 횡단하여 캡슐이 적선에 닿으면 촉발신관으로 폭발하는 방식이었다.

펜실베니아 출신인 미국인 풀턴은 1797년 프랑스로 이주하여 노틸러스호를 만들었다. 당시 영국과 전쟁 중이었던 프랑스에서 잠수정의 유효성을 곳곳에 들러 설명하였으며 나폴레옹으로부터 잠수함 건조 자금 1만 프랑을 받았다고 전해진다.

완성한 잠수함은 몇 차례에 걸쳐 파리의 센강에서 잠항실험을 했고 브레스트에서 실시한 모의공격에서는 실제로 오래된 함선 침몰에 성공하기도 했다. 풀턴은 이후 대형 잠수함을 제안했으나 프랑스군은 받아들이지 않았다.

또한 미국 남북전쟁 당시 사용된 잠수정으로 유명한 것이 '헌리(Hunley)'호이다. 이것은 전장 12미터 정도의 원통형 선체로 장교 1명과 병 7명이 승조하여 그림처럼 크랭크를 돌려서 프로펠러를 회전시켜 추진하는 것이었다(속력 4노트를 냈다고 한다). '헌리'호의 이름은 개발자인 H. L. Hunley에서 유래했다.

1864년 2월, '헌리'호는 북군의 후사토닉(Housatonic)함을 공격하여 침몰시키는데 성공했다. 이 공격으로 해상의 적 함선을 침몰시킨 세계 최초의 잠수정이 되었지만 '헌리'호도 침몰되고 만다. '헌리'호의 잔해가 인양된 것은 그 후 136년만인 2008년 8월의 일이었다.

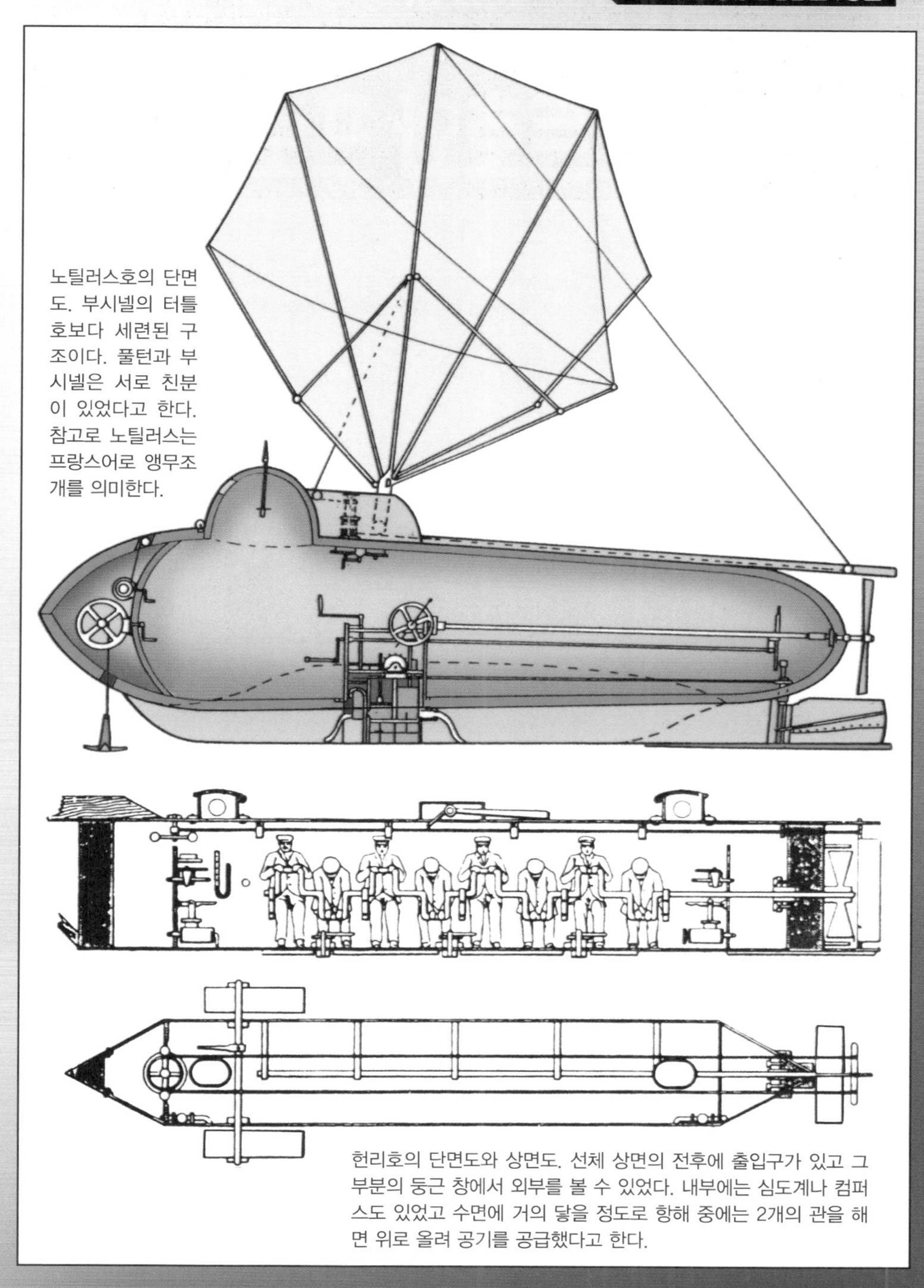

노틸러스호의 단면도. 부시넬의 터틀호보다 세련된 구조이다. 풀턴과 부시넬은 서로 친분이 있었다고 한다. 참고로 노틸러스는 프랑스어로 앵무조개를 의미한다.

헌리호의 단면도와 상면도. 선체 상면의 전후에 출입구가 있고 그 부분의 둥근 창에서 외부를 볼 수 있었다. 내부에는 심도계나 컴퍼스도 있었고 수면에 거의 닿을 정도로 항해 중에는 2개의 관을 해면 위로 올려 공기를 공급했다고 한다.

Submarines-of-the-World

FILE03 네덜란드의 경쟁자가 만든 우수한 잠수정

아르고노트호와 프로텍터호

〈프로텍터호〉

●**배수량** : 187톤 ●**전장** : 11미터 ●**전폭** : –
●**흘수** : – **최대잠항심도** : 알 수 없음 ●**최대속력** : 8노트(수상) / 4노트(수중)
●**기관** : 가솔린 기관/2축 추진 ●**무장** : 380밀리 어뢰발사관 3문 ●**승조원 정원** : –

1893년 미 해군성은 현상금을 걸고 잠수함 설계를 공모했다. 이 때 스웨덴인 노르덴펠트, 아일란드인 존 P. 홀랜드, 시몬 레이크의 3명이 후세 잠수함에 큰 영향을 미치는 특징적인 잠수정을 개발했다(결국 이 응모로 채택된 것은 홀랜드의 잠수정이었다).

발명가 시몬 레이크에 의해 1894년에 건조된 '아르고노트'호는 전장 11미터, 수중 배수량 59톤의 잠수정으로 가솔린 기관으로 수상을 항해하고 수중에서는 배터리로 가동 모터를 작동하여 추진했다. 특징적인 것은 선체에 바퀴가 부착되었다는 점으로 바퀴를 이용하여 해저를 달릴 수 있었다. 또한 잠수 출입구(다이버즈 록)까지 설계되어 있었다.

레이크는 '아르고노트'호에 이어서 1903년에 '프로텍터'호를 개발했다(여기에도 선저에 차바퀴가 부착되었다). 수중 배수량 187톤의 대형 잠수함이지만 선체 상부의 갑판부를 설치하여 부력탱크로 하여 예비 부력의 확보와 능파성(凌波性)을 향상시켰다.

또한 수중에서 천천히 속도를 내더라도 심도가 일정하게 유지되도록 전부와 후부의 양현에 1매씩, 전부 합하여 4매의 잠항타를 부착했다. 이런 방식은 이후에 개발된 잠수함 잠항타의 일반적인 배치가 된 것을 보면 레이크의 '프로텍터'호는 홀랜드정보다도 우수한 부분이 있었다.

그러나 '프로텍터'호는 미 해군에 채용되지는 못했다. 레이크는 후에 '프로텍터'호를 포함한 동형의 잠수정을 러시아 해군에 팔고 5척의 발주를 받았다.

미국 독립전쟁에서 처음으로 투입된 이래 잠수함은 '비겁자의 무기'로 여겨졌다. 수면 아래에서 적에 들키지 않도록 접근하여 선저에 구멍을 뚫거나 폭약을 설치하는 것은 비겁자가 하는 짓이며 전장에서는 정정당당하게 싸우는 것이 당시 군인의 보편적인 사고였다. 따라서 초기 잠수함 발명자들은 군인들에게 이해를 얻지 못했다.

그러나 건국된 지 얼마 되지 않았던 미국의 경우, 비교적 사고의 유연성이 있었기에 해군성에서 잠수정 설계를 공모했고, 각국의 발명가들이 자신의 개발품을 팔기 위해 모여들 수 있었던 것이다. 미국이 잠수함 선진국인 것은 어쩌면 이때부터의 전통이라고도 할 수 있을 것이다.

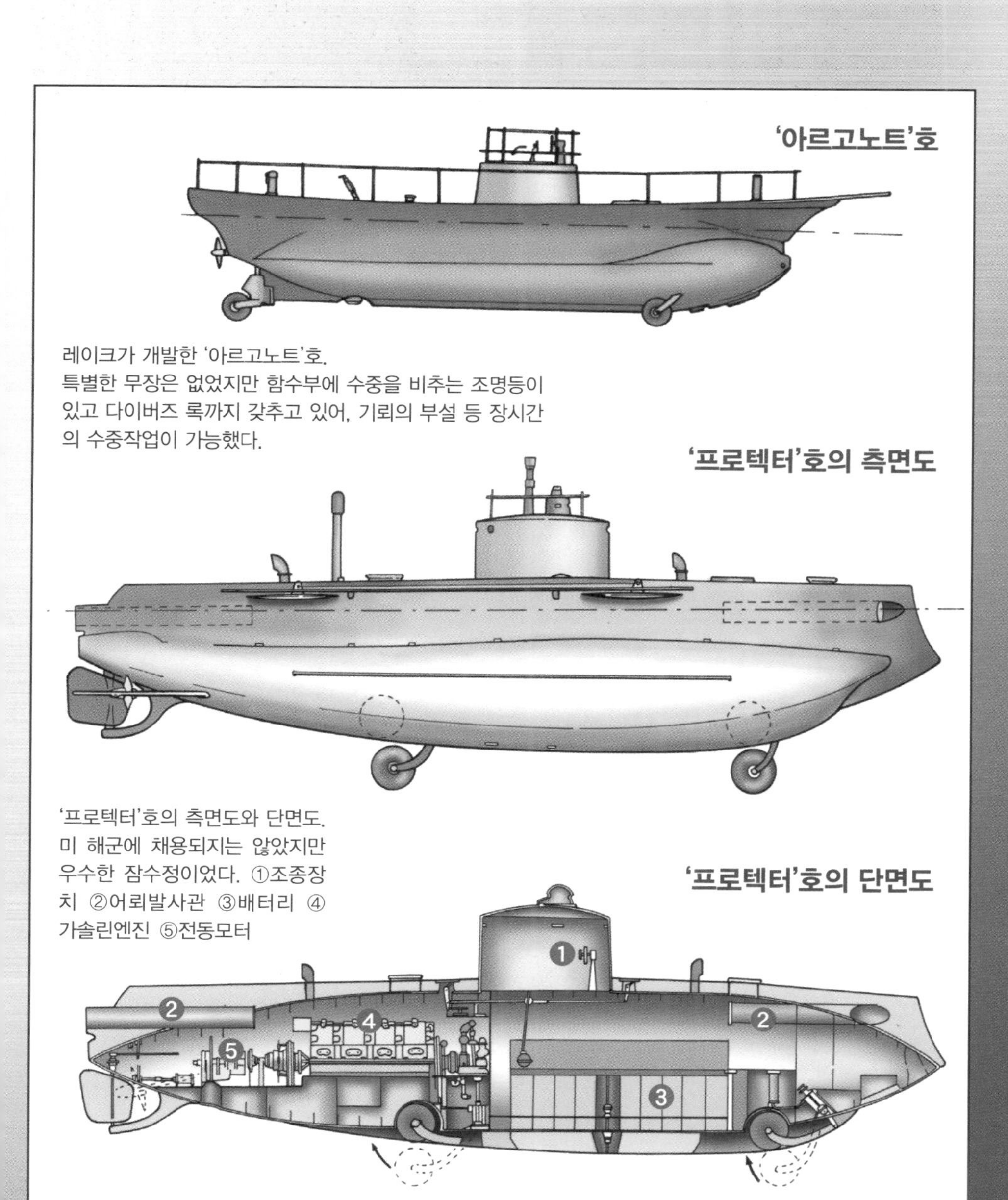

레이크가 개발한 '아르고노트'호.
특별한 무장은 없었지만 함수부에 수중을 비추는 조명등이 있고 다이버즈 록까지 갖추고 있어, 기뢰의 부설 등 장시간의 수중작업이 가능했다.

'프로텍터'호의 측면도와 단면도. 미 해군에 채용되지는 않았지만 우수한 잠수정이었다. ①조종장치 ②어뢰발사관 ③배터리 ④가솔린엔진 ⑤전동모터

FILE04 미 해군이 채택한 최초의 잠수함 "SS-1"

홀랜드급

(미국)

●배수량 : 64톤(수중) **●전장** : 16.5미터 **●전폭** : 3.1미터 **●흘수** : 3미터
●최대잠항심도 : 알 수 없음 **●최대속력** : 7노트(수상) / 5노트(수중) **●기관** : 가솔린 엔진
●무장 : 18인치 어뢰발사관 1문 / 다이너마이트포 1문 **●승조원 정원** : 7명

훗날 '근대 잠수함의 아버지'라고 하는 존 필립 홀랜드(John P. Holland)는 1840년에 아일랜드에서 태어났다. 고향은 영국의 점령 하에 있어 그는 강력한 영국 해군에 대항하기 위해서 잠수정 설계에 골몰했다고 한다. 제1호정의 건조는 미국으로 이민한 후였던 1875년이었다.

1893년에 미 해군성이 잠수함 설계 공모에 응모하여 선정되었던 홀랜드는 1895년에 미 해군과 잠수정 '프렌저'호의 건조계약을 맺었다. 하지만 신기술을 무리하게 집어넣으려 한 결과, 제대로 완성되지 못하고 계약은 취소되었다.

많은 시행착오와 사고, 보수를 거쳐 홀랜드 잠수정이 미 해군에 정식적으로 인도된 것은 1900년 4월이었다. 그의 이름을 딴 '홀랜드'로 명명된 잠수정은 미 해군의 잠수정 1호로서 'SS-1'의 함번호가 부여되었다. 제1호정의 건조로 존 홀랜드는 25년간의 노력을 보상받게 되었다.

SS-1 '홀랜드'는 가솔린 엔진으로 수상항해를 하고 항해 중에 충전한 배터리로 전동모터를 작동시켜 수중을 추진하는 방식이었다. 이후의 잠수함에 표준적인 동력장치가 되는 방식을 채택하면서 후세에 큰 영향을 주었다. 전장 16.5미터 정도의 선체 내부에 설치된 캐빈에는 동력장치와 연료탱크, 배터리, 공격용 어뢰발사관과 압축공기식 다이너마이트포 등이 콤팩트하게 들어 있었다.

승조원을 위한 거주설비는 거의 없었지만 잠항시간이 4시간 남짓이었기 때문에 거주성이 열약한 것은 딱히 문제가 되지 않았다.

홀랜드급 잠수정은 초기 잠수함의 표준이 되었으며 영국과 일본 등 각국 해군에서도 이를 채용했다. 특히 일본은 1904년에 발발한 러일전쟁에서 사용하기 위해 급하게 5척을 구매했다. 그러나 조립공정에 시간이 많이 걸려 제1호정이 완성된 1905년 7월에는 이미 쓰시마 해전도 끝난 뒤였기에 일본 해군의 잠수정이 실전에 투입되는 일은 없었다. 하지만 홀랜드정 구입은일본이 잠수함의 본격적인 개발을 시작하는 계기가 되었다.

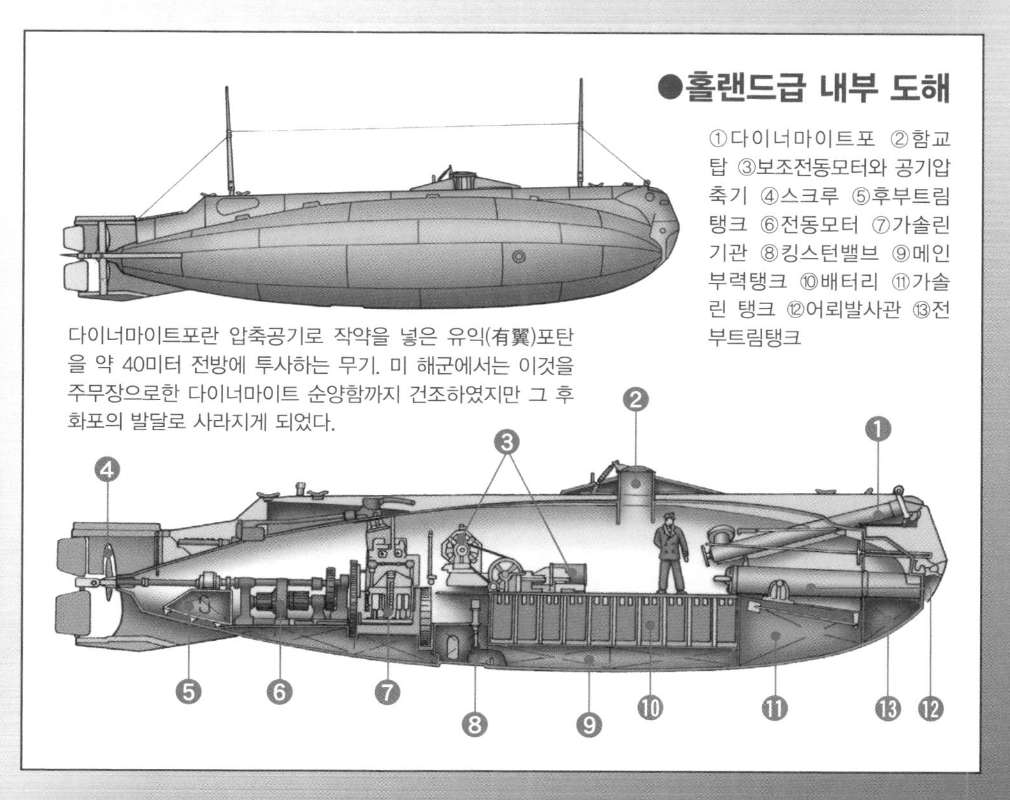

●홀랜드급 내부 도해

①다이너마이트포 ②함교탑 ③보조전동모터와 공기압축기 ④스크루 ⑤후부트림탱크 ⑥전동모터 ⑦가솔린기관 ⑧킹스턴밸브 ⑨메인부력탱크 ⑩배터리 ⑪가솔린 탱크 ⑫어뢰발사관 ⑬전부트림탱크

다이너마이트포란 압축공기로 작약을 넣은 유익(有翼)포탄을 약 40미터 전방에 투사하는 무기. 미 해군에서는 이것을 주무장으로한 다이너마이트 순양함까지 건조하였지만 그 후 화포의 발달로 사라지게 되었다.

●예비부력이란

일본 해군은 직도입한 홀랜드정을 원형으로 최초의 일본제 잠수함인 제6형 잠수함(홀랜드 개량형)을 2척 건조했다. 하지만 1척은 통풍관에서 침수로 침몰했는데 이것은 함내에 들어온 물이 예비부력 제로의 균형을 깼기 때문이다. 참고로 예비부력이란 주 부력탱크의 용적과 같으며, 잠항중인 잠수함은 예비부력이 제로에 가까운 상태에서 항해한다. 만일 예비부력 제로인 상태에서 잠항 중에 침수 등으로 함의 중량이 조금이라도 늘어난 상태로 추진기관이 멈추면 함은 수중에 침몰하고 만다. 따라서 잠수함에서는 예비부력을 조금 남겨두고 잠항이나 심도 조정에는 보조탱크나 잠항타를 사용하여 균형을 취하는 안전책을 택하고 있다.

일본 해군이 구입한 홀랜드정은 '잠수정'이 정식명칭이지만 기밀유지를 위해 제1~5호정으로 호칭했다. 사진은 1905년 10월에 요코하마 해역에서 실시한 개선 관함식에 참여한 모습. 일본 해군 관함식에 잠수함이 참가한 것은 이것이 처음이었다.

FILE05 620척 이상 건조된 나치 독일의 대표적 잠수함

U보트 Type-Ⅶ C형

(독일)

●**배수량** : 796톤(수상) / 871톤(수중) ●**전장** : 66.5미터
●**전폭** : 6.2미터 ●**흘수** : 4.7미터 ●**최대잠항심도** : 150미터
●**최대속력** : 17노트(수상) / 7.6노트(수중) ●**기관** : 디젤 기관/2축 추진
●**무장** : 533밀리 어뢰발사관 5문 / 88밀리 단장포 1문 ●**승조원 정원** : 44명

2차 대전 중 독일에서 가장 많이 운영된 잠수함은 U보트 ⅦC급이다. 구조는 수압을 견디기 위한 내압각 대부분이 외부에 노출된 단각함이었다.

●U보트 Type-Ⅶ C형 내부 도해

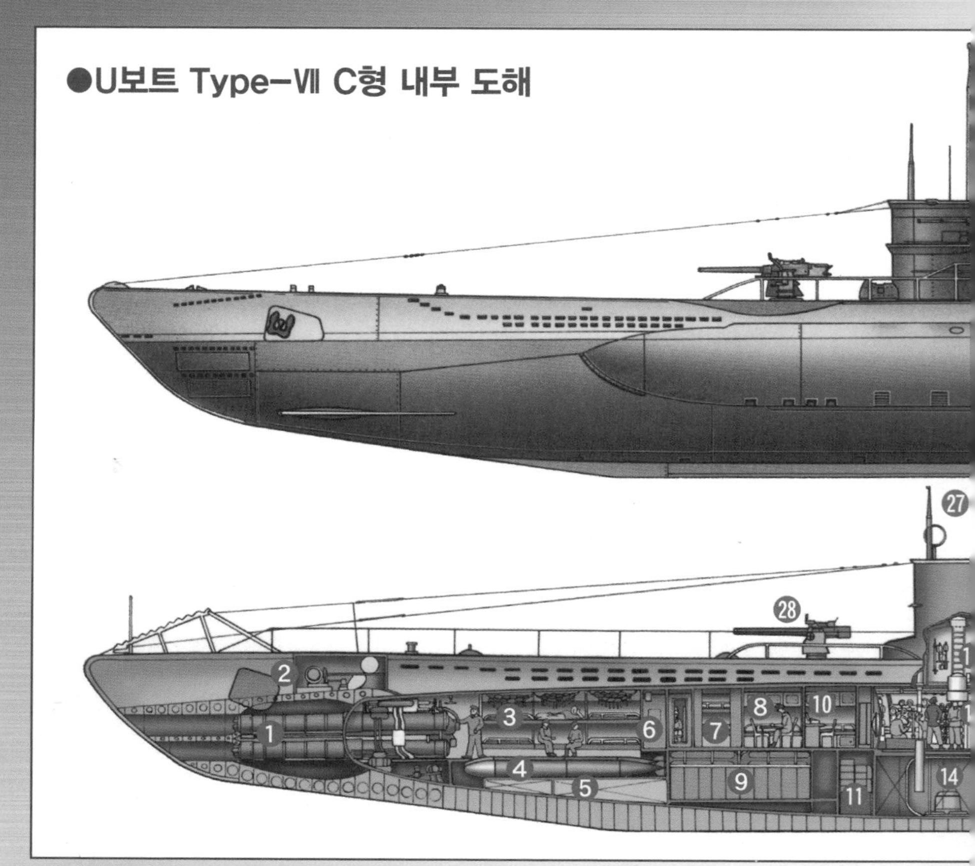

제1장 잠수함의 기본
제2장 잠수함의 구조
제3장 잠수함 승조원
제4장 잠수함의 전투
세계 잠수함 파일

때문에 연료탱크나 잠항과 부상을 위해 해수를 주 · 배수하는 주부력 탱크 등 대부분의 구조물은 주선체내에 있고 내압각을 지지하는 프레임 등의 보강재 또한 안쪽에 있었기 때문에 함내는 좁고 화물을 탑재할 수 있는 공간도 작았다.

주선체 내부는 상하 2단으로 구분되어 상부는 승조원의 거주 공간, 하부는 연료탱크나 전지실, 예비어뢰의 수납부, 각종 탱크 등으로 채워졌다.

연료탱크는 후부 거주구역의 양타와 전투정보실 아래 후방, 부력탱크는 선체내 앞끝단과 뒤 끝단부, 안장형 외각부 흘수선에 분산하여 배치하는 구조였다.

2차 대전 당시의 잠수함은 거주성이 열악했지만 특히 Type-Ⅶ C형과 같이 전장 70미터에도 못미치고 배수량도 1000톤 미만이었던 함정은 거주성이 최악이었다.

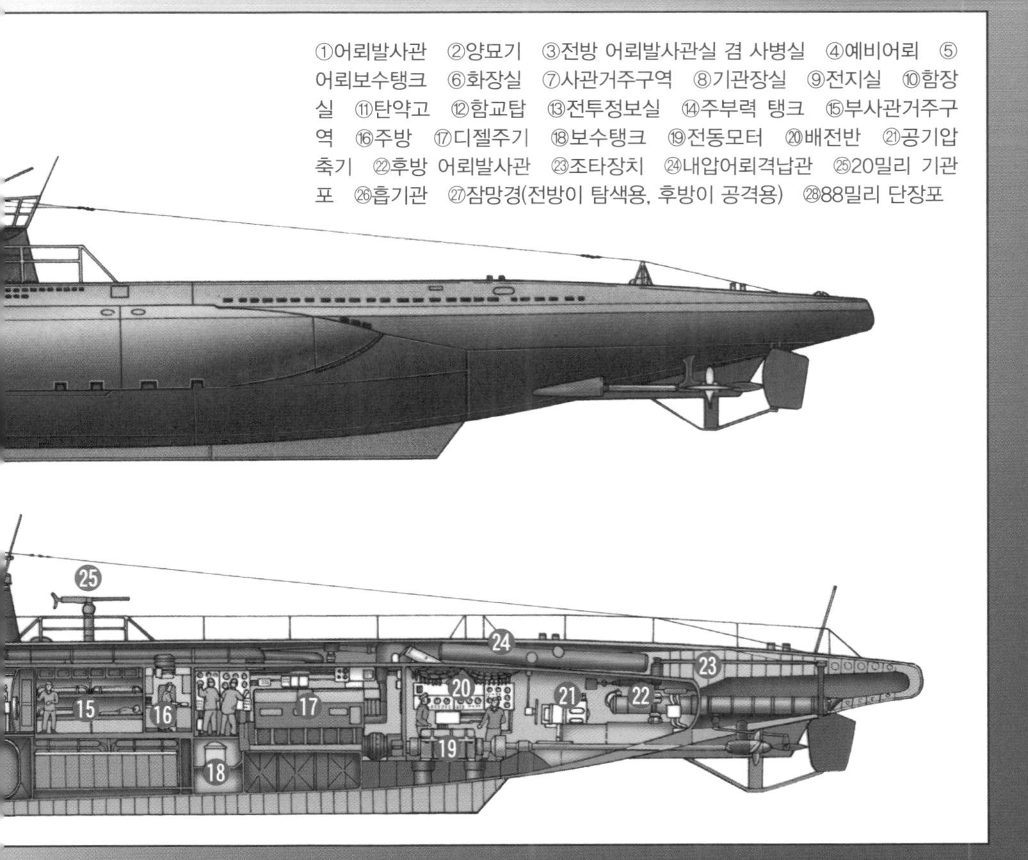

Submarines of the World

FILE06 수중 고속함의 선구자가 된 기적의 U보트

U보트 Type-XXI

(독일)

●**배수량** : 1621톤(수상) / 1819톤(수중) ●**전장** : 76.7미터
●**전폭** : 8.0미터 ●**흘수** : 5.3미터 ●**최대잠항심도** : -
●**최대속력** : 15.5노트(수상) / 17.5노트(수중) ●**기관** : 디젤기관
●**무장** : 533밀리 어뢰발사관 6문 / 20밀리 연장 기관포 2문 ●**승조원 정원** : 57명

2차 대전 말기에 출현한 U보트 Type-XXI은 이전까지 '가잠함'이라 불렸던 잠수함들과는 차별화된 잠수함으로 전후 수중 고속함 시대의 편린을 보여준 선구자라 할

●U보트 Type-XXI 내부 도해

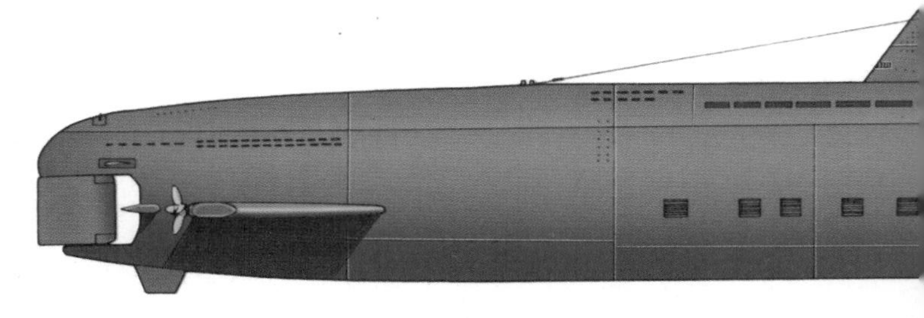

①고정 부력 ②어뢰발사관 ③어뢰 ④부사관 거주구역 ⑤사관 거주구역 ⑥청음실 ⑦함장실 ⑧전지 ⑨청음기 ⑩(왼쪽) 구명보트관 ⑩(오른쪽) 능동소나 ⑪대공기관포 ⑫함교탑 ⑬전투정보실 ⑭주방 ⑮보수탱크 ⑯보조탱크 ⑰사병거주구역 ⑱디젤주기

수 있었다선.

스노클 장치의 발달(잠망경 심도에서 디젤기관을 통한 수중항해가 가능, 동시에 전지의 충전도 가능했다)로 장기간 수중항해가 가능했다. 수중에서 능력을 중시하여 개발된 Type-XXI은 선체를 완전복각 구조로 하여 외부의 모든 설비를 내부로 수납하여 상갑판을 평평하게 하고 함교도 돌출부를 없애고 유선형에 가까운 형태를 채용하는 등 수중저항 감소에 노력했다. 또한, 선회하여 내부에 들어가는 식으로 함내에 격납 가능한 잠횡타, 닻의 폐지, 급배기관을 일체화하여 함교 내부에 수납이 가능하게 된 승강식 스노클 마스트 등 새로운 기술이 채택되었다. 추진장치에도 고속디젤, 주전동기를 장착하여 수중속력을 향상시켰다.

또한 건조에 있어 선체를 함수, 발사관실, 전부거주구역, 전투정보실, 후부거주구역, 주기관실, 주전동기실, 후부기계실 등 8개의 블록으로 나누어 건조하여 내부의장을 하면서 조립하는 건조법이 시행되었다. 함내 용적에 여유가 있었기 때문에 열악했던 거주시설에도 개선이 이루어졌다.

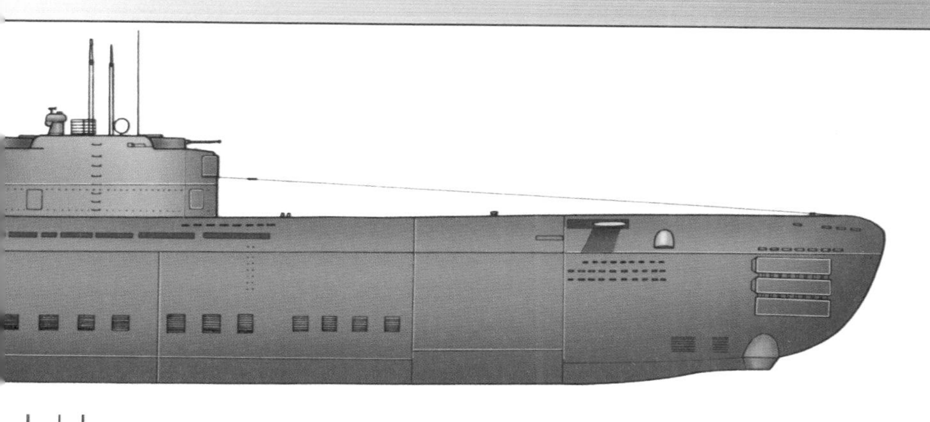

FILE07 현재에도 현역으로 남아있는 세계 최대 탄도미사일 원잠

타이푼급

(구 소련 / 러시아)

●**함종기호** : SSBN ●**배수량** : 48000톤(수중) ●**전장** : 172.8미터
●**전폭** : 23.3미터 ●**흘수** : 12.5미터 ●**최대잠항심도** : 500미터
●**최대속력** : 15노트(수상) / 27노트(수중) ●**기관** : 가압수형 원자로 2기 / 터빈 2기
●**무장** : SLBM(R-39) 20기 / 533밀리 어뢰발사관 6문 / 자함방어용 대공미사일
●**승조원 정원** : 160명

1977~1986년 사이에 6척이 건조된 전장 170미터 이상인 세계 최대 탄도미사일 원자력 잠수함이 바로 타이푼급이다. 현재 3척이 현역에 남아있고 러시아 연방해군에서는 '전략임무 원자력 잠수순양함'으로 분류하고 있다.

원통형의 가늘고 긴 내압각을 2개 횡으로 하여 그 주위를 외각으로 덮은 듯한 선체구조이며 양현에 평평하고 원형을 띤 거대한 선체에 2중구조의 세일이 세워져 있는 특이한 외관이다.

타이푼급은 1970년대 말에서 80년대 초에 개발된 장사정 고체연료식 로켓 SLBM인 SS-N-20 스터전(R-39)을 탑재하기 위해 개발된 잠수함이다. SS-N-20이 대형이기 때문에 발사플랫폼인 타이푼급은 세계 최대의 거함이 되고 말았다. 하지만 커다란 함내 공간을 활용하여 장기간 임무에도 승조원들이 정신적 휴식을 취할 수 있도록 헬스장이나 작은 수영장, 사우나 등 편의 시설을 갖추고 있는 것 또한 유명한 이야기이다.

무장으로는 사정거리 8300킬로미터의 SS-N-20이 20기 탑재되어 있으며 533밀리 어뢰발사관은 합계 6기로 22기의 어뢰와 PPK-2 대잠수함 미사일 운용이 가능하다. 또한 SA-N-8함대공미사일을 탑재하고 있어 부상 시에는 대공전투능력도 갖추고 있다고 알려져 있다.

●**타이푼급 내부도해**

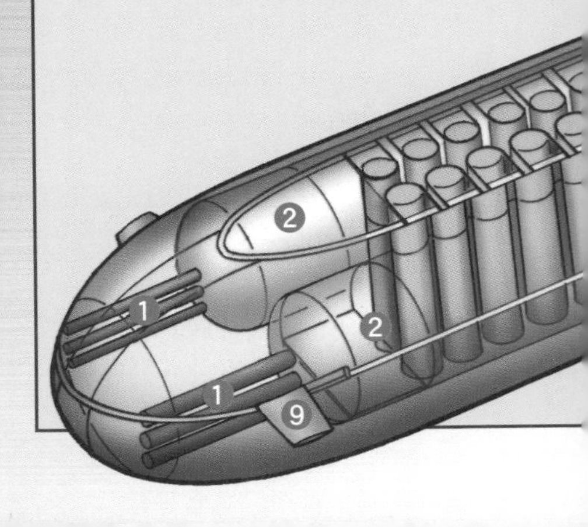

'타이푼'은 NATO 코드네임으로 러시아에서는 상어를 뜻하는 '아쿨라(Акула)'라고 불린다. 양키급이나 델타급은 미 해군의 원잠처럼 잠항타를 세일에 부착하였지만 타이푼급의 잠항타는 함수부에 있고 수납 가능하도록 되어있다. 세일도 단단한 구조이다. 이것은 북극해 빙하를 깨고 부상하여 탄도미사일을 발사하는 것을 고려하였기 때문이다.

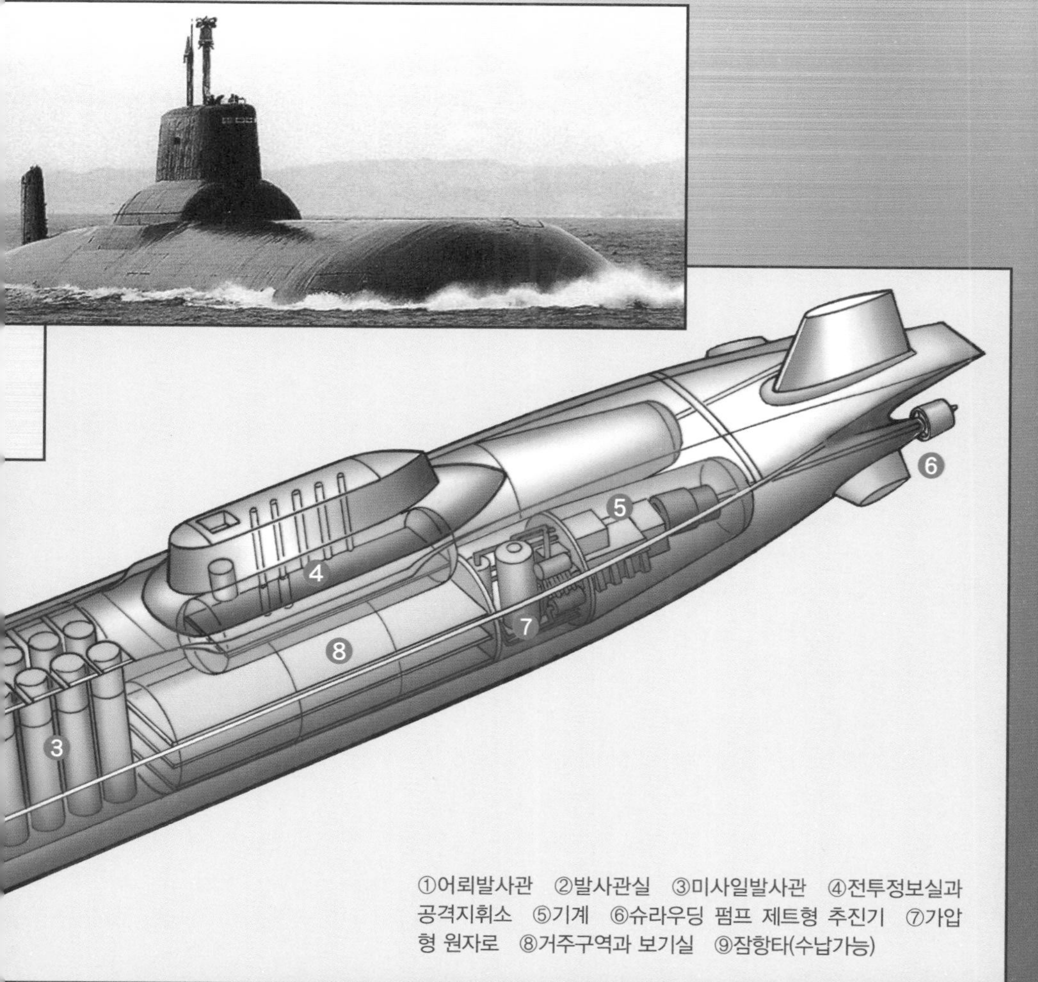

①어뢰발사관 ②발사관실 ③미사일발사관 ④전투정보실과 공격지휘소 ⑤기계 ⑥슈라우딩 펌프 제트형 추진기 ⑦가압형 원자로 ⑧거주구역과 보기실 ⑨잠항타(수납가능)

FILE08 냉전 말기에 취역한 델타IV급은 지금도 7척이 현역

델타급

(구 소련 / 러시아)

〈델타IV급〉

●**함종기호** : SSBN ●**배수량** : 10210톤(수상) / 12100톤(수중) ●**전장** : 167미터
●**전폭** : 12.2미터 ●**흘수** : 8.8미터 ●**최대작전잠항심도** : 400미터
●**최대속력** : 14노트(수상) / 24노트(수중) ●**기관** : 가압수형 원자로 2기 / 터빈 2기
●**무장** : 533밀리 어뢰발사관 4기 / SLBM(R-29RMU) 16기 ●**승조원 정원** : 130명

델타급 탄도미사일 원자력 잠수함은 장사정 SLBM(잠수함발사 탄도미사일)을 탑재하기 위해서 건조된 것으로 델타I, 델타II, 델타III, 델타IV의 4가지 타입이 존재한다. 델타I급은 사정거리 7800킬로미터(Mod2로는 9100킬로미터)의 SS-N-8을 탑재하기 위해 개발된 함으로 소련의 제2세대 탄도미사일 원잠이다. 전장이 14.2미터나 되는 탄도미사일을 탑재하기 위해 세일 후부의 미사일 발사관실 부분의 높이가 올라간 것이 특징. 1972년부터1977년까지 18척이 건조되었다.

델타II급은 탄도미사일 탑재수를 증가시키기 위해 개발된 함으로 12기에서 18기 탑재로 그 만큼 배수량도 증가했다. 1973년에서 1975년까지 4척이 건조되었다.

델타 III급은 제5세대 잠수함 발사 탄도미사일 SS-N-18을 탑재하기 위해 개발된 원잠. SS-N-18은 사정거리 6500~8000킬로미터로 러시아에서 처음으로 MIRV 방식의 탄두를 장착했다. 델타III급은 II급과 동일하게 I급을 기준으로 개량한 함으로 선체길이가 연장되어 16기의 SS-N-18을 탑재했다. 1976년부터 1981년까지 14척이 건조되었다.

현재 러시아 해군에서 운용 중인 SLBM은 1985년부터 배치된 SS-N-23이다. 델타IV급은 이 미사일을 운용하기 위해 개발된 함정으로 16기가 탑재된다. 델타IV급도 I급을 기본으로 하고 있지만 선체길이가 167미터로 델타급 시리즈 가운데 가장 길다.

1985년에서 1991년까지 7척이 건조되어 현재도 7척 모두가 현역으로 운용되고 있다.

참고로 SS-N-23탄도미사일에는 R-29RM과 R-29 RMU가 있다. 양자 모두 MIRV방식이지만 개량형인 후자는 2007년부터 배치되었다. R-29RMU는 천문항법유도 보정기능을 갖춘 관성항법시스템에 추가하여 컴퓨터 제어의 포스트 부스트 비이클(소형 로켓)을 탑재하여 명중도가 향상되었다. 참고로 SS-N-8, SS-N-18과 SS-N-23은 액체3단식이지만 소련의 잠수함발사 탄도미사일은 미국과 같이 고체

연료식 뿐만 아니라 잠수함이 운용하기 어렵다는 액체연료식과 고체연료식(타이푼급 탑재 SS-N-20과 보레이급 탑재 SS-NX-30)을 모두 사용하고 있는 점이 흥미롭다.

델타급은 NATO 코드네임으로 러시아(구소련)에서는 4가지 급에 각기 다른 명칭이 있었다(IV급은 돌핀 등). 불쑥 나온 부분이 미사일 발사관실로 이런 스타일은 IV급에 이르기 까지 델타급 잠수함의 공통된 특징이다.

Submarines-of-the-World

FILE09 세계 최초로 북극해 횡단에 도전한 원자력잠수함

노틸러스

(미국)

●함종기호 : SSN **●배수량** : 2980톤(기준) / 3250톤(만재) **●전장** : 97.5미터
●전폭 : 8.5미터 **●흘수** : 7.9미터 **●최대잠항심도** : 200미터
●최대속력 : 22노트(수상) / 23노트(수중)
●기관 : 가압수형 원자로 1기 / 터빈 2기 / 디젤 4기
●무장 : 533밀리 어뢰발사관 6기 **●승조원 정원** : 105명

미국은 이미 1939년부터 잠수함의 추진 기관에 원자력 이용을 구상한 바가 있지만 2차 대전 발발에 따라 원자력동력의 잠수함 개발은 중지되었다.

2차 대전 이후 강력하게 원잠 개발계획을 밀어 붙여 실현시킨 이는 "미 해군 원잠의 아버지" 하이먼 리코버(Hyman George Rickover) 제독이었다. 잠수함 승조 사관 출신이던 리코버 제독의 지휘 아래, 미 해군은 차례차례 원잠을 개발해 나갔다. 그라고 마침내 원잠과 전략 미사일을 조합한 전략 미사일 원잠이 탄생, 미국의 핵무기를 통한 세계전략의 일익을 담당하게 되었는데. 그 기념할만한 최초의 원자력 잠수함이 바로 '노틸러스'호이며 세계 최초의 원잠이기도 했다.

노틸러스호는 잠수함용으로 설계 · 개발된 원자로 SIR(잠수함용 중속중성자 원자로)를 처음으로 탑재한 함으로 1954년 8월말에 취역. 원자로가 처음으로 임계점에 도달한 것은 같은 해 12월이었다. 다음해 1월에는 처음으로 원자력으로 항해했다.

1958년 8월에는 잠항하여 북극점 통과에 성공. 이 북극해 횡단은 현재와 같은 항

노틸러스호의 전투정보실

●노틸러스호 내부 배치도

①소나 ②어뢰발사관 ③어뢰발사관실 ④탈출해치 ⑤전부 병사 거주구역 ⑥창고 ⑦사관집무실 ⑧주방 ⑨청수탱크 ⑩병사식당 ⑪사관실 ⑫함장실 ⑬항해함교(함교당직소) ⑭공격용 잠망경 ⑮스노클

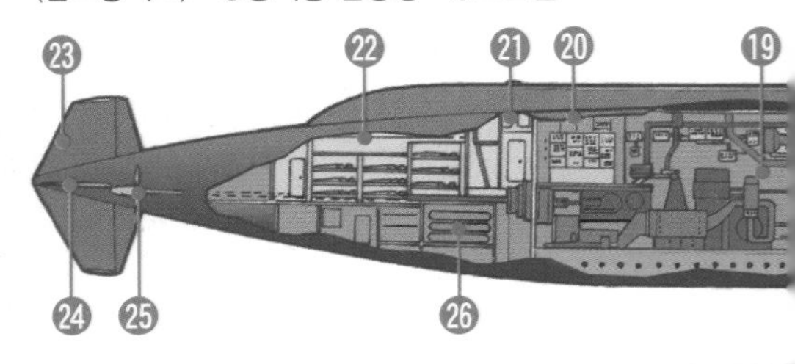

법지원설비도 정확한 해도조차 없이 부상 혹은 잠망경을 올려서 천체관측으로 위치 확인을 거의 할 수 없는 최악의 상태로 추측항법에 의해 실시되었다. 마치 미지의 세계로 모험하는 것과 같았다.

이 때 함장은 '노틸러스호, 북위 90도'라는 역사적인 전문을 발신한다.

원잠의 다양한 가능성을 실증하여 보여준 '노틸러스'호였지만 이 함은 일종의 실험함이었기 때문에 후속함은 건조되지 못했다. 퇴역한 것은 1980년 3월의 일이다.

노틸러스호의 북극해 횡단은 소련에 큰 위협이 되었다.

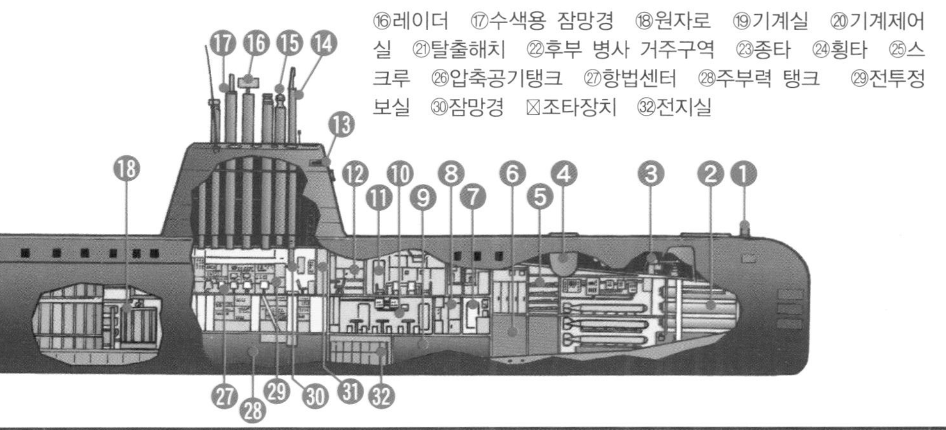

FILE10 미국이 보유한 세계 최초 탄도미사일 원잠

조지 워싱턴급

(미국)

●**함종기호** : SSBN ●**배수량** : 5960톤(수상) / 6710톤(수중)
●**전장** : 116.3미터 ●**전폭** : 10.1미터 ●**흘수** : 8.1미터
●**최대잠항심도** : 213미터 ●**최대속력** : 16노트(수상) / 22노트(수중)
●**기관** : 가압수형 원자로 1기 / 터빈 2기 / 1축 추진
●**무장** : 533밀리 어뢰발사관 6문 / SLBM(폴라리스) 16기
●**승조원 정원** : 112명

미 해군이 최초로 보유한 탄도미사일잠수함은 SLBM(잠수함발사식 탄도미사일) 폴라리스 A-1을 탑재한 '조지 워싱턴'이었다.

1959년에 취역한 이 원잠은 스킵잭(Skipjack)급 공격형 원잠을 폴라리스 미사일 시스템 탑재를 위해서 급히 개조한 것으로 건조중인 선체를 절단하여 미사일 구획을 설치하는 무리한 공사를 강행했던 것으로 알려져 있다.

취역 당시에는 탑재할 미사일이 완성되지 않아, 폴라리스 미사일을 실제로 탑재하고 작전임무에 나선 것은 1960년 11월 이후의 일이었다. 폴라리스 A-1의 유도시스템에는 MIT, GE, 휴즈사가 합동으로 연구개발한 관성항법시스템이 탑재되어 폴라리스 A-1을 발사 · 관제하기 위한 잠수함에는 GE사 제조의 Mk80 화기 관제장치(후에 Mk84)가 장착되었다.

폴라리스 A-1은 5척의 조지 워싱턴급에 탑재되었다. 그 후 사정거리가 증가된 폴라리스A-2가 개발되지만 이것은 후속함인 이선 앨런급에 탑재되었다.

●조지 워싱턴 내부 배치

①어뢰발사관실 ②승조원 거주구역 ③전투정보실 ④항법센터 ⑤미사일발사관 ⑥원자로 ⑦발전기 ⑧터빈과 감속기 ⑨전동모터 ⑩미사일 발사관제실

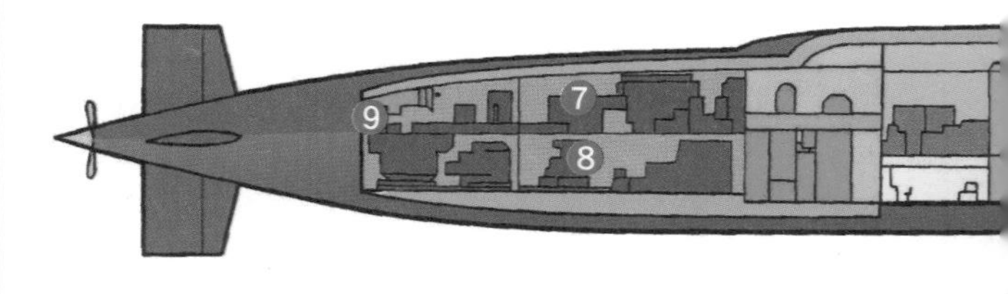

냉전기의 미 핵전략 선두주자 조지 워싱턴급. 초대 미 대통령의 이름을 부여한 것으로 보더라도 그 중요성을 알 수가 있다.

FILE11 어느 해역에 잠항하고 있는지는 군사기밀로 비공개

오하이오급

(미국)

●**함종기호** : SSBN ●**배수량** : 16764톤(수상) / 18750톤(수중)
●**전장** : 170.67미터 ●**전폭** : 12.8미터 ●**흘수** : 11.1미터
●**최대잠항심도** : 300미터 이상 ●**최대속력** : 24노트 이상(수중)
●**기관** : 가압수형 원자로 1기 / 터빈 2기 / 1축 추진
●**무장** : 533밀리 어뢰발사관 4문 / SLBM(트라이던트) 24기 ●**승조원 정원** : 163명

미국이 보유하는 최대 SSBN(탄도미사일 원자력 잠수함)은 오하이오급이다. 동급은 1970년대 등장하여 사정거리를 한번에 300킬로미터 이상 증가시킨 트라이던트 C-4를 탑재하기 위해 건조되어 미 해군원잠 중에 최대 크기의 잠수함이 되었다. 1976년부터 건조가 시작되어 지금까지 18척이 완성, 취역했다.

오하이오급은 수중배수량 18750톤이라는 거대한 선체에 탄도미사일(트라이던트 C4 혹은 D5)를 24기 탑재하고 90일간 전략초계임무를 한다. 지구상 어느 장소에 언제라도 핵탄두 미사일을 발사할 수 있는 상태로 수중에 깊게 잠항하는 것이 임무이다.

미국의 기본전략을 구성하는 중요한 병기 중 하나이지만 21세기에 들어서 핵병기의 대량보유 필요성이 약해지면서 전략방침이 변화하고 오하이오급 1~4번함까지는 전략임무에서 제외되었다. 그 4척은 탄도미사일 발사관이 개조되어 토마호크 순항미사일과 해군특수부대 SEALs를 운용하는 SSGN(순항미사일 탑재원자력 잠수함)이 되었다. 개량을 받은 함은 '오하이오급 개량형'이라 불리고 있다.

부상한 오하이오급 개량형. 상부 갑판의 드라이 덱 셀터가 보인다.

함수 방향에서 본 오하이오급.
거대한 선체를 실감할 수 있다.

(오른쪽)오하이오급 전 18척 가운데 5번함인 '헨리 M 잭슨(워싱턴 주의 상원의원 이름)'을 제외한 나머지는 모두 미국 각 주(洲)의 이름으로 명명되었다.

FILE 12 세계 최강의 공격 원잠을 목표로 건조되었지만…

시울프급

(미국)

●**함종기호** : SSN ●**배수량** : 7460톤(수상) / 9150톤(수중) ●**전장** : 107.6미터
●**전폭** : 12.2미터 ●**흘수** : 10.67미터 ●**최대잠항심도** : 600미터
●**최대속력** : 35노트(수중) ●**기관** : 가압수형 원자로 1기 / 터빈 2기
●**무장** : 660밀리 어뢰발사관 8기 24기 ●**승조원 정원** : 133명

1970년대 말, 구 소련 해군의 군사기술이 크게 발달하여 서방국가를 능가할 정도가 되자 미국은 위기감을 가지게 되었다. 당시 출현한 아쿨라(Akula)급 공격 원잠은 정숙성이 매우 높고 지금까지의 로스엔젤레스급 공격 원잠으로는 대응할 수 없게 되었다. 또한 델타급에 탑재된 탄도미사일의 사정거리가 늘어나 북극권과 같은 안전한 해역에서 서방국가에 대한 공격이 가능하게 된 것도 큰 위협이었다.

그래서 미 해군은 로스엔젤레스급의 후계가 되는 새로운 공격 원잠개발의 필요가 급해지자 건조를 계획한 것이 시울프급이었다. 시울프급은 세계 최강의 공격 원잠을 목표로 개발하여 강력한 공격화기, 세계에서 가장 빠르고 정숙하며 깊숙히 잠항할 수 있는 잠수함이라는 점이 자랑거리였다. 하지만 소련이 붕괴하고 냉전이 종결되자 또 다시 건조에 많은 비용이 소요되기 때문에 3번함까지의 건조가 승인되었을 뿐이며 신형함의 건조계획은 동급의 능력을 75퍼센트 정도로 낮추어 비용 절감을 하는 방향으로 이루어졌다.

시울프급은 선체 하면에 설치된 6기의 하이드로폰 어레이(목표의 거리나 방위를 측정하기 위한 청음측거 소나)나 슈라운딩 펌프 제트형 추진기 (추진효율을 높이고 수중소음과 캐비테이션 노이즈를 저감할 수 있다) 등이 외형적 특징이다. 또한 세일 앞부분을 곡선으로 선체 상갑판부와 부드럽게 접합하여 수상항해시나 잠항개시시의 물의 저항을 줄이려고 한 것은 시울프급이 최초였다. 이런 접합방식은 2000년 이후에 건조된 잠수함에 들어서 완전히 일반화되었다.

미 해군에서 최초로 슈라운딩 펌프 제트형 추진기를 제식 장비한 것이 시울프급이다. 캐비테이션을 크게 줄일 수 있었다.

시울프급의 조종석. 2명의 조타원에 의해 조작된다.

시울프의 갑판부. 세일 앞부분이 부드러운 커브를 그리고 있는 것을 알 수 있다.

FILE13 다양한 임무를 수행하는 21세기형 공격 원잠

버지니아급

(미국)

●**함종기호** : SSN ●**배수량** : 7800톤(수중) ●**전장** : 114.8미터
●**전폭** : 10.4미터 ●**흘수** : 9.3미터 ●**최대잠항심도** : 480미터
●**최대속력** : 34노트(수중) ●**기관** : 가압수형 원자로 1기 / 터빈 2기
●**무장** : 533밀리 어뢰발사관 4기 / 토마호크 순항미사일 VLS 12기
●**승조원 정원** : 134명

버지니아급은 21세기형 공격 원잠으로 미 해군에서 개발과 건조를 진행, 2004년 10월에 1번함 '버지니아'가 취역했다.

토마호크 SLCM(Submarine-Launched Cruise Missile)을 이용한 육상공격, 하푼 USM과 Mk48 ADCAP 어뢰 등으로 수상함과 잠수함 공격, 특수부대를 수송하여 발진과 회수를 하는 특수작전 지원, 수상 함정부대의 지원, 적성국 연안에서 통신감청, 감시 등 정찰, 기뢰 부설 등 다방면으로 연안지역에서 임무를 수행하도록 설계된 최초의 원잠이다.

특수부대 지원설비로는 수중으로부터 잠수함에서 대원이 발진 · 귀환할 수 있는 록 아웃 / 록 인 챔버가 설치되었으며 드라이 덱 셸터나 ASDS(Advanced Seal Delivery System, SEALs 부대수송용 소형잠수정)를 함의 상갑판 후방에 탑재 가능한 것도 특징이다.

3척만 건조하는 것으로 끝난 시울프급에서 얻어진 기술을 활용하여 비관통식의 광학 마스트(Photonics Masts)를 장착. 이 덕분에 전투정보실을 세일 바로 아래에 둘 필요가 없어졌다(버지니아급의 전투정보실은 2갑판에 위치). 또한 광케이블 데이터베이스, 하이드로폰 어레이, 슈라우딩 추진기 등 최첨단 기술이 도입된 고성능 잠수함이다. 또한 선체 제작에는 모듈러 블럭 건조 기술이 사용되어 능력 향상을 위한 개수작업이 비교적 간단하다고 한다.

●버지니아급 내부 도해

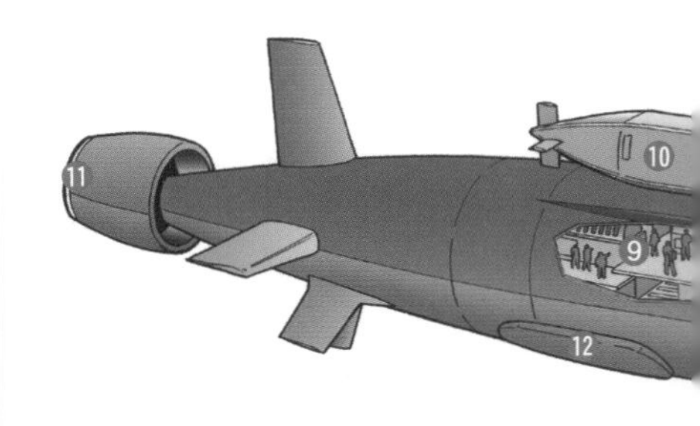

제1장 잠수함의 기본
제2장 잠수함의 구조
제3장 잠수함 승조원
제4장 잠수함의 전투
세계 잠수함 파일

버지니아급 원자로에 사용하는 핵연료봉은 수명이 함과 동일하게 되어있다. 실질적으로 연료봉의 교환공사를 할 필요가 없어져 운용비용을 절감할 수 있다.

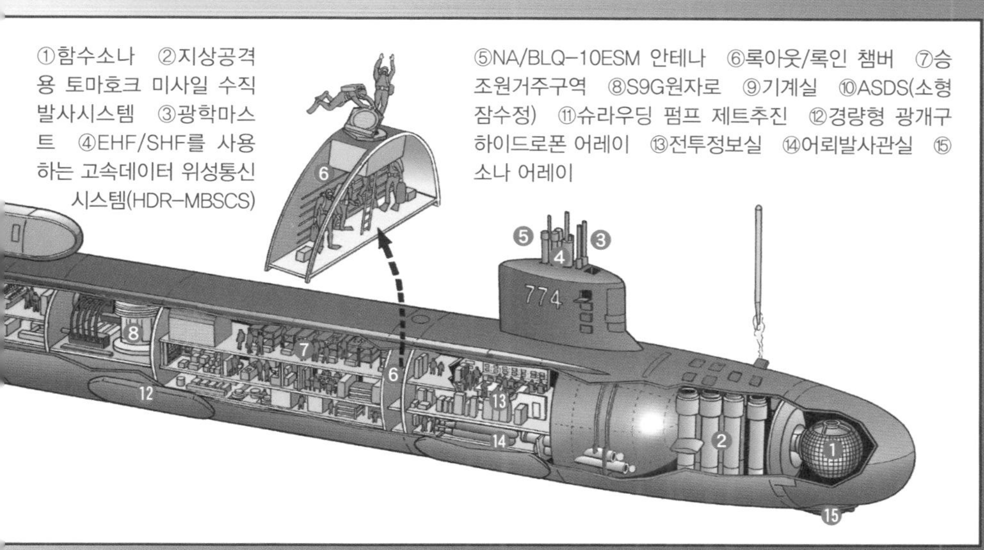

①함수소나 ②지상공격용 토마호크 미사일 수직발사시스템 ③광학마스트 ④EHF/SHF를 사용하는 고속데이터 위성통신시스템(HDR-MBSCS) ⑤NA/BLQ-10ESM 안테나 ⑥록아웃/록인 챔버 ⑦승조원거주구역 ⑧S9G원자로 ⑨기계실 ⑩ASDS(소형잠수정) ⑪슈라우딩 펌프 제트추진 ⑫경량형 광개구하이드로폰 어레이 ⑬전투정보실 ⑭어뢰발사관실 ⑮소나 어레이

Submarines of the World

FILE14 초강대국을 목표로 한 중국의 탄도미사일 원잠의 실력

092급/094급

(중국)

〈092급〉
●함종기호 : SSBN ●NATO코드 : 夏(Xia, 샤)급
●배수량 : 6500톤(수상) / 7000톤(수중) ●전장 : 120미터 ●전폭 : 10미터
●흘수 : 8미터 ●최대잠항심도 : 300미터 ●최대속력 : 22노트(수중)
●기관 : 가압수형 원자로 1기 / 터빈 2기
●무장 : 533밀리 어뢰발사관 6기 / SLBM(JL-1) 12기 ●승조원 정원 : 140명

〈094급〉
●함종기호 : SSBN ●NATO코드 : 晋(Jin, 진)급 ●배수량 : 12000톤(수중)
●전장 : 132미터 ●전폭 : - ●흘수 : - ●최대잠항심도 : -
●최대속력 : 20노트(수중) ●기관 : 가압수형 원자로 ●무장 : SLBM(JL-2) 16기
●승조원 정원 : -

중국의 원자력 잠수함 개발 역사는 탄도미사일 개발과 함께 했다. 중국과 같은 국가의 경우 당시의 지도자 의지에 의해 국가의 군사방침도 크게 바뀐다. 중국은 1960년대 최초로 탄도미사일 DF-1을 개발하고 계속하여 액체연료식 미사일 개발을 계속하고 있다.

그런 중국이 1980년대 중반부터 돌연 고체연료식 미사일의 개발을 추진하게 된 것은 당시 국가지도자였던 등소평의 의지가 강하게 영향을 미쳤기 때문이라고 한다. 이렇게 하여 1960년대 후반부터 연구개발이 시작된 중국 최초의 잠수함발사탄도미사일 JL-1(쥐랑-1)도 실용화에 크게 탄력이 붙었다.

그러나 잠수함 발사 탄도미사일의 경우에는 '도구'가 되는 원잠이 없으면 의미가 없다. 그래서 원잠은 취역에 상당한 시간이 걸렸고 1987년에 092급 원잠, 2000년대 들어서 094급이 취역했다.

중국의 최초 전략미사일 원잠은 1980년대 전반에 취역한 092급으로 JL-1(CSS-N-3)를 12기 탑재했다. 092급은 1970년대부터 운용되고 있는 공격원잠 091급을 베이스로 개발된 탄도미사일 잠수함으로 1987년에 취역했다. 092급은 중국 해군 최초의 탄도미사일 원잠이었지만 취역한 것은 1척뿐이었으며, 그것도 방사능 오염 사고로 장기간 도크에 들어 있었고 가동상태가 된 것이 최근에야 확인되었다.

탑재되어 있는 JL-1은 수중발사방식의 탄도미사일이며 그 후계로 JL-2(CSS-NX-4)가 개발 중으로 이 미사일은 094급에 탑재될 예정이다. JL-2는 사정거리가

800킬로미터 이상의 3단고체식, MIRV방식의 핵탄두를 탑재하는 탄도미사일이다. 092급에는 JL-1의 발사관이 12기 장비되어 있지만 094급은 선체가 대형화되면서 16기의 발사관이 장비되었을 것이라 알려졌으나, 실제로는 전장 120미터, 배수량 6500~8000톤인 092급보다 훨씬 대형화되어전장 133미터, 배수량 12000톤의 크기를 자랑하지만 발사관의 수는 12기로 동일하다는 것이 판명되었다.

094급 자체도 아직 2척만 건조되었으며 취역한 것은 1번함 1척뿐으로 자세한 정보는 사진을 포함해 공개되지 않았으나 2007년에 정박 중인 094급을 촬영한 사진이 인터넷에 유출되면서 외형이 확인되었다.

어쨌든 현재 중국의 군사력이 확장되고 있고 대양으로 진출을 적극적으로 추진하는 중국 해군에 있어 JL-2탄도미사일과 094급 원잠의 배치는 중요한 의미를 갖는다고 할 수 있다.

092급 원잠. 중국은 아무리 큰 잠수함이라도 '잠정(潛艇)'으로 부른다. 수상함과 달리 잠수함은 고유의 함명이 없이 번호로 호칭된다. '샤'나 '진'도 중국 측의 정식 호칭이 아니라 NATO코드이다.

FILE15 세계 최고의 속도와 최대 심도를 자랑했던 공격 원잠

알파급

(구 소련)

●함종기호 : SSN **●배수량** : 2300톤(수상) / 3100톤(수중) **●전장** : 81.4미터
●전폭 : 10미터 **●흘수** : 7.6미터 **●최대잠항심도** : 700미터
●최대속력 : 14노트(수상) / 43노트(수중)
●기관 : 용융금속냉각형 원자로 1기 / 터빈 1기 / 1축 추진
●무장 : 533밀리 어뢰발사관 6기 **●승조원 정원** : 32명

알파급 원자력 잠수함은 1950년대 말에 구 소련이 추진한 '수중고속 요격함 구상'에 따라 개발되었다. 이것은 미국의 항모기동부대에 대하여 고속으로 수중항해가 가능한 공격원잠으로 대항한다는 발상이다.

그래서 알파급은 수중에서 고속성과 운동성을 실현하기 위해 다양한 기술이 포함되었다. 그 최대특징은 액체금속 냉각원자로를 탑재하여 추진방식을 터보 일렉트로닉 방식으로 한 것과 선체에 티탄을 적용한 것이다.

액체금속 냉각원자로는 원자로를 냉각하고 발생한 고열을 운반하는 냉각재로 나트륨, 납, 비스무트를 사용한 액체 금속을 사용하는 원자로로 이제까지의 함선용 원자로보다 훨씬 소형화할 수 있었다. 또한 열효율과 출력조정이 용이한데 더하여 원자로를 탑재하는 잠수함 자체도 소형화 할 수 있는 이점을 지녔다. 실제로 알파급은 재래식 원잠보다 소형경량화에 성공한 것으로 평가된다(반면 냉각재를 응고시키지 않기 위해서 원자로를 정지할 수 없는 등 정비나 운용 면에서는 문제가 있었다).

또한 수중에서 고속항해를 버틸 수 있도록 티탄을 선체로 한 덕분에 알파급은 수중항해 속도 40노트 이상(시속 약80킬로미터)이라는 세계 최고의 속도와 실용 잠항심도 700미터를 실현했다. 참고로 원자력잠수함의 추진방식에는 터보 일렉트로닉 방식과 기어드 터빈(Geared Turbine) 방식이 있는데 전자는 원자로에서 증기를 발생시켜 그 증기로 터빈을 회전시켜 발전기를 가동, 발생한 전기로 전동모터를 회전시켜 추진기를 작동시킨다.

이 방식은 전류의 제어로 회전수를 자유롭게 바꿀 수 있는 것이 가능하여 감속기 같은 기계장치를 필요로 하지 않기 때문에 소음을 줄일 수 있는 이점이 있다. 이와 달리 후자는 원자로에서 발생한 증기로 증기터빈을 회전시켜 그 회전력으로 추진기를 작동작동시키는데, 증기 터빈의 높은 회전수를 추진기가 고효율로 가동할 수 있는 정

도의 회전수로 조정하기 위한 감속기 등의 기계장치가 필요하지만 운전음이 비교적 조용하고 열효율이 높은 이점이 있다.

알파급은 어뢰의 자동장전장치 등 고도로 자동화가 진전되어 승조원은 사관 32명 뿐으로 매우 적다. 때문에 원잠으로서는 소형이지만 승조원 전원에게 전용 침대가 있는 등 거주설비가 매우 잘 충실하다는 특징도 있었다.

알파급에서 시도 되었던 많은 기술은 그 후 소련의 다른 원잠에도 적용되었다. 그러나 알파급 자체는 운용실적이 부진했으며 1971년부터 1981년까지 7척이 준공되었을 뿐으로 1996년에는 7척 모두 퇴역하고 말았다.

알파는 NATO 코드네임으로 구 소련에서는 '리라(Лира, 칠현금)'이라 불렸다. 선체는 눈물방울형과 고래형의 중간 형태로 세일은 고속항해를 위한 유선형이다.

'바다 어디에 있어도 소재를 알 수 있다'라 말할 정도로 수중소음을 내는 알파급은 소나 성능도 불량했지만 그 속력과 잠항심도때문에 공격 또한 불가능하다고 알려졌다. 알파급은 은밀성을 핵심으로 하는 일반적인 잠수함과는 발상이 좀 다른 무기였다.

FILE16 러시아의 재래식 추진함은 인기상품

킬로급

(구 소련/러시아)

●**함종기호** : SS ●**배수량** : 2300톤(수상) / 3000톤(수중) ●**전장** : 74미터
●**전폭** : 9.9미터 ●**흘수** : 6.4미터 ●**최대잠항심도** : 300미터
●**최대속력** : 11노트(수상) / 20노트(수중) ●**기관** : 디젤기관 2기 / 1축 추진
●**무장** : 533밀리 어뢰발사관 6기 ●**승조원 정원** : 52명

2차 대전 후 미국이 일관되게 원자력 잠수함의 개발 · 운용에 전념한 것과 대조적으로 소련은 원잠과 재래식 추진함의 2가지를 개발하였으며 그 중 재래식 추진함에 더 노력을 기울였다. 그 이유는 2차 대전의 전훈으로 국방(직접적인 본토방위)을 위해서는 좁은 수로나 비교적 얕은 만 등에서도 운용할 수 있는 디젤주기와 전동모터로 추진하는 재래식추진함이 좋다는 운용사상에 기반한 것이다.

이런 운용방침은 소련의 붕괴 후에 피폐해진 러시아 경제에 작은 숨통을 트이도록 하는 데 한몫을하게 되었다. 건조비가 저렴하고 성능도 나쁘지 않은 재래식 잠수함은 '상품'으로서 인기가 높았기 때문이다. 그 대표적인 함이 킬로급(project 877)이다. 1980년대 후반 소련 붕괴 후, 외화 획득을 위해 적극적으로 무기 수출을 실시했던 러시아의 히트상품이었다. 877과 877K(화기관제시스템 개량형), 877M(유선유도어뢰가 운용 가능), 877V(펌프제트 추진 실험함)은 러시아 해군용. 877E와 EM은 수출용이었다.

이 외에 636과 636M(하이스큐드 프로펠러 등으로 개량을 추가한 함은 개량형 킬로급이라 한다)의 파생형이 있다.

1번함이 1980년에 건조된 것을 시초로 현재까지 각 급을 포함하여 69척 가깝게 준공되었다.

선체는 눈물방울형의 복각식이며 추진방식은 디젤 일렉트로닉 방식. 디젤 엔진을 비롯한 추진장치를 부유대 위에 올리고 진동 흡수를 위해 고무 등을 끼워 외각에 부착하는 등 기관을 포함한 선내 각부의 소음대책이 뛰어났기 때문에 정숙성이 높았다. 또한 선체 후부의 함미타가 종타 1매(선체 아래에 부착)에 횡타 2매가 부착된 T자형이라는 변칙적인 형태의 특징이 있다.

전투시스템은 MVU-110EM어뢰화기 관제장치를 탑재. 어뢰발사관은 6문으로 TEST-71ME 유선유도 어뢰와 미사일을 발사할 수 있다.

'킬로'급이라는 명칭은 NATO코드네임으로 러시아에서는 '바르샤반카(Варшавянка, 바르샤바 시민)'라고 불린다. 러시아 해군이 개발한 슈퍼 캐비테이션 어뢰 쉬크발(шквал)의 운용이 가능하며 아시아에서는 중국과 베트남이 킬로급을 수입했다. 중국은 킬로급을 참고로 '유안'급을 건조하고 있다.

FILE17 냉전 시대 소련 공격 원잠의 핵심이 되다

빅터급

(구 소련)

〈빅터3급〉

●**함종기호** : SSN ●**배수량** : 6990톤(수상) / 7250톤(수중) ●**전장** : 107미터
●**전폭** : 10.8미터 ●**흘수** : 7.66미터 ●**최대잠항심도** : 350미터
●**최대속력** : 18노트(수상) / 30노트(수중) ●**기관** : 가압수형 원자로 2기 / 터빈 1기
●**무장** : 533밀리 어뢰발사관 4기 / 650밀리 어뢰발사관 2기 ●**승조원 정원** : 108명

구 소련이 처음으로 보유한 원자력 잠수함 노벰버급은 외관적으로는 세일을 유선형으로 하는 등 수중속력을 중시한 선체형이었지만 실제로는 탑재 원자로 등에 많은 문제가 있고 신뢰성이 부족한 함정이었다. 따라서 노벰버급의 실패를 거울삼아 제2세대 원잠으로서 본격적인 개발로 탄생한 것이 빅터급이었다.

빅터급은 1967년부터 1992년 사이에 50척이 건조되어 I급(671급), 2급(671RT급), 3급(671RTM급)의 3가지 타입이 존재한다.

빅터I급은 1967년부터 1974년까지 16척이 준공된 동급 최초의 함정이다. 수중항해에 적합한 눈물방울형 세일에 어뢰와 같은 선체형을 채택했는데 어뢰와 대잠로켓 운용능력도 있었다.

빅터2급은 1972년부터 1975년까지 7척이 준공되었다. 미 해군의 대잠수함부대나 항모전단에 대항하기 위해 어뢰나 대잠로켓 운용능력을 강화한 함이다. I급에 비교하여 정숙성을 향상시켰다.

빅터3급은 제3세대에 해당하는 원잠으로 1978년부터 1992년까지 26척이 준공되었다. 가압수형 원자로(VM-4P)와 기어드 터빈(Geared Turbine)의 조합으로 수중속력 30노트, 최대잠수심도 400미터와 수중 항해능력이 뛰어나고 4날개의 2중반전 프로펠러 추진기로 정숙성이 향상되었다. 이제까지의 소련의 원잠은 소음을 많이 발생했지만 이즈음부터 크게 개선되면서 서방국가도 주목하기 시작했다(특히 1980년대 후반부터 준공된 최종 그룹인 5척은 정숙성이 높았다). 최대 특징은 선체 후부의 종타(縱舵) 상부에 예인식 수동 소나를 수납한 포드(pod)를 소련해군 잠수함으로는 최초로 장착한 것이다.

동서 냉전시대, 빅터급은 공격형 원잠(원자력 잠수순양함)으로 소련해군 잠수함대의 핵심이 되었다. 그러나 냉전이 끝나고 러시아의 재정난도 가중되어 빅터3급의 5척 정도를 제외하고 모두 퇴역하고 말았다.

빅터3급의 큰 특징인 함미의 눈물방울형 포드(pod)에는 예인식 소나가 수납되어 있다. 당초 서방 진영에서는 이 포드를 신형 저속 추진시스템으로 생각했다.

세일은 낮고 유선형을 하고 있다. 전체적으로 둥그스름한 선체형상의 빅터급은 이때까지의 소련잠수함에 비해 고속이며 정숙성도 높았다.

FILE18 처음부터 전략 원잠으로 설계 · 건조된

이선 앨런급 (미국)

●**함종기호** : SSN ●**배수량** : 6400톤(수상) / 7900톤(수중)
●**전장** : 125.1미터 ●**전폭** : 10.1미터 ●**흘수** : 9.1미터
●**최대잠항심도** : 400미터 ●**최대속력** : 16노트(수상) / 21노트(수중)
●**기관** : 가압수형 원자로 1기 / 터빈 2기
●**무장** : 533밀리 어뢰발사관 4기 / SLBM 폴라리스 16기 ●**승조원 정원** : 112명

2차 대전으로 시작된 동서냉전은 미국과 소련에 의한 핵전략체제를 만들었고 그것은 대륙탄도탄(ICBM), 장거리 폭격기, 탄도미사일원잠(전략원잠)의 3대축으로 구성되었다. 특히 탄도미사일 원잠은 해중에 잠항하여 적에 위치가 탐지되지 않고 언제라도 핵탄두미사일을 발사할 수 있는 상태로 가장 생존성이 높다. 그리고 잠수함이 해군의 일개 함정을 뛰어넘어 국가전략을 좌우하는 위치로 올라선 것은 거의 무제한의 잠항시간을 가지는 원자력잠수함의 존재감 때문이다.

1950년대 말에 미국은 세계 최초의 본격적인 전략원잠으로 조지 워싱턴급을 건조했다. 그러나 이것은 소련과의 미사일 경쟁에 뒤쳐지지 않기 위한 응급조치적인 계획에 기반하여 스킵잭급 공격원잠을 개조한 것에 불과했으며 이와 달리 처음부터 전략원잠으로 설계 · 건조된 것이 바로 이선 앨런급이다. 이선 앨런급은 선체중앙부에 미

①소나와 어뢰발사관 ②발사관실 ③어뢰 ④병사거주구역 ⑤잠항타 ⑥탐색용잠망경 ⑦공격용 잠망경 ⑧레이더 안테나 ⑨스노클 흡기 마스트 ⑩통신안테나 ⑪스노클 배기마스트 ⑫폴라리스 미사일과 발사관 ⑬승강구 ⑭발전기실 ⑮기관실 ⑯종타 ⑰스크루 ⑱횡타 ⑲원자로 ⑳전투정보실 ㉑사관구역 ㉒전지실 ㉓병사거주구역

사일 발사관실이 배치되어 16기의 폴라리스 탄도미사일(폴라리스 A-2와 A3)을 탑재했는데 설계단계부터 탄도미사일의 운용을 고려하였기 때문에 발사관실 등 운용시설의 공간과 배치 면에서 여유가 있었고 장기간 항해임무에 승조원이 견딜 수 있는 거주성도 고려되었다.

이선 앨런급은 조지 워싱턴급, 라파예트급과 함께 '41 For Freedom(자유를 위한 41척)'이라고까지 일컬어졌던 전략탄도미사일 잠수함으로서 냉전시대 미국 핵전략의 일익을 담당했다.

참고로 이선 앨런은 미국 건국의 아버지로 불리는 독립전쟁 멤버 중 1명의 이름에 유래한다.

이선 앨런급은 5척이 건조되었지만 그 가운데 2척이 1981년에 공격 원잠으로 변경되었다.

FILE19 사반세기에 걸쳐 역사상 최다 건조된 공격 원잠

로스엔젤레스급

(미국)

〈플라이트III〉

●**함종기호** : SSN ●**배수량** : 6300톤(수상) / 7147톤(수중) ●**전장** : 109.7미터
●**전폭** : 10.1미터 ●**흘수** : 9.75미터 ●**최대잠항심도** : 457미터
●**최대속력** : 31노트(수중) ●**기관** : 가압수형 원자로 1기 / 터빈 2기 / 1축추진
●**무장** : 533밀리 어뢰발사관 4기 / 토마호크 순항미사일 VLS 12기 ●**승조원 정원** : 112명

1980년대 중반까지의 냉전시대. 공격원잠의 임무는 평시에는 가상적국의 탄도미사일 원잠과 순항미사일원잠, 공격 원잠 등을 추적하여 정보를 수집하는 것. 전시 임무로는 적국의 모든 원잠과 수상함에 대한 공격과 자국의 항모부대의 호위, 기뢰부설 등이 있다.

로스엔젤레스급은 이런 미국의 공격형 원잠의 제4세대에 상당하는 대형잠수함이다. 특히 소련의 최신예 빅터급과 알파급 등의 원잠의 위협에 대처하기 위해 개발되었다.

선체형상은 눈물방울형을 더욱 진화시킨 어뢰와 같은 형상이 되어 있고 발생 소음을 줄이면서도 고속항해가 가능했다. 또한 전방위 감시를 가능하게 하는 예인식 소나(함미 방향의 감시 가능)를 비롯한 통합 소나 시스템이 장착된 것도 바로 이 로스엔젤레스급부터였다.

1976년부터 취역을 시작한 로스엔젤레스급 원자력잠수함은 현재도 미 해군의 주력 공격 원잠으로 1972년부터 1995년까지 62척이 건조되었다. 이것은 동형함이 가장 많이 건조된 함정이며 1번함인 로스엔젤레스가 건조된 이후 최종 건조함인 샤이엔까지 23년 수개월간 경과하였기 때문에 몇 번이나 개량이 이루어져 성능은 물론 함의 형태도 조금씩 다르다.

크게 구분했을 때 플라이트I과 II가 초기의 로스엔젤레스급으로 플라이트II의 일부(32번함 키 웨스트 이후의 함)는 함수 부분에 토마호크 순항 미사일인 VLS(수직발사

시스템)를 장착하여 전략임무를 달성될 수 있게 했다.

그리고 플라이트III는 '개량형 로스엔젤레스급'으로 불리는 함정으로 토마호크발사용 VLS를 탑재하는 것 외에 BSY-1 종합 전투시스템이 도입되었다. 또한 40번함 '마이애미' 이후의 함정으로는 세일 플레인이 폐지되고 선체 전부에 잠횡타가 이설되어 있다.

세일 측면에 잠횡타가 없기 때문에 개량형 로스엔젤레스급(플라이트 III)이라는 것을 알 수 있다. 잠횡타를 함수에 가깝게 이설하여 40번함 이후는 빙하를 깨고 부상하는 능력이 향상되었다.

로스엔젤레스급의 선체가 원통형인 것을 잘 알 수 있는 사진. 어뢰와 같은 형태로 하여 고속항해가 가능해졌지만 조종이 까다로워졌다고 한다.

플라이트II 이후부터 미사일의 수직발사장치가 탑재되면서 로스엔젤레스급의 대수상 및 대지상 공격능력이 크게 강화되었다. 특히 토마호크 순항미사일에 의한 내륙지역의 전략목표 공격은 공격형 원잠의 새로운 임무가 되었다.

FILE20 최초로 눈물방울형 선체를 적용한 미국 최후의 재래식 추진 잠수함

바벨급

(미국)

●**함종기호** : SS ●**배수량** : 2146톤(수상) / 2639톤(수중) ●**전장** : 66.8미터
●**전폭** : 8.8미터 ●**흘수** : 8.8미터 ●**최대잠항심도** : 210미터
●**최대속력** : 15노트(수중) / 18.5노트(수중) ●**기관** : 디젤기관 3기 / 1축추진
●**무장** : 533밀리 어뢰발사관 6기 ●**승조원 정원** : 77명

해중에는 음파가 도달하기 어려운 구역이 있다. 잠수함이 대잠부대의 음향무기 탐지를 피하기 위해서는 가능한 잠항가능심도가 깊은 쪽이 유리하다. 스노클을 사용하여 수중항해하는 경우도 적에게 탐지될 위험이 높기 때문에 신속히 회피할 수 있도록 수중 기동능력이 우수한 쪽이 좋다.

이런 2차 대전의 교훈에서 전후 미국은 튼튼한 선체구조를 지니면서 고속으로 수중항해를 할 수 있는 잠수함 개발을 추진했다. 그 결과 탄생한 것이 눈물방울(Tear Drop)형 선체 잠수함이었다.

1950년대 초에 건조된 실험함 앨버코어(Albacore)의 연구결과를 가지고 개발된 것이 세계 최초의 눈물방울형 선체의 1축 추진식 바벨급이다.

바베급은 디젤 일렉트로닉 방식의 재래식 추진 잠수함이었지만 항공기와 같은 조타륜식의 조종장치나 계기의 통합표시방식, 자동조함장치, 부력 컨트롤 패널 등이 도입되었다. 또한 전투정보실과 함교탑을 일체화 하여 전투정보실 내부 배치를 변경, 조함과 전투가 효율적으로 할 수 있게 되었다. 또한 함내를 전부구획(어뢰발사관 구획), 중부구획(전투정보실과 거주구역), 후부구획(추진 · 동력의 기관구획)의 3개로 크게 구분하는 구조를 취하는 등 다양한 방안들이 포함되었다. 이러한 바벨급의 구조는 그 후에 건조된 미 해군 잠수함에 모두 적용된다.

그러나 바벨급이 건조되던 도중, 미 해군에서는 재래식 추진 잠수함의 가치가 하락하기 시작했다. 때문에 바벨급은 미국 최후의 재래식 추진함으로 1959년에 3척만이 취역했다(이후 미국은 전투용 잠수함을 전부 원자력화 했다).

취역한 바벨급은 1960년대 초에 잠횡타를 선체 앞부분에서 세일로 이동시키는 등의 개량을 받고 1980년대 말까지 활동했다.

또한 미 해군은 1959년에 바벨급의 설계자료를 일본과 네덜란드에 양도했으며, 이를 참고로 하여 일본에서는 '우즈시오'급 잠수함을 건조했다. 우즈시오급은 해상자위대 최초의 수중 상행 성능을 중시한 눈물방울형 선체구조의 잠수함으로 완전 복각식이며 함체 내부는 5개 구획, 3층 구조로 되어 있다.

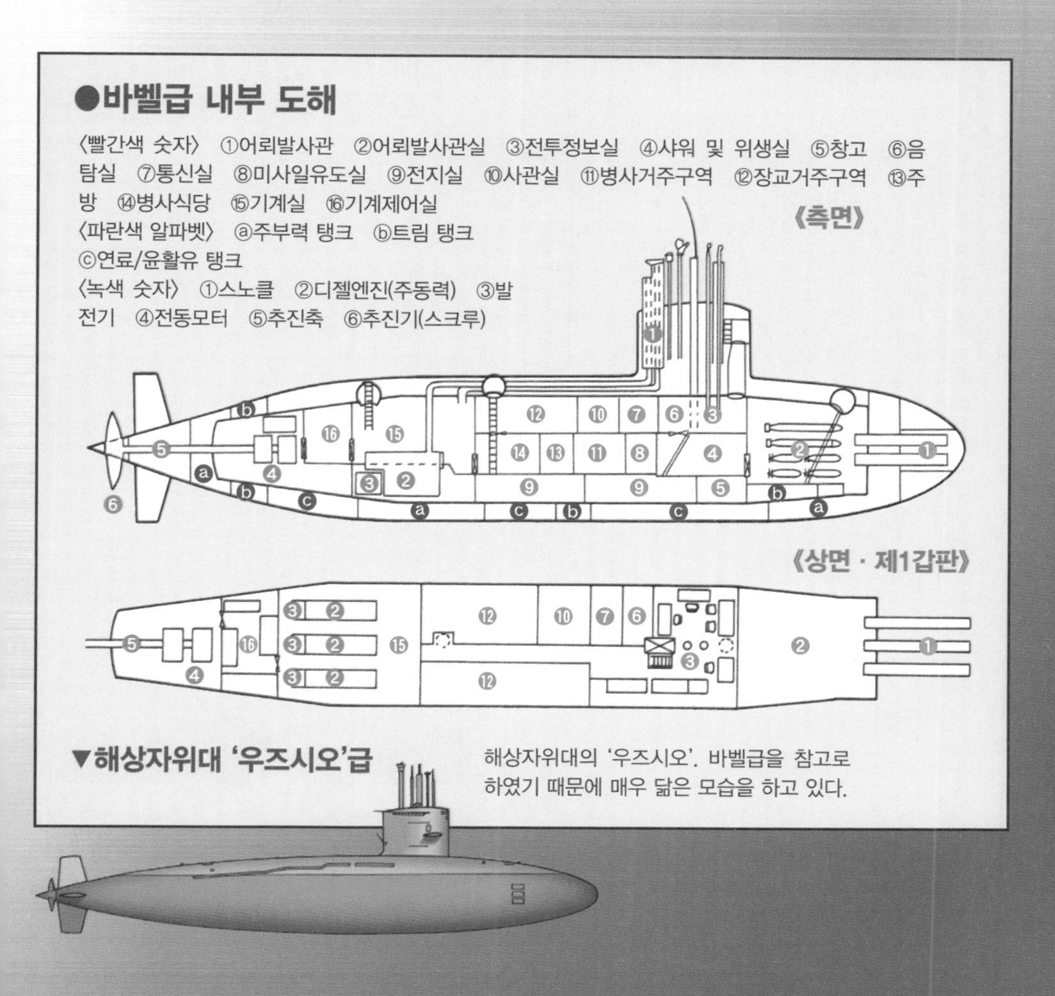

해상자위대의 '우즈시오'. 바벨급을 참고로 하였기 때문에 매우 닮은 모습을 하고 있다.

Submarines-of-the-World

FILE21 일본 해상자위대의 주력 잠수함은 엽권형 선체가 특징

오야시오급

(일본)

●**함종기호** : SS ●**배수량** : 2750톤(기준) / 4000톤(수중) ●**전장** : 82미터
●**전폭** : 8.9미터 ●**흘수** : 7.4미터 ●**최대잠항심도** : 비공개
●**최대속력** : 16노트(수상) / 20노트(수중) ●**기관** : 디젤기관 2기 / 1축추진
●**무장** : 533밀리 어뢰발사관 6기 ●**승조원 정원** : 약70명

세계 잠수함 기술향상에 대처하기 위해 일본 해상자위대가 지금까지의 눈물방울형 완전복각식이라는 잠수함의 선체구조에서 엽권형 부분복각식이라는 구조로 변화한 최초의 함이 오야시오이다. 선체 구조의 변화와 함께 533밀리 어뢰발사관(하푼 대함미사일 운용도 가능) 또한 이전의 함급에서 선체 양현에 3기씩 배치했던 구조에서 탈피하여 함수 전부에 6기를 집중배치했다.

또한 해상자위대의 잠수함으로는 최초로 선체 자체를 소나로 하는 측면 배열 소나(Flank Array Sonar)를 장착했으며 함수부의 바우 소나, 함미부의 예인식 소나를 통합한 청음시스템을 구성, 전방위 감시가 가능하게 되었다. 또한 오야시오급부터는 흡음재(무반향 타일)를 선체에 부착하여 정숙성을 높이는 등 본격적인 잠수함의 스텔스화를 시작했다.

동력은 디젤 일렉트로닉 방식. 선체구조도 동일하게 기술혁신에 따라 잠항심도와 잠항속력 등의 성능이 크게 향상되어 각종 장비와 시스템이 자동화 되어 있다.

1994년부터 2006년까지 11척이 건조되어 1998년부터 1번함 '오야시오'가 취역한 이후 현재 해자대 잠수함 주력이 되었다. 참고로 '오야시오'의 함명은 2대째이다(전후 최초의 일본 국산잠수함도 '오야시오'였다)

통통한 선체와 대형 세일이 특징적인 '오야시오급'

해상자위대 잠수함은 재래식 추진함으로서는 세계 최고 수준의 성능을 자랑한다. 일본은 세계에서도 손꼽을 만한 잠수함 전력을 보유하고 있다.

FILE22 AIP기관을 탑재한 세계최대의 재래식 추진 잠수함

소류급

(일본)

●**함종기호** : SS ●**배수량** : 2900톤(기준) / 4200톤(수중)
●**전장** : 84미터 ●**전폭** : 9.1미터 ●**흘수** : 8.5미터
●**최대잠항심도** : 비공개 ●**최대속력** : 13노트(수상) / 20노트(수중)
●**기관** : 디젤기관 2기 / 스털링 기관 4기 / 1축추진
●**무장** : 533밀리 어뢰발사관 6기 ●**승조원 정원** : 65명

일본 해상자위대의 최신형 잠수함 '소류'는 노후화되어 제적되는 '하루시오'급의 1번함 '하루시오'의 후속함으로 건조되었으며 2009년에 취역했다.

'소류'는 '오야시오'급의 발전 모델로 주동력으로는 디젤기관 2기, 보조동력(저속항해에 사용)으로 스털링 기관 4기를 사용한 AIP를 탑재한다. 디젤잠수함으로서는 세계 최대급이다.

'오야시오'급과 외형적으로 다른 점은 함미 종횡타가 십자형에서 X자형으로 바뀐 것과 세일 전방 기부에 필레트(유선형 덮개)를 장착하고 있다는 것이다.

'소류'의 스털링 기관은 액화 상태로 보관되던 산소와 케로신(등유)을 연소시켜 그 연소열로 헬륨가스를 팽창시키고 해수 냉각으로 압축시키는 사이클을 반복하여 피스톤을 상하 운동시키도록 되어 있는데, 이 힘으로 크랭크 샤프트를 회전시켜 발전기를 돌리고 전기를 발생시켜서 전동 모터를 가동한다.

스털링 엔진 자체는 스웨덴의 코쿰사 제품의 면허 생산 모델이지만, 엔진을 가동시키기 위한 모든 장치는 일본 국산이다.

또한 영구자석을 사용한 전동 모터도 일본제로 이전보다 소형화되어 정숙성이 높다. 동력기관을 비롯하여 내각부분의 소음대책과 선체 표면을 흡음재나 방음재로 덮어서 정숙성이 매우 높다고 한다.

무장은 533밀리 어뢰발사관을 6기 장착하고 89식 어뢰(속력 55노트 / 항주거리 30킬로미터)와 하푼을 발사할 수 있다. 소나를 비롯한 센서종류도 컴퓨터에 통합되어 무장시스템을 구성한다. 관통형 잠망경에 더하여 비관통형 잠망경을 장비하고 있는 것 또한 특징 가운데 하나이다.

동일한 AIP 동력 잠수함은 스웨덴의 고틀란드급과 독일의 212A급 등이 있지만 '소류'는 이들의 2배 이상의 배수량을 가진다. 현재 운용중인 재래식 추진 잠수함 가운데 세계 최대이다.

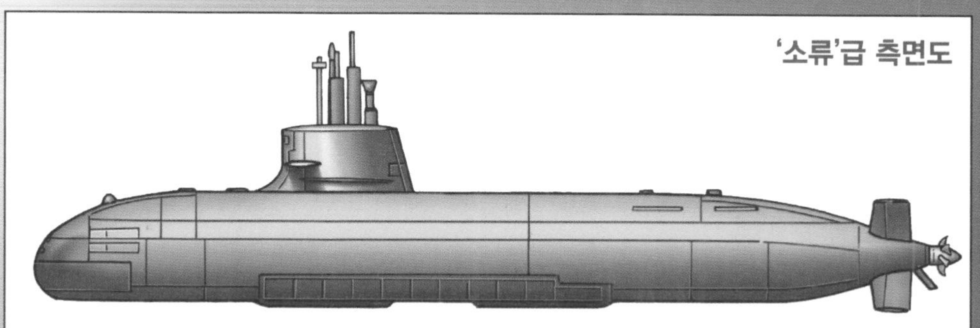

'소류'급 측면도

FILE23 비용을 절감하여 건조한 영국의 최신형 공격 원잠

아스튜트급

(영국)

●**함종기호** : SSN ●**배수량** : 7800톤(수중) ●**전장** : 97미터
●**전폭** : 11.3미터 ●**흘수** : 10미터 ●**최대잠항심도** : 300미터 이상
●**최대속력** : 29노트(수중) ●**기관** : 가압수 냉각식 원자로 1기 / 터빈 2기
●**무장** : 533밀리 어뢰발사관 6문 ●**승조원 정원** : 110명

2010년에 1번함 '아스튜트'가 취역한 아스튜트급은 영국해군의 최신형 공격형 원자력잠수함이다. 본급의 취역으로 트라팔가급을 대체하게 된다. 아스튜트급은 영국해군이 보유하는 공격 원잠 중 가장 큰 함정이며 선체형도 수중고속성과 정숙성을 향상시킨 최신형이다. 동력기관은 롤스로이스제의 PWR2원자로와 기어드 터빈을 탑재. 추진장치는 슈라우딩 펌프 제트추진을 장착한다.

무장은 533밀리 어뢰발사관 6문으로 스피어피시와 타이거피시 어뢰, 하푼 대함미사일, 토마호크 순항미사일을 발사할 수 있다.

무장과 센서를 통합화 한 전투시스템으로 ACMS(아스튜드 전투관리 시스템)을 탑재한다.

원래 신형 잠수함 개발과 건조에는 방대한 비용이 든다. 잠수함 자체만으로도 거액이기 때문에 동력기관과 제어시스템, 조종시스템과 전투시스템 등은 현재 대부분이 컴퓨터에 의해 통합화되고 있다. 즉, 이런 시스템의 하드웨어와 소프트웨어의 개발에도 많은 비용이 든다. 그렇다하더라도 최신의 다양한 기술이 발달되고 있는 상황에서 구식의 잠수함을 계속 운용할 수는 없다.

그래서 만성적인 예산부족에 고민한 영국해군은 하드웨어와 소프트웨어를 상용품으로 사용하는 것을 추진하여 비용을 절감했다. 이른바 COTS(Commercial Off-the-Shelf)로 신형잠수함을 건조하는 것이었다. 아스튜트급은 컴퓨터의 CPU에 인텔의 펜티엄4를 사용하고 OS는 윈도우즈 2000을 탑재하는 방식이다. 최근에는 무장의 개발 비용이 뛰어올랐기 때문에 하드웨어나 소프트웨어를 완전 신규로 개발하지 않는 쪽이 무기개발의 일반적인 추세로 바뀌고 있다.

2척의 터그보트에 예인되고 있는 아스튜트급. 잠항타가 세일이 아니라 함수의 선체 측면에 붙어있는 것을 알 수 있다.

FILE24 대영제국의 핵 전략을 담당하는 전략 원잠

뱅가드(Vanguard)급 (영국)

●**함종기호** : SSBN ●**배수량** : 15980톤(수중) ●**전장** : 149.9미터
●**전폭** : 12.8미터 ●**흘수** : 12미터 ●**최대잠항심도** : 비공개
●**최대속력** : 25노트(수중) ●**기관** : 가압수 냉각식 원자로 1기 / 터빈 2기
●**무장** : 533밀리 어뢰발사관 4문 / SLBM(트라이던트 D5) 16기
●**승조원 정원** : 135명

현재 미국과 러시아 이외에 전략미사일 원잠을 보유하고 SLBM(잠수함탄도미사일)을 운용하는 국가는 프랑스, 영국, 중국 등 5개국뿐이다. 그 중, 한 국가인 영국은 1966년부터 1995년까지 폴라리스A-3TK(미국에서 구입한 폴라리스 미사일에 자국에서 개발한 핵탄두를 탑재)를 탑재한 레졸루션급 탄도미사일원잠을 운용했다.

레졸루션급 원잠이 노후화되면서 이를 대체하기 위해 개발된 잠수함이 바로 트라이던트 미사일을 탑재하는 뱅가드급인데, 미국의 라파예트급 탄도미사일 원잠과 자국의 밸리언트급 공격원잠을 참고로 개발된 레졸루션급과 달리 뱅가드급은 영국이 독자적으로 개발한 함정이다. 동급은 지금까지 영국 해군이 학습한 잠수함 노하우를 전부 활용한 것으로 알려졌으며 최초부터 탄도미사일원잠으로 설계되었다.

현재 뱅가드급은 1986년부터 1999년 사이에 건조된 4척이 취역하였고, 모항은 클라이드 해군기지이다. 상시 1척이 임무수행하고 나머지 함은 수리나 보급을 위해 기항, 혹은 도크에 들어가는 로테이션으로 되어 있다. 뱅가드급은 16기의 트라이던트 D5를 탑재. 미사일은 원래 미국제이기 때문에 발사시스템이나 절차도 미국해군과 거의 비슷하다. 그 외에 533밀리 어뢰발사관 4문을 장착하고 스피어피시 어뢰를 발사할 수 있다.

동력은 원자로1기와 기어드 터빈 2기의 조합으로 원자로는 최신형 공격형원잠 '아스튜트'와 동일한 가압수형원자로이다. 이것은 원래 뱅가드급용으로 개발된 원자로로 내구연수는 30년 정도이다. 때문에 함정이 퇴역하기까지 비용이 소모되는 연료교환은 필요가 없어졌다.

부상 항해하는 뱅가드급. 구소련의 타이푼급과 미국의 오하이오급의 뒤를 잇는 크기를 자랑하는 잠수함이다. 이것은 대형 트라이던트 미사일을 탑재하기 위해서이다.

뱅가드급 음탐실의 모습

[왼쪽] 함내 탄도미사일 발사관. 오하이오급은 24기이지만, 뱅가드급은 16기를 장착하고 있다.

FILE25 독자적인 방위노선을 걷는 프랑스 탄도미사일 원잠

르 트리옹팡급(Le Triomphant class)

(프랑스)

●**함종기호** : SNLE-NG(SSBN) ●**배수량** : 12640톤(수상) / 14335톤(수중)
●**전장** : 138미터 ●**전폭** : 12.5미터 ●**흘수** : 12.5미터
●**최대잠항심도** : 비공개 ●**최대속력** : 25노트(수중) ●**기관** : 가압수 냉각식 원자로 1기
●**무장** : 533밀리 어뢰발사관 4문 / SLBM(M45) 16기
●**승조원 정원** : 111명

1950년에 프랑스는 미국의 '핵우산' 정책의 안전보장을 거부하고 독자적인 방위노선을 걷기 시작했다. 이를 기본정책으로 핵무기도 자국에서 개발 · 운용하기로 결정. 1959년에는 SEREB(탄도미사일 연구개발 협회)라는 조직을 구성하고 국내 기업이 참가하여 지하사일로 발사 미사일과 잠수함 발사 탄도미사일 개발을 시작했다.

프랑스 탄도미사일의 흥미 깊은 점은 공군과 해군에서 운용이 다른 2가지의 미사일 로켓 모터를 공통적으로 하고 상당히 이른 시기부터 액체식을 단념하고 고체식 로켓으로 집중하여 개발하였던 것이다.

그래서 1971년에 지하사일로 발사식의 SSBS S-2가 배치되고 동일하게 잠수함 발사식인 MSBS M-1이 프랑스 최초의 전략미사일 원잠 '르 르두터블(Le Redoutable)'에 탑재되어 임무에 사용되었다 그러나 냉전이 종결된 1990년대, 국방예산 삭감 때문에 탄도미사일은 잠수함발사식으로 한정하여 운용된다.

현재 취역한 탄도미사일 원잠은 M45(사정거리 5300킬로미터. 150킬로톤의 열핵탄두를 장착)을 탑재한 르 두타블급과 르 트리옹팡급이다. 르 트리옹팡급은 부분복각식의 선체구조로 원자력 동력, 슈라우딩 펌프 제트 추진방식. 2010년에는 르 트리옹팡급의 4번함(동급 최종함) 르 테리블(Le Terrible)이 취역했다. 르 테리블은 사정거리 8000~10000킬로미터의 최신형 잠수함발사탄도미사일 M51(110킬로톤의 핵탄두를 가진 재돌입체 TN75를 6~10기 탑재한 MIRV 방식)을 탑재. 이 외에 533밀리 어뢰발사관 4문을 장착하여 LS어뢰와 엑조세 대함미사일을 발사 할 수 있다. 전투시스템으로서 Sysobs를 탑재했다.

참고로 프랑스 해군은 탄도미사일 원잠 SSBN을 SNLE-NG(Sous-marine Nucleaire Lanceur Engine de Nouvelle Generation, 차세대 미사일탑재 원자력잠수함)으로 호칭한다.

르 트리옹팡은 '승리'의 의미. 4번함 르 떼리블은 '공포'라는 의미이다. 지하 사일로 발사 탄도미사일을 폐지한 프랑스에 있어 탄도미사일 원잠에 탑재되어 있는 SLBM은 중요한 핵 억지력이다.

Submarines of the World

COLUMN 가장 많은 적을 침몰시킨 '격침왕'은?

잠수함 전과를 어떻게 평가할까?

잠수함의 전투에서 전과를 나타낼 수 있는 것은 격침수일 것이다. 다른 함정과 달리 잠수함은 적의 함선을 격침하는 것이 제1의 임무이기 때문이다. 이런 면에서 전투기와 닮았다고 할 수 도 있다. 다만, 전투기의 경우에는 평가되는 것이 파일럿 1인이지만 잠수함은 조금 다르다. 잠수함의 경우에는 격침수를 '함장의 전과'로 할지 '함의 전과'로 할지의 2가지 평가방법이 있다. 어떤 것을 선택할지는 해당 국가와 경우에 따라 다르다. 어쨌든 잠수함은 함장만이 아니라 승조원이 일치단결하여 싸우지 않으면 전과를 얻을 수 없다.

잠수함이 전쟁에 사용되어 지금까지 가장 많은 함선을 격침한 시기는 2차 대전기간이다. 2차 대전에서 가장 격침수가 많았던 것은 독일해군의 U보트 함장들로 제1위는 오토 크레츠머(U-35, U-23, U-99 함장 역임. 전후에 서독 해군 입대)로 격침 47척, 대파 6척. 제2위는 볼프강 류트(U-9, U-138, U-43, U-181의 함장 역임. 2차 대전 중 해군사관학교 교장이 되지만 경비병에 사살되는 불상사를 당한다)로 격침 47척, 대파 2척. 제3위는 에리히 토프(U-57 함장)로 격침 36척, 대파 4척이었다.

일본 해군의 경우는 함장 개인보다 함의 전과로서 평가되고 있고 제1위는 이호(伊号) 제10잠수함으로 격침 16척. 제2위는 이(伊) 27잠으로 격침 13척, 격파 4척. 제3위는 이(伊) 21잠으로 격침 13척이다.

미 해군의 경우에는 함장 개인의 전과를 기준으로 했을 때, 제1위는 리차드 H 워큰으로 격침 24척. 제2위는 슬레이드 D 카터와 더들리 W 모턴으로 격침 19척. 제3위가 유진 B 플러키로 격침 16척과 1/3척이었으며 함정의 전과로는 제1위가 '토터그(USS Tautog, SS-199)'로 격침 26척. 제2위가 '탱(USS Tang, SS-306)'으로 격침 24척. 제3위는 '실버사이즈(USS Silversides, SS-236)'의 격침 23척으로 평가되고 있다.

또한, 2차 대전 후 원잠시대가 되어 유일하게 원잠으로 적함을 격침한 함은 영국 해군의 '콩커러(HMS Conquerer, S48)'로 1982년 포클랜드 전쟁에서 아르헨티나 해군의 순양함 '헤네랄 벨그라노(ARA General Belgrano)'를 격침했다.

오토 크레츠머
(독일 해군)
에리히 토프
(독일 해군)
리차드 H 워큰
(미국 해군)
크리스토퍼 R
브라운
(영국 해군)
슬레이드 D 카터
(미국 해군)

●주요 참고 문헌

『グラフィック・アクション・シリーズ　世界の潜水艦(그래픽 액션 시리즈–세계의 잠수함)』(坂本　明/文林堂)
『航海学(항해학)』辻　稔(成山堂書店)
『基礎航海計器(기초항해계기)』米澤弓雄(海文堂)
『操船の基礎(조선의 기초)』橋本進・矢吹英雄(海文堂)
『船舶を変えた先端機術(선박을 바꾼 첨단기술)』瀧澤 宗人(成山堂書店)
『船のはなし(배 이야기)』瀧澤 宗人(技報堂出版)
『海中ロボット(해중 로봇)』浦 環・高川真一(成山堂書店)
『潜水艦、その回顧と展望(잠수함, 그 회고와 전망)』堀 元美(出版共同社)
『現代の海戦(현대의 해전)』堀　元美(出版共同社)
『本当の潜水艦の戦い方(진정한 잠수함의 전투법)』中村秀樹(光人社)
『これが潜水艦だ(이것이 잠수함이다)』中村秀樹(光人社)
『U-ボート977(U보트 977)』H.シェッファー(朝日ソノラマ)
『Uボート・コマンダー(U보트 지휘관)』ペーター・クラーマー(ハヤカワ文庫)
『トム。クランシーの原潜解剖(톰 클랜시의 원잠 해부)』トム・クランシー(新潮文庫)
『艦船メカニズム図鑑(함선 메커니즘 도감)』森 恒英(グランプリ出版)
『艦船学入門　潜水艦(함선학 입문–잠수함)』石橋孝夫(光人社)
『ミリタリー・イラストレイテッド　原子力潜水艦(밀리터리 일러스트레이티드–원자력 잠수함)』ワールドフォトプレス編(光文社)
『ミリタリー・イラストレイテッド　世界のミサイル(밀리터리 일러스트레이티드–세계의 미사일)』ワールドフォトプレス編(光文社)
『歴史君像シリーズ世界の潜水艦(역사군상 시리즈–세계의 잠수함)』デビッド・ミラー(学習研究社)
『歴史君像シリーズ[図説]Uボート戦全史(역사군상 시리즈 [도설] U보트전 전사)』(学習研究社)
"US NAVAL WEAPON" Norman Friedman (Naval Institute Press)
"US SUBMARINES THROUGH 1945" Norman Friedman ()
"EXPLORING THE DEEP" Michel Welham (Patric Stephens Limited)
"SUBMARINE VS SUBMARINE" Richard Compton–Hall (A David & Charles Military Book)
"SUBMARINE WARFARE MONSTERS & MIDGETS" Richard Compton–Hall (blandford press)
"Submarines of World War Two" Erminio Bagnasco (Naval Institute Press)
"COMBAT FROGMAN" Michael Welham (Patric Stephens Limited)
"THE SUBMARINE BOOK" Chuck Lawliss (Thames and Hudson)
"U–BOSTS UNDER SWASTIKA" Jak.P.Mallmann Showell (Ian Allen Ltd.)
"U.S. SUBS in action" Robert C.Stern (Squadron/Signal Publications)
"MODERN U.S. NAVY SUBMARINES" Robert and Robin Genat (Motorbooks International)
"TOMAHAWK CRUISE MISSILE" Nigel Macknight (Motorbooks International)
"US NAVY DIVING MANUAL"
"Die Torpedos der deutschen U–boote" Eberhard Rössler (KOEHLER)
"Vom Original zum Mdell Uboot Typ VII C" Fritz K□hl & Axel Niest (bernard @ Graefe Verlag)
"Vom Original zum Mdell Uboot Typ XI C" Fritz Köhl & Axel Niest (bernard @ Graefe Verlag)
"Vom Original zum Mdell Uboot Typ XXI" Fritz K□hl (bernard @ Graefe Verlag)
"Vom Original zum Mdell Die groβen Walter–Uboote Uboot Typ XVIII unt Typ XXVI" Eberhard R□ssler (bernard @ Graefe Verlag)
"SCHIFF Profile Typ VII C" Werner Richter (Flugzeug Publikations GmbH)

사카모토 아키라(坂本 明)

나가노 현 출신. 도쿄 이과 대학 졸업. 잡지 「항공 팬(航空ファン)」 편집부를 거쳐, 프리랜서 라이터&일러스트레이터로 활약. 메카닉과 테크놀로지에 조예가 깊으며, 일러스트를 구사하는 비주얼 해설로 수많은 밀리터리 팬의 지지를 받고 있다. 저서로 「최강 세계의 군용기 도감(最强 世界の軍用機圖鑑)」, 「최강 세계의 전투 함정 도감(最强 世界の戰闘艦艇圖鑑)」, 「최강 세계의 특수 부대 도감(最强 世界の特殊部隊圖鑑)」, 「최강 세계의 미사일 로켓 병기 도감(最强 世界のミサイル・ロケット兵器圖鑑)」(가쿠엔 플러스 學研プラス), 「대 테러 · 대 범죄 시큐리티 시스템(對テロ・對犯罪セキュリティ・システム)」, 「밀리터리 유니폼 대도감(ミリタリーユニフォーム大圖鑑)」(분린도 文林堂), 「싸우는 제복(戰う制服)」(나미키 쇼보 並木書房) 등 다수. 최근에는 「워즈 오브 재팬 일본의 전투와 전쟁(ウォーズ・オブ・ジャパン 日本のいくさと戰爭)」(카이세이샤 偕成社)에서 기마 무사나 화승총의 일러스트를 담당하는 등, 새로운 장르에도 적극적으로 참가하고 있다.

도해 세계의 잠수함

초판 1쇄 인쇄 2017년 1월 20일
초판 1쇄 발행 2017년 1월 25일

저자 : 사카모토 아키라
번역 : 류재학

펴낸이 : 이동섭
편집 : 이민규, 오세찬, 서찬웅
디자인 : 조세연, 백승주
영업 · 마케팅 : 송정환
e-BOOK : 홍인표, 안진우, 김영빈
관리 : 이윤미

㈜에이케이커뮤니케이션즈
등록 1996년 7월 9일(제302-1996-00026호)
주소 : 04002 서울 마포구 동교로 17안길 28, 2층
TEL : 02-702-7963~5 FAX : 02-702-7988
http://www.amusementkorea.co.kr

ISBN 979-11-274-0428-4 03390

이 도서의 국립중앙도서관 출판예정도서목록(CIP)은
서지정보유통지원시스템 홈페이지(http://seoji.nl.go.kr)와
국가자료공동목록시스템(http://www.nl.go.kr/kolisnet)에서 이용하실 수 있습니다.
(CIP제어번호: CIP2016030297)

*잘못된 책은 구입한 곳에서 무료로 바꿔드립니다.